中国可持续发展态势分析

主　编　王伟中
副主编　郭日生　黄　晶

商务印书馆
2006年·北京

主　　　编	王伟中	
副　主　编	郭日生　黄　晶	
主要编著人员	周海林　杨开忠　马忠玉　王　浩	
	刘学义　高庆华　金凤君　吕应运	
参加编著人员	任亚楠　刘卫东　刘惠敏　刘　毅	
（以姓氏笔画为序）	吕学都　何建坤　张建民　汪党献	
	周凤起　林而达　樊　杰	

序

　　世纪之交，中国正处于从计划经济向社会主义市场经济转变的关键时期。中国人多地少，人地矛盾本来就比较紧张。与其他国家和地区相比，起飞阶段人与环境的矛盾势必更加突出。这集中表现在，一方面需要发展经济，保持经济持续增长，但这可能加剧资源短缺、生态破坏、环境污染和社会发展不平衡；另一方面又需要加强环境防治与保护、保持社会稳定，然而这可能延缓经济的发展。因此，统筹发展与环境，协调人地关系，走可持续发展之路关系到中华民族的生存与发展，是中国在迈向21世纪进程中经济和社会发展的内在需求和必然选择。

　　面向21世纪，在世界经济全球化和国家之间综合国力激烈竞争的大背景下，中国在实施可持续发展战略方面将不可避免地面临着巨大的困难与挑战。预计到21世纪中叶，中国人口将达到16亿左右。随着人口总量的增大，人均拥有的耕地、水、森林资源和一些重要的矿产资源将进一步下降，而能源、水资源等重要资源分布的不均衡，又加剧了供求的地区性和结构性矛盾。届时，庞大的人口基数将给资源和环境造成更大的压力，并将进一步制约中国经济和社会的发展，制约着人民生活水平的提高。在地区经济实力增强的同时,各地区之间特别是东西部和南北部的地带性差距有扩大的趋势。总体上说,中国的国民经济整体水平仍然较低,产业结构不尽合理,经济发展尚未摆脱粗放增长模式,经济增长的质量和效益不高,参与国际竞争的能力不强,经济增长与资金、资源、环境的矛盾依然十分突出,治理环境污染和保护生态环境的任务仍十分艰巨。中国目前还是一个发展中国家,消除贫困和发展经济是压倒一切的首要任务;与此同时,中国还面临巨大的外界压力,全球性环境问题及相关的公约如全球气候变化公约等对中国经济发展将形成越来越明显的压力。为了维护中国人民生存和发展的基本权利,我们必须对国际形势有正确的把握和深入的研究。

近年来,尽管可持续发展的思想在中国已广为传播并逐步深入人心,但对这一战略的深刻内涵、战略目标和实施途径、政府的职责以及公众的义务等理解还很不够。各地都在讲可持续发展,但有些所谓的可持续发展却仍旧以保护眼前利益、局部地区利益为目的,实际上这种片面的对可持续发展的理解与做法将会损害国家的长远的和全局的利益。对于这种所谓的可持续发展必须予以科学的判断、分析,并予以纠正。同时,随着可持续发展战略从概念转变到行动,可持续发展战略的实施过程中也存在着一些思想认识和政策机制方面的问题。另一方面,中国在实施《中国 21 世纪议程》、推进可持续发展战略方面,采取了一系列重大行动,并取得了很大进展,获取了不少经验。但目前国内尚无系统报道和反映中国实施可持续发展的进展情况以及所面临的问题、形势和策略选择的权威性读物。为此，中国21世纪议程管理中心组织有关专家编写了《中国可持续发展态势》一书，希望通过对中国可持续发展态势分析，总结国内可持续发展取得的经验教训，针对存在问题，提出合理的建议和对策，进一步宣传普及可持续发展思想，促进可持续发展战略的实施。本书吸收了近年各学科领域有关可持续发展问题的最新研究成果和思想，对中国可持续发展总体态势从理论到实践进行了全面回顾和总结，认真分析了一些重点领域制约可持续发展的不利因素和可持续发展过程中存在的问题，提出了有关农业、能源、水资源、防灾减灾、区域发展和气候变化等领域若干重大战略问题的政策建议与解决措施和途径，并在对现实进行深刻分析和把握的基础上，对未来21世纪中国的可持续发展态势加以展望。本书集学术性、实践性、政策性于一体，是有关中国可持续发展态势研究的第一部论著，可供广大干部、科技人员和群众学习参考。

一九九九年九月

目 录

引 言 ……………………………………………………………… 1

第一章 中国可持续发展总体态势 ……………………………… 1
  第一节 中国实施可持续发展战略的经济基础与现实问题
  ……………………………………………………………… 1
    一、中国经济发展的现实判断 …………………………… 1
    二、中国实施可持续发展战略的国内外制约因素 ……… 9
  第二节 中国可持续发展的策略选择 …………………… 25
    一、中国对可持续发展问题的认识 …………………… 25
    二、中国可持续发展的策略选择 ……………………… 34
  第三节 中国可持续发展战略实施进展 ………………… 49
  第四节 可持续发展的政策措施与实施趋势 …………… 60
    一、实施可持续发展战略的政策措施 ………………… 60
    二、可持续发展战略实施的主要趋势 ………………… 63

第二章 中国农业与农村可持续发展的态势分析 ……… 71
  第一节 中国农业与农村经济发展的巨大成就 ………… 71
    一、农产品产量持续增长 ……………………………… 72
    二、农业总产值与农民纯收入持续增长 ……………… 73
    三、农业生产条件不断改善 …………………………… 73

四、农业科学技术成果不断创新、积累，科技进步贡献率持续提高 ……………………………………………………………… 74
　第二节　中国农业实施可持续发展战略的困境与危机 …… 76
　第三节　中国农业可持续发展的任务与目标 ……………… 108
　第四节　中国农业可持续发展的对策与建议 ……………… 109

第三章　中国水资源态势分析 …………………………… 133
　第一节　发展进程中的水资源问题 ………………………… 133
　　一、人类活动导致的水资源演变加速 …………………… 134
　　二、中国水资源的基本特点 ……………………………… 138
　第二节　水资源开发利用现状 ……………………………… 142
　　一、水资源开发利用现状 ………………………………… 143
　　二、水环境质量 …………………………………………… 150
　　三、水问题发展趋势 ……………………………………… 159
　第三节　21世纪的水资源需求 ……………………………… 163
　　一、需求的增长趋势分析 ………………………………… 163
　　二、国民经济需水预测 …………………………………… 166
　　三、生态环境需水 ………………………………………… 180
　第四节　水资源可持续利用战略对策 ……………………… 181
　　一、水资源合理配置的基本任务 ………………………… 182
　　二、水资源合理配置布局 ………………………………… 183
　　三、水资源可持续利用的潜力 …………………………… 188
　　四、水资源供需长期态势 ………………………………… 197
　　五、水资源可持续利用的政策环境建设 ………………… 203

第四章 中国能源问题与可持续发展 210
第一节 中国能源发展的成绩与面临的问题 210
一、巨大的成绩 210
二、面临的问题 211
第二节 中国能源供需态势分析 215
一、一次能源生产与消费水平 215
二、中国的能源需求 223
三、能源供求态势分析及存在的问题 226
第三节 中国可持续发展能源对策 230
一、可持续发展节能对策 231
二、能源优质化及发展新能源、可再生能源对策 239
三、可持续发展洁净煤对策 246

第五章 中国自然灾害与减灾态势分析 253
第一节 中国自然灾害态势分析 253
一、中国是世界上自然灾害最严重的国家之一 253
二、中国自然灾害种类多、频率高、强度大、影响面广 254
三、自然灾害直接损失严重且在持续增长 255
四、自然灾害严重的地区是中国人口密度大、经济发达的地区 257
五、自然灾害是出现贫困区的基本原因之一 261
六、洪涝灾损与人为致灾因素在同步增长 261
第二节 中国自然灾害对经济与社会影响的态势分析 263
一、自然灾害对社会经济影响严重 263
二、巨灾威胁严重存在 266
三、经济损失在增加,死亡人口在减少 267

四、不同地区单类与综合受灾程度有明显差异 …………… 268
　第三节　自然灾害发展趋势和风险初估 …………………………… 272
　　一、21世纪初中国将面临新的灾害严重时期 ………………… 272
　　二、未来20年自然灾害风险评估 ……………………………… 273
　　三、水旱灾害仍是主要的威胁 …………………………………… 275
　　四、沿海带灾害将大幅度增长 …………………………………… 276
　　五、地震的严重威胁依然存在 …………………………………… 278
　　六、面临农业生物灾害的新挑战 ………………………………… 278
　第四节　减灾态势分析和对策 ……………………………………… 281
　　一、建国50年来减灾工作的成绩与问题 ……………………… 281
　　二、减灾面临的严峻形势 ………………………………………… 299
　　三、全社会协调行动，推动减灾系统工程建设 ………………… 301
　　四、灾情和国情的地区差异性大，需实行减灾分区管理 ……… 304
　　五、发挥各级政府的积极性，开展减灾分级管理 ……………… 306
　　六、减灾要与资源开发、环境建设统筹规划 …………………… 308
　　七、对策和建议 …………………………………………………… 310

第六章　中国区域可持续发展态势分析 …………………………… 314
　第一节　中国区域可持续发展的基础条件 ………………………… 314
　　一、区域差异巨大的自然条件 …………………………………… 314
　　二、空间禀赋悬殊的自然资源 …………………………………… 315
　　三、庞大且分布较为集中的人口群体 …………………………… 317
　第二节　省级区域经济发展态势 …………………………………… 318
　　一、经济增长活力 ………………………………………………… 318
　　二、经济发展水平 ………………………………………………… 323

第三节　区域人口增长与人均经济增长 …… 328

一、人口增长 …… 328

二、人均国内生产总值(GDP)增长 …… 329

三、人口与经济增长的区域类型 …… 331

第四节　区域可持续发展面临的问题 …… 334

一、经济发展与环境保护矛盾尖锐 …… 334

二、资源短缺和浪费现象并存 …… 339

三、贫困地区脱贫任重道远 …… 341

四、产业结构层次低，简单数量扩张与经济效益提高的矛盾突出 …… 342

第五节　区域可持续发展评价 …… 344

一、东部沿海地带 …… 345

二、中部地带 …… 346

三、西部地带 …… 347

第七章　全球气候变化对中国的影响及其预防对策 …… 348

第一节　全球气候变化——国际社会共同关注的一个焦点问题 …… 348

一、全球气候变暖趋势分析 …… 348

二、防止气候变化的全球行动——联合国气候变化框架公约及其履行 …… 362

第二节　气候变化对中国的主要影响及适应对策 …… 372

一、中国的自然条件、社会经济发展的特点与气候变化 …… 372

二、气候变化对中国农牧业的影响及适应对策 …… 373

三、气候变化对中国林业的影响及适应对策 …………………… 377
四、气候变化对中国水资源的影响及适应对策 ………………… 379
五、气候变化和海平面上升对中国沿海地区的可能影响及适应
　　对策 ……………………………………………………………… 381
六、气候变化对社会经济领域其他方面的影响及适应对策 …… 383
七、受气候变化影响的高脆弱性地区 …………………………… 384
八、气候变化影响的经济问题 …………………………………… 385
第三节　中国未来主要温室气体排放增长趋势分析 ……………… 385
一、中国主要温室气体排放的现状和特点 ……………………… 385
二、中国未来主要温室气体排放的增长趋势预测 ……………… 391
三、未来温室气体排放的宏观指标分析 ………………………… 400
四、中国未来温室气体排放面临的严峻形势 …………………… 404
五、减排温室气体所需额外投资估计 …………………………… 407
第四节　中国对全球气候变化问题的基本原则立场探讨 …………
　　　………………………………………………………………… 409
第五节　减缓温室气体排放的国家对策建议 ……………………… 413
一、概述 …………………………………………………………… 413
二、能源领域减缓 CO_2 排放量增长的对策与政策 ……………… 414
三、林业部门的对策与政策 ……………………………………… 417
四、减缓 CH_4 排放的对策与政策 ………………………………… 418
五、将保护全球环境作为国家未来发展战略的重要目标之一 … 420

后　记 ………………………………………………………………… 423
参考文献 ……………………………………………………………… 425

Table of Contents

Introduction

Chapter 1 The Overall Situation of Sustainable Development in China

1.1 Economic Foundation and Pressing Issues in the Implementation of Sustainable Development Strategy in China
 · Realistic Identification of China's Economic Development
 · Domestic and External Constraints on Sustainable Development in China

1.2 Policies Taken to Address Sustainable Development in China
 · China's Interpretation of Sustainable Development
 · Policies taken to Address Sustainable Development in China

1.3 Progress in the Implementation of Sustainable Development Strategy in China

1.4 Implementation of Sustainable Development Strategy in China
 · Measures for the Implementation of Sustainable Development Strategy
 · Tendencies in the Implementation of Sustainable Develop-

ment Strategy

Chapter 2 Analysis on the Situation of Agriculture and Rural Sustainable Development

2.1 Achievements of Agriculture and Rural Economic Development
- Increasing Output of Agricultural Products
- Growth in Agricultural Gross Product and Net Income
- Improvement of Production Condition
- Agricultural Science and Technology Innovation

2.2 Barriers in Agriculture Sustainable Development

2.3 Goals and Tasks

2.4 Policy Alternatives

Chapter 3 Analysis on the Situation of Water Resources

3.1 Water Resources Problems in the Development Process
- Impacts of Human Activities on Water Resources
- Basic Features of Water Resources in China

3.2 Water Resources Development and Utilization
- Status of the Development and Utilization of Water Resources
- Quality of Water Resources
- Trends and Issues

3.3 Demand for Water Resources in the 21st Century
- Analysis on the Trend of Demand

- Prediction of the Demand for Water Resources in National Economic Development
- Water Demand for the Environment

3.4 Strategies for Sustainable Utilization of Water Resources
- Basic tasks of Reasonable Water Resources Allocation
- Reasonable Water Resources Allocation Layout
- Potential for Sustainable Utilization of Water Resources
- Analysis on the Long-term Situation of Demand and Supply of Water Resources
- Establishment of the Policy for Sustainable Utilization of Water Resources

Chapter 4 Energy Situation and Sustainable Development in China

4.1 Achievements and Problems in the Development of Energy
- Achievements
- Problems Encountered

4.2 Analysis on the Situation of Energy Demand and Supply
- Production and Consumption of Primary Energy
- China's Demand for Energy
- Analysis on the Situation and Problems of Energy Demand and Supply

4.3 Policy Alternatives for Sustainable Energy Development
- Policies for Sustainable Energy Saving

- Policies for Improving Energy Quality and Developing New and Renewable Energy
- Policies for Clean Coal Development

Chapter 5 Status and Perspectives on Natural Disaster and Disaster Mitigation in China

5.1 Status and Perspectives on China's Natural Disaster
- Seriousness of China's Natural Disaster
- Disaster Variety, Frequency, Intensity and Influence
- Increasing Direct Economic Losses
- Serious Natural Disasters are Distributed Over the Regions with High Population Densities and Developed Economy.
- Effects on Poverty Alleviation.
- The Losses of Natural Disasters are Growing in Step with the increasing influence of Human Factors.

5.2 Natural Disaster Impacts on Economic and Social Development in China
- Impacts of Natural Disaster on Economic and Social Development.
- Threat of Catastrophes
- Increasing Economic Loss and Decreasing Death Toll
- Differences in Disaster Losses of Different Regions

5.3 Trends of Natural Disasters and Risk Assessment
- China will be Facing A Serious Natural Disaster Period in

the Early of 21st Century
- Risk Assessment of Natural Disaster in the Next 20 Years
- Flood and Drought: The Major Threats facing China
- Significant Increase of Disasters in Coastal Regions
- High Threat of Earthquakes
- New Challenge from Agricultural and Biological Disaster

5.4 Analysis on the Situation of Disaster Mitigation and Countermeasures
- Achievements and Problems in Disaster Mitigation in the Past 50 Years
- Challenges in Disaster Mitigation
- Promoting Public Campaign to Improve Disaster Mitigation
- Strengthening Disaster Mitigation Management by Regions
- Developing Disaster Mitigation Management at Different Levels
- Overall Planning of Disaster Mitigation and Resources and Environment Management
- Countermeasures and Recommendations

Chapter 6 Analysis on the Situation of Regional Sustainable Development

6.1 Basis of China's Regional Sustainable Development

- Significant Differences of Natural Conditions in Different Regions
- Great Diversity of Natural Resources in Different Regions
- Great and Centrally Distributed Population

6.2 Status and Perspectives of Provincial Economic Development
- Economic Growth Capacity
- Economic Development Level

6.3 Regional Population Growth and Per Capita Economic Growth
- Population Growth
- Gross Domestic Product Per Capita
- Regional Types of Population and Economic Growth

6.4 Constraints on Regional Sustainable Development
- Sharp Conflicts between Economic Development and Environmental Protection
- Existence of Resource Shortage and Wastage Side by Side
- Poverty Alleviation in Poor Regions: The Heavy Burden and the Long Road
- Increasing Conflicts between Economic Structure, Growth Pattern and Economic Efficiency

6.5 Evaluation of Regional Sustainable Development
- Eastern Coastal Area
- Central Area

- Western Area

Chapter 7 Trends and Influences of Global Climate Change on China and Possible Countermeasures

7.1 Global Climate Change: An Issue of the World's Concerns
- Trend Analysis of Global Warming
- Efforts for Climate Protection: Implementation of UN Framework Convention on Climate Change

7.2 Influences of Global Climate Change on China and Recommended Countermeasures
- Characteristics of China's Natural Conditions, Socioeconomic Development and Climate Change
- Influences of Climate Change on Farming & Animal Husbandry and Countermeasures
- Influences of Climate Change on Forestry
- Climate Change and Water Resources
- Influences of Sea Level Raising Caused by Climate Change
- Influences of Climate Change on Social and Economic Development
- Vulnerable Regions to Climate Change
- Economic Issues in Meeting the Challenge of Climate Change

7.3 Trend Analysis of Major Greenhouse Gas Emissions in

China
- Current Situation and Characteristics of the Major Greenhouse Gases Emissions
- Prediction of Increasing Trends of the Major Greenhouse Gases Emissions in Future
- Macro-Indicator Analysis of the Greenhouse Gas Emissions in the Future
- Barriers of the Greenhouse Gas Emissions in the Future
- Estimate of Additional Investment in the Control of Greenhouse Gas Emissions

7.4 China's Basic Principle and Position on the Issue of Global Climate Change

7.5 Recommended National Policies and Countermeasures for Reduction of Greenhouse Gas Emissions
- Summary
- Policies and Measures for Reducing Carbon Dioxide Emission in Energy Field
- Policies and Measures in Forestry Department
- Policies and Measures for Reducing Methane Emission
- Protection of Global Environment: One of the Important Goals of China's Future National Development Strategy

Postscript

Bibliography

引 言

　　发展问题是当今中国的首要问题,可持续发展是中国为解决自身发展问题而选择的一条坚定而理智的道路。可持续发展思想源远流长,从中国古代关于自然资源利用的经验总结与哲学思考,到当代对全球环境可持续性的分析与伦理反思,都不断地丰富和完善着可持续发展的理论体系。可持续发展从思想理论到生产活动是一个长期而艰巨的实践过程。对于中国这样一个发展中的大国,如何结合国情来理解可持续发展?可持续发展的战略如何实施?哪些因素在制约着可持续发展的实现?面临新的世纪到来的历史时刻,我们需要回答这些问题。在对可持续发展的理论探讨问题上,中国始终坚持可持续发展的核心是发展。不论是人口控制、资源利用还是环境保护,均是为了社会经济的发展和人民生活福利的提高。对于可持续发展这样一个多维综合体系,我们认为,不仅要从总体战略的高度进行研究,从系统整体上探讨优化条件以及其宏观调控原理,而且还要从局部的角度进行剖析,深入研究制约可持续发展的主要局部因素和领域对策;同时,我们不仅要从现实出发来寻求解决办法,更要把握可持续发展的未来走向和态势,从而为制定准确有效的政策措施提供科学依据。本书内容正是基于这样的思路来组织的。

　　改革开放二十多年来,中国的经济建设取得了巨大成就。随着经济增长和物质基础加强,政府对可持续发展战略实施的投入也大大加强。1994年国务院批准通过《中国21世纪议程——中国21世纪人口、环境与发展白皮书》,确立了21世纪中国实施可持续发展战略的总体框架和各领域的主要目标,即建立可持续发展的经济体系、社会体系并保持与其相适应的可持续利用的资源和环境基础,最终实现经济繁荣、社会进步和生态安全。1996年3月第八届全国人民代表大会第四次会议把可持续发展确定为中国今后经济和社会发展的基本战略。根据自身国情和所处的发展阶段,中国对可持续发展有自己的理解和认识,在实施可持续发展战略过程中采取一系列相应的政策措施,并取得了积极的进展。

中国正处于发展的关键时期,面临着人口、资源、环境与经济发展的巨大压力和由此产生的各种尖锐矛盾:经济基础差、技术落后,资源消耗量大,污染严重,生态脆弱以及来自全球环境问题的威胁等等。与此同时,经济全球化已经成为当前世界经济发展的大趋势,国家之间的经济来往越来越密切。目前的经济全球化趋势推动了世界经济的发展,同时也带来了一系列新问题和矛盾。面对国内外各种困难与压力,为了实现可持续发展的总体目标,中国有必要采取一系列的策略措施,如人口控制策略、增长方式转变策略、自然保护策略以及能力建设策略等。我们认为,未来中国可持续发展的实施趋势将呈现以下几个主要特点:可持续发展战略的实施将进一步深入到各地方政府之中并不断加强公众的参与;能力建设将从重点通过举办各种形式的培训和利用各种媒体来提高人民的可持续发展意识,转向重点建设可持续发展的制度机制、市场机制和政府部门、企业、学术机构以及公众综合的决策机制;

环境管理将朝着适应市场经济体制的方向发展;可持续发展战略实施将从建立在传统经济基础上的工业社会转向以知识经济为基础的信息社会;国际合作主体和渠道将趋向多元化。

中国实施可持续发展战略的内容非常丰富,牵涉面极其广泛。但从目前的现实来看,中国实施可持续发展战略的制约因素中,农业、水资源、能源工业、自然灾害、区域之间协调发展、全球气候变化及相关国际公约等是最主要的因素。本书在对中国可持续发展总体态势分析的基础上,将主要通过这六个方面的剖析,来窥视中国可持续发展战略实施的总体状况和趋势。

农业是整个人类生存和发展的基础和必然要求,可持续农业受到人们的普遍关注和重视。中国是发展中的人口大国、农业大国,人均资源相对紧缺、农村人口多、农业收入低下且城乡收入差别明显、水土流失和环境污染较为严重,因而,中国的农业可持续发展特别重要,也尤为艰巨。可持续发展模式是中国农业及农村经济发展必然的战略选择。《中国21世纪议程》强调指出:"农业是国民经济的基础。农业和农村的可持续发展,是中国可持续发展的根本保证和优先领域。"农业可持续发展要通过农业资源环境、经济、社会、科技等各方面的协同,在合理利用和维护生态资源环境的同时,实行农村制度创新和技术创新,从而生产出足够的农产品满足当代人类及其后代的需要,并实现农业和农村持久和全面的发展。

水是社会经济发展和维护生态环境质量的不可替代的战略性基础资源,而中国属于世界上为数不多的贫水国家之一。在今后半个世纪的发展进程中,水资源问题将直接影响到中国的城市化进程、粮食安全、经济安全和生态环境质量,从而深刻影响到中国第三步战略目标的实现。水资源的可持续利用对中国未来发展的战略重要性体现在三个方面:以提高对旱涝灾害的抗御能力为中心的社会保障作用、以增加有效供水为中心的资源保障作用和以维护生态质量为中心的环境保障作用。国家发展模式的转变必然要求水利工作重心的逐步转移,以提高用水效率和减少水污染等内涵发展方式为主,更加重视生态环境用水,更多依靠管理和经济手段达到资源合理配置和高效利用的目的。

能源是人类赖以生存和发展的不可缺少的物质基础,由于利用方式的不合理,能源利用在不同程度上损害着地球的生态环境,甚至危胁到人类自身的生存。可持续发展战略要求建立可持续的能源支持系统和不危害环境的能源利用方式。能源是中国经济社会发展的重要资源基础,而能源的大量和低效利用又是造成目前环境污染的重要原因之一。人均能源资源短缺,将成为中国未来能源供应的最突出矛盾。

中国是世界上自然灾害最严重的国家之一:灾害种类多,频率高,强度大,影响面广,损失严重。1950 年以来,中国自然灾害直接经济损失达 25 000 多亿元,年均灾损约占 GDP 的 3—6%,为财政收入的 30% 左右。自然灾害直接经济损失在持续增长,预计 21 世纪初中国将面临一个新的灾害严重时期,初步估计年均灾害直接经济损失可能超过 2 500 亿元,将成为社会可持续发展重大的制约因素。

改革开放以来,中国及各地区的经济和社会获得了巨大的发展。经济的迅速增长和现代技术手段的运用,正在改变着各地区的社会经济结构和生态环境结构。在地区经济实力增强的同时，省区市之间特别是东西部和南北部的地带性差距正在拉大，人与自然相互关系的区域性矛盾愈加突出，区域发展问题已成为中国跨世纪发展中的重大社会经济问题。区域可持续发展要求在不同尺度的区域内，社会经济发展与人口、资源、环境保持和谐的发展关系。区域经济的持续增长与社会的稳定发展要建立在有效控制人口增长、合理利用自然资源、逐渐改善环境质量的基础上，并应保持促进不同类型地区的协调与均衡，缩小区际发展水平的差距。事实上，人类社会可持续发展的思想也需要通过在不同区域的推行来体现。

气候变化问题涉及中国的重大利益和长远发展，在战略上有全局性的影响。对于国家政策来说，它涉及到国民经济和社会发展的各个方面，包括人口、经济、外交、贸易、能源、环境、科学技术等等。中国由于地理位置、自然条件等因素，受到气候变化不利影响的严重威胁。据模式研究分析的初步估计，气候变化将农业减产、供水不足及沿海地区被淹等严重后果，中国每年将因此损失上千亿元。虽然目前中国的温室气体排放总量已达较高水平，二氧化碳的年排放量已接近 8 亿吨碳素，但中国的人均排放水平很低，约 0.67 吨碳素，只及美国人均排放量的 1/8。尽管如此，中国正面临要求限制排放和承担减排义务的巨大压力，局面日趋严峻。但中国目前还是一个发展中国家，消除贫困和发展经济是压倒一切的首要任务。为了维护中国人民生存和发展的基本权利，在达到中等发达国家水平之前，中国不可能承担减排温室气体的义务。但中国仍面临巨大的外界压力，必需根据自己的可持续发展战略，继续采取措施,努力减缓温室气体排放的增长率。

"普受关注的可持续发展问题的中心是人。人有权顺应自然,过健康而有生产能力的生活。……发展的权利必须实现,以便能公平地满足今世后代在发展与环境方面的需要。"《里约宣言》在开篇中的庄严声明是我们共同追求的可持续发展的重要指导思想。只要坚持以发展为核心,以兼顾当代和未来人类的利益需求为原则,我们就一定能够实现社会公平、经济繁荣和生态健康的可持续发展的目标。

第 一 章

中国可持续发展总体态势

第一节 中国实施可持续发展战略的经济基础与现实问题

一、中国经济发展的现实判断

(一) 20年来的经济成就对可持续发展战略实施的支撑

改革开放以来,中国的经济发展取得了举世瞩目的成就:

1. 经济的高速增长

1979~1997年间中国国内生产总值(GDP)年均增长达9.8%,大大超过了改革开放前的增长速度。这一时期中国的生产力和整个社会经济获得了高速发展,成为同期世界上经济增长最快的国家。经济的迅速发展使中国不少工业品,如钢铁、煤炭、水泥、电视机、自行车等产量跃居世界第一。中国的综合国力有了很大提高,在世界上已名列第七位。

英国1998年的《情报背景材料》将中国与美国的国内生产总值(GDP)增长速度进行了对比:1960~1979年间,美国的年均增

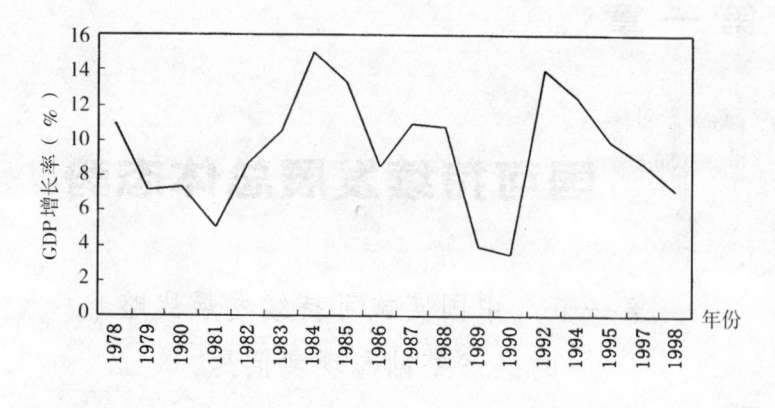

图 1—1 中国历年 GDP 的增长

长率为 3.8%,而中国为 6.8%;1980~1989 年间,美国年均增长 2.7%,而中国则为 9.3%;1990~1995 年间,美中两国的年均增长率分别为 1.8% 和 10.6%。因此得出结论说,在这 35 年中,美国经济增长率的总体趋势是递减的,而中国是递增的。根据世界银行《世界发展报告》的统计,1960~1981 年间,人均国民生产总值(GNP)平均每年增长率,中国为 5%,美国为 2.3%,印度为 1.4%;1981~1993 年间,中国为 8.2%,美国为 1.7%,印度为 3%。显然,中国自改革开放以来的经济增长速度,无论年均增长率还是人均增长率,都超过了改革开放以前,也远远超过了发达国家美国和发展中国家印度。

2. 初步建立起了充满活力的社会主义市场经济体制框架

当前,中国经济发展的形势是,以公有制为主体、多种所有制经济共同发展的格局已初步形成,国有企业逐步走向市场、适应市场;已广泛建立起各类商品市场,生产要素市场(包括资本市场、地产市场、劳动力市场、技术市场、信息市场等)也初步建立起来,并相应地建立起实物商品和服务的市场价格体制,生产要素价格市场化进程已经开始;初步建立起与社会主义市场经济相适应的宏观调控体系,对计划、财政、金融等体制进行了重大改革;实行全方位的对外开放,人民币已实现在经常项目范围内的可兑换;实行了按劳分配和按生产要素分配相结合的分配制度,正在着手建立与社会主义市场经济相适应的社会保障制度等等。不少经济学家认为,中国的市场化程度已超过50%,市场已在资源配置中开始发挥基础性作用。

3. 从普遍的商品短缺进入市场繁荣和买方市场

改革开放以前,中国是典型的短缺经济,凭证供应,排队抢购成为常态。中国城市居民供应票证最多时达118种,米、布、肉、蛋、糖及至肥皂、火柴等,无一不是凭票限量供应。改革开放以后公众感受最深的变化是,在公众消费水平迅速提高的同时,开始告别短缺,商品不断丰富,市场日益繁荣,而且近年来逐步形成普遍的买方市场格局。据有关部门对1998年上半年601种主要商品供求情况排队表明:供求平衡的商品446种,占74.2%;供过于求的商品115种,占25.8%;供不应求的商品已经消失。从1978年以来,经过10多年的时间,中国的市场状况就发生了根本性的变化,已走出了短缺经济,由卖方市场转向了买方市场。所谓买方市场,就是在供给能充分满足需求的条件下有利于购买方的市场格局。在卖方市场中,是货币追求商品;在买方市场中是商品追求货币。买方市场与卖方市场相比,买方市场有利于推动商品经济的发展和劳动生产率的提高,有利于促使生产者不断创新、提高质量。

4. 人民普遍得到实惠,收入、消费水平迅速提高

由于经济高速发展,国家实行计划生育、控制人口增长的政策取得成效,致使人均 GDP 增长迅速,1978 年为 379 元,1997 年增至 6 079 元,扣除物价因素,实际增长 3.22 倍,年均增长 7.9%。农村居民人均纯收入从 1978 年的 133.6 元增长到 1997 年的 2 090.1 元,扣除物价因素,实际增长 3.37 倍,年均增长 8.1%;城镇居民家庭人均纯收入从 1978 年的 343.4 元增长到 1997 年的 5 160.3 元,扣除物价因素,实际增长 2.12 倍,年均增长 6.2%。全国居民消费水平从 1978 年的 184 元增长到 1997 年的 2 936 元,扣除物价因素,实际增长 2.81 倍,年均增长 7.3%。人民的生活水平不断提高,从衣、食、住、行、用各方面看,由单调简陋转向日益丰富多彩,生活质量得到大幅度的改善。

5. 对外贸易迅速扩大,并且较大幅度超过经济增长

1997 年,中国进出口总额已达 3 250.6 亿美元,在全世界排名第 10 位(1978 年为第 32 位),比 1978 年增长 14.75 倍,年均增长 15.6%。其中,出口增长 17.74 倍,年均增长 16.7%。与此同时,大量引进外资,1979~1997 年累计实际利用外资 3 483.5 亿美元,其中对外借款 1 161.3 亿美元,外商直接投资 2 201.4 亿美元。外资的进入,促进了经济的增长和就业的增加,推动了进出口贸易的发展。

6. 外汇储备不断增加

1997 年底外汇储备达 1 400 亿美元,居世界第二位。外汇储备是国家经济实力的一个重要标志,也是保持经济稳定和金融稳定的重要力量,大量和充足的外汇储备是中国人民币在 1997 年开始的亚洲金融危机中保持汇率稳定的重要保证。

(二) 经济持续增长的趋势

中国在经过了 20 年的改革开放以后,已经实现经济增长的飞跃。1979～1997 年的 18 年中,中国的国内生产总值(GDP)实现了年均 9.8% 的高速增长,但是,中国的经济规模还比较小,国内生产总值(GDP)在世界经济总量中所占的比重以及人均国内生产总值都远远低于经济发达的国家。这说明中国目前正处在经济增长的阶段。从中国的国情和经济发展趋势来看,2020 年以前甚至在更长的时间内,中国经济仍有可能处在经济高速增长、经济规模不断扩大的阶段。据美国兰德公司的研究报告,如果采用 1997 年美元表示的倾向实际购买力,到 2015 年,中国的国内生产总值(不包括香港和台湾)将达到 11～12 万亿美元,届时将同美国一样,占全球产值的 1/4 左右。许多学者也提出,中国经济在 2020 年以前保持较高的经济增长速度是完全可能的,进入 21 世纪 20 年代以后,中国经济将跃上一个新的台阶,并以经济大国的身份名列世界前列,应是不争的事实。支持以上论点的主要依据是:①与经济发达国家不同,中国的工业化进程尚未结束,经济增长仍然处在工业化进程之中。从这一背景出发,在可预见的期间内,中国经济的潜在增长率将不会有大的变化。更重要的是,中国的工业化进程和技术进步将会在未来经济国际化的浪潮中迈出更大的步伐,通过提高技术要素对经济增长的贡献率,促进中国经济的持续高速增长,从而为中国经济规模的合理扩大开拓更广阔的空间。②在可预见的未来的 20 年中,随着中国经济体制改革的逐步深化,社会主义市场经济体制将会逐步确立并不断加以完善,从而使制度创新的效应会继续得到释放;同时,一个更加开放的社会主义市场体系将为中国经济的持续高速增长提供更为有利的资金条件。③在今后的 20 年中,中国的劳动力供给作为支持经济增长的一个重要因素仍然会保持不断增长的势头,这不仅是由于今后每年仍然会有大量的新增劳动力供给,而且随着工业化程度的提高和经济体制改革的进一步深化,农业和国营工业企业中还会分离出更多的剩余劳动力。劳动力的充裕供给一方面会直接支持经济的高速增长,另一方面又会使中国劳动力相对廉价的优势保持较长的时间,从而为吸引外资,间接地支持经济高速增长创造必要的条件。④根据"经济增长率减半期"理论,中国经济的年均增长率从 10% 下降到长期平均增长 5%,需要 8 到 15 年的时间,假使这种理论能够成立,中国经济的高增长也要持续到 2010 年以后,如果考虑到中国是一个地域辽阔的世界大国,各地区经济发展很不平衡的实际情况,不但经济起飞的"跑道"要比中小国家长得多,而且按照发展极和增长点理论,经济发达地区的率先发展对落后地区的带动效应,会使中国经济在长时期内出现此伏彼起的高速增长态势,这种态势将使中国经济从总体上保持长期高速增长成为可能。

总而言之,2020 年以前,中国经济完全有可能在规模不断扩大的条件下保持较高的增长速度。保持经济较长时期的高速增长,是中国经济实现完全工业化之前的必然选择。当然,这并不排除由于经济周期波动会使增长速度有时放缓,也不排除随着时间的推移和规模经济边界的临近会使较高的经济增长速度逐渐降低这一趋势的出现。

（三）经济发展对环境保护的支持作用

经济增长与环境保护对一个国家的可持续发展和社会安全体系而言,存在一种互动关系:经济越贫困,经济增长对安全的意义越大,环保的重要性越弱;经济越发达,经济增长的重要性越小,环保的重要性越强。据有关研究分析[①],经济增长与环境保护的关系可以用图1—2表示。

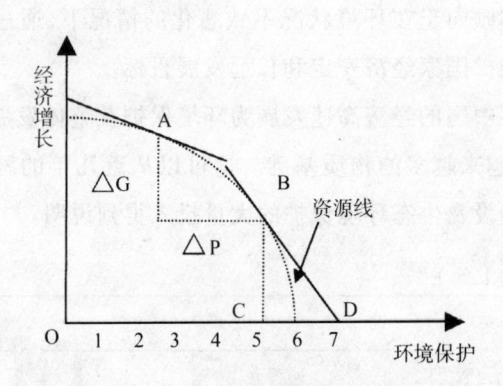

图1—2　环境保护与经济增长的关系

在一定时期内,一个国家的资源是有限的。在资源即定的情况下,环境保护与经济增长存在一定替代性,当把较多资源用于经济增长时,其可以配置于环境保护的资源则较少(参见图1-2中A点);反之亦然(B点)。当追加△G经济增长时,必须以放弃△P环境保护作为"机会成本",反之亦然。经济越发达,资源向环保部门的流动越强(B点);经济越欠发达,资源向增长部门的流动越强

---

① 周志成:论"环境安全"——从亚太地区看国际关系中的一种新概念、新趋势,《上海社会科学院学术季刊》(沪),1993年2月。

(A点)。从图1-2可以看到,在B点,环保边际替代率(IMRS$_1$ = -dG/dP)较大;在A点,环保边际替代率则较小。这意味着B点的环保"机会成本"较大,即经济增长的损失较大,A点则相反。因此,发展中国家将赋予A点资源配置以更大的关注,即优先发展经济。经济增长与环境保护对安全的重要性在经济发达与经济不发达国家是不同的。但几乎是所有国家,无论是发达国家还是发展中国家都倾向于在环境状况不致恶化的情况下,通过尽可能发展经济来维护国家经济安定和长远发展目标。

这些年中国的经济高速发展为环境保护及整体发展的可持续性,提供了越来越多的物质基础。这可以从近几年的国家可持续发展能力建设及生态环境保护的大量投入得到说明。

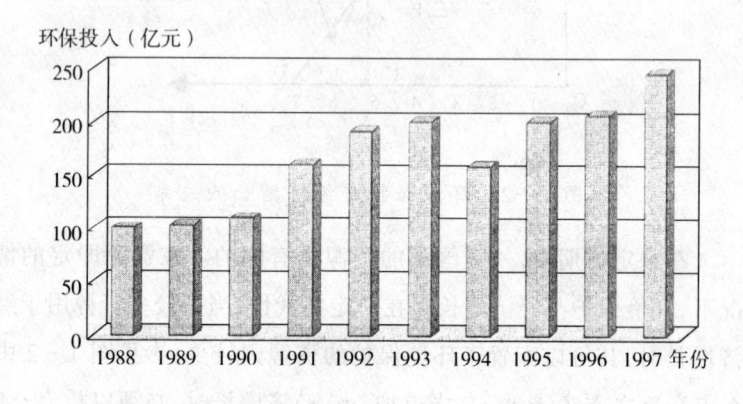

图1—3 中国环境保护投资的历年增长情况

图1—3充分说明,随着经济增长和国家物质基础的加强,可用于环境保护的投入也随之增加。事实上,国家对可持续发展战略实施的投入不只是体现在环境治理上,用于教育、体制等能力建

设的投入也大大加强。中国政府制定的生态建设规划,更加体现了经济发展对国家可持续发展的贡献。因此,中国可持续发展战略的实施,必须以经济发展所提供的物质基础为前提。可持续发展战略的实施深深地依赖于改革开放以来经济建设的巨大成就。

二、中国实施可持续发展战略的国内外制约因素

(一)内在的制约问题

1. 发展的意识及管理机制存在的偏离

在谈论发展问题时,常有一种误解,只把 GNP 的增长视为衡量发展的标准,把"发展是硬道理"的深刻内涵简单地理解为"GNP 增长是硬道理",这样的观点实际是在支持过度开采可耗尽资源和过度使用可再生资源,无视环境的恶化和生态资源的破坏。事实上,GNP 只是一种衡量经济产量的尺度,不能反映生产和消费中的经济以及经济福利的净变化量。发展不但应该包括生产率的提高、经济的增长,还应包括社会分配的公平。中国的地区发展不平衡性十分明显,省际和省内部的差距很大。改革开放以来,这种差距还有继续扩大的趋势。研究表明,在国际可比较的范围内,中国是地区经济差距(主要指相对差距)较大的国家之一。中国应该把缩小地区差距作为衡量增长的一个重要内容。全国公共福利均等化的标准低于全国平均水平,其主要的内容包括公民在享受基础教育、基本卫生服务及基本计划生育条件等方面具有均等的权利。

经济增长总是要消耗资源的,盲目的高速经济增长会危及持

续增长的基础;而要保护环境资源,放慢经济增长速度势必影响当代人的经济生活水平,因而很难成为人们的主动选择,只有政府实行强干预,才能适当调整经济增长速度,保护经济发展的环境资源基础。在一定意义上讲,经济发展过程就是以人造资源(包括技术、资金和人力资本、制度等)替代自然资源的过程,因而经济增长的资源基础是逐渐变化的,并主要表现为人造资源对经济增长的作用越来越大。这意味着加速资源基础替代要比保持原有基础的稳定性更为重要,也只有依靠这种替代,才能保持经济增长的持续性。政府强干预显然不利于建设社会主义市场经济体制,经济低增长显然不利于中国经济的持续发展。对于保护环境而言,市场不是万能的,而没有市场是万万不能的。"发展经济靠市场,保护环境靠政府"是一种很流行的说法,这种说法的含义是:市场竞争机制有助于加速经济增长,但环境问题是社会问题,常常表现出跨部门、跨地域的特征,必须由政府来解决。而在现实生产活动中,过去有些浪费资源和破坏环境的行动却是政府反市场的政策诱发出来的,例如人为压低煤炭价格的政策,制约了煤炭利用的技术创新,造成煤炭利用的大量浪费和环境问题。一些资源利用效率低下,污染极为严重的企业以把内部成本转嫁社会来换取生存,也得益于地方政府保护主义政策。地方认为保护环境也应通过加快培育市场,例如资源的产权界定,排污权的交易都有利于资源和环境的管理,是实现环境成本内部化的重要途径。经济增长是要付出代价的。中国目前所面临的任务是减少快速经济增长的负面影响,通过加速资源基础的变换速度,尽快实现增长方式的转变。

可持续发展是一个涉及人类共同的未来长远利益问题,但首先是一个涉及当代人公平与效率的现实利益的问题。中国整体发展水平不高,部分地区还处于十分落后和贫困的状态,在寻求经济增长、增加就业及保护环境诸多目标中,尚不可能将环境保护作为最优先目标。有时,一些地方认为,考虑子孙后代的利益是一个不太现实的问题。因此,许多政府部门及企事业管理者存在忽视环境问题的倾向,这严重地制约了可持续发展战略的实施。

经济高速发展所产生的大量环境问题往往是跨地区、跨部门和跨流域的问题,现在环境资源的产权界定尚未提到议事日程,部门和地方的利益十分突出,对于环境、交通这些牵涉到整体利益的问题各地分歧也较多。一些地方和部门负责人,用经济效益衡量政绩,在经济体制转型阶段,双重体制仍在起作用,虽然有大量的环境法规出台,但是对破坏环境的企业和个人缺乏有力的制约作用。

少数人和少数部门致力于保护环境的努力和多数人多数部门为经济发展再上台阶的努力基本是属于"两张皮"。"理性超越论"即脱离中国经济社会发展阶段(工业化中期)的想法是注定要失败的。因此,有人认为只能在一个可行区间强调"可持续"思想。但是在另一方面,中国正在大力效仿工业化文明争占资源、消耗资源的竞争,我们在发展经济和保护环境这两个问题的认识上选择了可持续发展,但在处理方式上仍然有走"先污染、后治理"的趋势。这就是说,如果不能在全社会形成新的发展观,新的社会文明意识,可持续之路是十分艰巨的。历史发展是不可逆过程,环境问题也和人口问题一样,今天不重视,大自然对人类的报复将是无情的,它将危及可持续发展的物质基础。

由于工业革命之后盛行的传统发展模式没有考虑发展的可持续性和发展过程中对环境的保护,虽然提高了人类的生产力,却过度地消耗资源,破坏了生态平衡和生存环境;虽然部分地满足了部分人们的近期需要,有时却牺牲了人类长远的发展利益。当前,可持续发展的战略模式正在为世人所瞩目,且正在成为一些国家的实践。可持续发展既不是单指经济发展或社会发展,也不是单指生态持续,而是指以人为中心的自然—社会—经济复合系统的可持续性,是指人类在不超越资源与环境承载能力的条件下,实现经济发展、资源的永续供给和生活质量的提高。具体地说:①可持续发展鼓励经济增长,追求改善经济增长的质量、提高效率、减少废弃物,改变传统的生产和消费模式,实施清洁生产和文明消费;②可持续发展以保护自然为基础,与环境和环境的承载能力相协调;③可持续发展以改善和提高生活质量为目的,与社会进步相协调。

2. 资源基础及环境问题的制约

21世纪的中国面临着人口的继续增长和粮食供应的不断紧张趋势,随着经济总量和人口总量的加大,农业资源不断地接近承载力的上限,平均每人拥有的耕地不到世界平均水平的30%;每人拥有的草地不到世界平均水平的40%;每人拥有的林地不到世界平均水平的14%;每人拥有的水资源不到世界平均水平的25%。

中国面临着严重的水资源短缺,表现在人均短缺、时空短缺和质量短缺三个方面。水资源供需矛盾表现在国民经济发展用水与生态环境保护用水的矛盾、城乡用水矛盾和地区与部门用水矛盾这三个层次。这种短缺将长期存在,且将在2020年前后达到高峰。由于中国整体发展水平尚不高,基础设施条件尚不能满足发展需求,而且人口还要大量增加,城市化和工业化的任务还很重,所以在较长时期内,中国的水问题难以根本解决,需要各方面的投入和政府的高度重视。

化石能源是中国经济社会发展的重要资源基础,而化石能源的使用又是造成环境污染的主要方面之一。中国人均能源资源短缺,将面临长期的能源问题,特别是石油能源短缺,将成为中国未来能源供应的最突出矛盾。2010年,中国煤炭消费仍将占一次能源消费总量的60%以上。这种以煤为主的能源结构给生态环境造成日趋严峻的压力。

农业的发展是中国国民经济发展的基础,但它的发展付出了巨大的生态、环境及资源代价:①水土流失日益加剧:由于过度垦殖和滥垦乱伐,水土流失治理速度赶不上增加速度,中国的水土流失面积在50年代只有150万平方公里,目前已扩大到179万平方公里。②土地沙化面积日益扩张:由于盲目开垦、超载过牧以及人口压力驱使的过分采樵,导致了中国的沙漠化土地在以平均每年1.47%的速率扩展。③水资源过量开采,黄河连年出现长时间断流。中国北方地区超采漏斗区总面积达150万公顷,最深漏斗达70米。仅海河流域每年地下水超采量达50亿立方米,地下水位平均每年下降1.5米;由于黄河上游及中游不断增加引黄灌溉,以及能源及工矿业的大发展,黄河自1974年历史上出现断流以来,已连续发生十几次断流,1997年长达226天,创历史记录。④农田污染日益严重:90年代前中国工业废水和生活污水年排放量达350~400亿吨,其中80%未经处理,导致遭受工业"三废"的农田达400万公顷,每年因此减少粮食100亿公斤以上。⑤江河湖泊污染严重:全国82%的江河湖泊受到不同程度的污染,全国河流有2.5万公里达不到渔业水质标准,鱼虾绝迹的河段长达2 800公里,其中淮河污染更是威胁着该流域1.6亿人口的生存,到了非治理不可的地步。中国五大淡水湖中,富营养化均呈严重发展态势。以太湖为例,1987～1988年间太湖沿岸21.7万公顷农田向太湖排放的氮为470.2万公斤/年,磷为8.43万公斤/年。太湖周边地区氮素化肥使用量每年高达525～600公斤/公顷,大大超过国际公认的安全上限:225公斤/公顷。⑥据估算,中国由于生态破坏造成的农业、森林、草场、水资源的经济损失和污染造成的经济损失,每年高达860亿元以上,已占农业总产值的5.5%,而且这一趋势还在逐年加剧。

大气污染严重。中国以煤为主的能源结构是形成以城市为中心的严重大气污染的重要原因。排入大气的二氧化硫(SO_2)的90%、烟尘的70%、二氧化碳(CO_2)的85%来自燃煤。在全国的600多个城市中,大气环境质量符合国家一级标准的城市不到1%,目前已有62.3%的城市大气中SO_2的年平均浓度超过国家环境空气质量二级标准,日平均浓度超过了三级标准。由于SO_2等大气污染物排放量持续增长,中国不少地区的酸雨呈逐年加重趋势,波及范围不断扩大,由80年代的西南地区发展到长江以南、青藏高原以东及四川盆地的广大地区,面积达100多万平方公里,年均降水pH值低于5.6的区域占全国面积的40%。

水污染状况严重。随着工业生产大幅度增长,工业废水的排放量不断增加,造成严重的水污染,严重影响到工农业生产和人民的生活。据中国七大水系重点评价河段统计,符合《地面水环境质量标准》1～2类的占32.2%,符合3类的占28.9%,属于4～5类的占38.9%。78%的城市河段不适宜作饮用水源,50%的城市地下水受到污染。水污染加剧了水的供需矛盾,使国民经济受到巨大的损失,同时威胁到人民的健康,人群流行病中有80%是由污染水传播的。

固体废弃物污染也是一个严重的问题。随着城市居民生活水平的提高,城市生活垃圾每年以10%的速率增长。不少城市由于垃圾得不到及时处理而受到"垃圾包围城市"的困扰。工业固体废物历年贮存量已达6.49亿吨,占地面积5.17万公顷。

环境污染加剧造成的经济损失也是惊人的。根据国内开展的有关环境经济损失方面的研究显示:1983年环境污染损失之和为381.55亿元,占GNP的6.75%;80年代到90年代初,全国每年由于水体污染造成的损失为400亿元左右,大气污染造成的经济损失300亿元左右,固体废弃物和农药等污染导致的经济损失250亿元左右,三项合计950亿元左右,约占GNP的6.75%。美国东西方研究中心估算的中国1990年环境污染损失为367亿元左右,约占当年GNP的2.1%。国家环保局环境政策研究中心1992年公布的污染损失为1 096.5亿元,占当年GNP的4.5%。中国社科院环境与发展研究中心对1993年的环境污染损失估算的结果为1 085.1亿元,占当年GNP的3.16%。

在中国还有一个问题是,大多数经济不发达的地区都处于生态脆弱地带。这些地区大都位于中西部,主要是四大生态脆弱带:西南石山岩溶地区,南方红壤丘陵地区,北方黄土地区,西北荒漠化地区。这些地区自然条件比较恶劣,地势高而陡峭,山地比重大，易于产生大面积的水土流失。

中国是世界上自然灾害最严重的国家之一。灾害种类多，频率高，强度大，影响面广，损失严重。1950年以来，中国自然灾害直接经济损失达2.5万多亿元，年均灾损约为GDP的3~6%，为财政收入的30%左右，均居世界前列。预计未来20年环渤海地区、黄淮海地区及长江三角洲和珠江三角洲地区的年均灾害损失将超过20万元/平方公里。自然灾害中造成直接经济损失最大的是洪涝灾害。中国人口密度大，经济发达的地区是自然灾害最严重的地区。自然灾害直接经济损失在持续增长，近年长势更为加剧。据统计，50~60年代自然灾害年均损失约400亿元，70~80年代年均损失约500亿元，80年代末增至600亿元以上，90年代前8年达1000多亿元。

3. 发展过程中的基本问题

可持续发展战略的实施，一方面建立在其宏伟目标与理性政策上，它要求作为主体的人对现实问题的正确认识，并能够理性地确定阶段性目标；另一方面也建立在它必须克服现实世界中随时随地产生的和不断积累的矛盾，并且积极寻求有效的对策和措施，使得限制可持续发展的障碍得以降低乃至消除。中国在制定和实施可持续发展战略的长期行动上，必须有意识地去克服制约中国可持续发展的三大基本问题。

基本问题之一为人口再生产与物质再生产之间矛盾。自人类出现以来，人口种群的增长处于某种纯自然的状态之中，人类的文明显然对于人口的增长速度、人口的数量与质量、人口的结构和空间分布等有过多次的调节，但始终未能达到自控自律的地步，尤其是与物质再生产的能力、速度、规模等不能有机地统一起来。一个半世纪以前的马尔萨斯敏锐地意识到人类社会发展所面临的潜在危险,警示性地指出,人口的增长呈指数形式,而物质(特别指粮食)的增长呈线性形式;人口若不加以控制,最终毁灭人类的必将是人类自己。他甚至悲观地认为,人类只有在战争、瘟疫和别的外在手段下,刚性地或以非人道方式去减小规模,以此去适应粮食增长的规律。这种观点显然是不能被接受的。那么,人类究竟能否采取自觉、自控、自律的方式,理性地约束自己?能否依循一种科学的精神去重塑自己,使人类得以与支持其生存和发展的自然相协调?毫无疑问,可持续发展思想的出现及可持续发展战略的实施有力地消除了这一疑虑,使人类找到了一条解决人口和自然之间矛盾的道路。在中国,人口这个问题尤为突出,如果不能有效克服人口再生产与物质再生产之间的矛盾,可持续发展战略目标的实现将成为泡影。

基本问题之二为物质再生产与环境价值维持的不协调问题。当人口增长的压力和人类对物质要求的欲望达到某种临界阈值时,人类社会有可能无情地掠夺自然资源去产生对自己的满足,毁坏着养育自己的自然生态基础。中国的现实状况也能清楚地证明,人们如果贪婪地、无节制地掠夺自然资源并扩大资源的稀缺性,使其与生态价值的背离越来越大,其发展是不能为继的。这种不协调发展体现在:①对环境容量的无偿占有与对环境质量的自觉养护之间的失衡。从全球范围来看,各个国家或多或少地都在"环境赤字"状态下运行自己的经济。环境质量的保持与建设,基本上处于不自觉状态。人类至少尚未形成自觉地、主动地、自动互助式地投入到养护环境和保持自己家园的行动之中。中国在经济超常规发展的进程中，一些区域和地方不择手段地去占用环境这个"公共财物"也达到了相当严重的地步。这一状况不从根本上加以扭转，中国的可持续发展将变成空谈。②成本外部化所导致的市场失灵与对各级地方政府经济发展业绩评价的关系。目前衡量经济发展的一个重要指标是人们普遍使用的宏观经济指标 GDP，它掩盖了经济增长过程中对环境可能造成直接经济损失。这种损失主要体现在：a.环境污染所造成的环境质量下降；b.长期生态质量退化所造成的未来发展的高成本；c.不合理的经济活动引起的自然灾害所导致的经济损失；d.经济高速发展引起资源稀缺性增强所引发的高开发成本；e.疾病、公共卫生条件、失业等社会问题所导致的支出增加；f.由于人口数量失控所导致的损失；g.由于管理不善（包括决策失误）所造成的损失。

基本问题之三为经济增长的效率与保障社会发展公平之间的不协调。经济学家们一致认为，地理区域之间的非均衡是客观存在，经济的社会分工和空间扩散是区域发展的基本规律。任何一个区域，既然存在着发展的梯度，又必须使此种梯度约束在可以被允许、被接受的范围之内。经济增长的效率越高，往往对应着区域之间的差异越大；而社会公平程度的过分地和绝对地保持，又必然会妨害经济效率的提高，二者之间存在着某种深层次的联系。一个发展的同时又是稳定的国家，如不有效地克服效率与公平之间的矛盾，将会陷入一种不可持续发展的状态之中。目前中国社会中的效率与公平的协调，始终是一个值得警惕的宏观标示。区域经济的持续增长与社会的长久稳定发展要建立在有效控制人口增长、合理利用自然资源、逐渐改善环境质量的基础上,并应保持促进不同类型地区的协调与均衡,缩小区际发展水平的差距。中国区域人口增长与人均经济增长差异明显,有些经济增长缓慢的地区人口增长过快,人均 GDP 差距扩大。多数区域经济发展与环境间的矛盾尖锐,环境恶化的趋势应该得到抑制,特别是贫困地区的社会经济发展任重道远。沿海地区的经济增长活力较强,中西部有些省区的经济增长活力较弱,且面临生态退化、摆脱脱贫、水土流失等问题。

(二) 国际环境的压力

经济全球化已经成为当前世界经济发展不可逆转的大趋势,而且,这一进程正在加快,各国经济联系越来越密切,任何国家都不可能闭关自守地发展经济。经济全球化推动了世界经济的发展,同时也带来了一系列新的问题和矛盾。

1. 全球化对中国经济发展的压力

经济全球化虽然促进了国际经济合作,但并不能根本消除发达国家和发展中国家之间的利益矛盾,也不能调和它们之间的分歧和斗争。经济全球化过程使得世界范围内的贫富差距持续扩大,它给发达国家带来的好处远大于发展中国家,在分配经济进步的蛋糕时,仍然是大块分给少数发达国家,小块留给多数发展中国家。联合国开发计划署(UNDP)1999 年度《人类发展报告》描述说,"迄今为止的全球化是不平衡的,它加深了穷国和富国、穷人和富人的鸿沟"。该报告指出,全世界最富有的 1/5 人口和最贫穷的 1/5 人口的人均国民收入之比,1960 年为 30∶1,1997 年达到 74∶1,

前者占有全世界国内生产总值的86%,出口市场的82%,外国直接投资的68%,而后者都只占以上各项的1%;1998年,各行业最大的10家跨国公司占有世界市场的份额分别是:通信86%,计算机70%,药品35%;世界上200名最富有的人所拥有的财富在过去4年间增加了1倍,达到1万亿美元,世界上3位最大的亿万富翁的资产超过共有6亿人口的所有最不发达国家的国内生产总值的总和。报告指出,造成这种现状的原因是市场主宰了全球化的进程。全球化为那些能够利用日益增长的商品和服务跨国界流动的人创造了前所未有的财富,而那些穷国和穷人则被不断边际化,只是在为全球化付出代价。

全球性资源分配与利用分析表明,发达国家利用其资金和技术的优势,掠夺性地利用发展中国家的自然资源,在导致发展中国家经济对发达国家的依赖的同时,发展中国家还要为其自身长远发展付出更大的代价。全球化使得世界资源分配、人均对资源的拥有量严重地不平等。全球化的新规则片面地强调全球市场的一体化而将穷国和穷人丢在一边。UNDP报告说,仅有经济增长是不够的,增长应该有益于穷人,能增加穷人的能力、机会和生活选择。如果众多的国家和人们不能从全球一体化和相互依存中得到好处,他们就会拒绝它。全球化正在以迅猛之势横扫世界,因而客观地认清它的利弊十分必要。目前全球化在一定程度上将对发展中国家造成不公正和直接危害。因此,全球化应该以人为本,不能只追求经济利润。由于全球化目前存在的问题及发展中国家的要求和建议不符合富国的意愿,全球化促进真正意义上经济均衡发展能否得到实施,还是一个很大的问号。这也反映了国际社会要求公正平等的呼声,特别是广大发展中国家和穷人的利益。同时促使人们关注全球化的消极面,寻求人类共同发展,让全世界都能均等地享受科技发展的成果和经济发展的利益,无疑具有积极意义。

从国家经济安全的角度来看,经济全球化将对中国经济安全产生重要影响。概括起来看,主要有两个方面:一个方面是中国的经济制度、发展阶段、产业结构、发展战略、市场秩序等方面的"结构性缺陷"。如在外贸出口产品结构、出口国分布结构、外资来源国结构等方面就存在着严重的不合理性,有74%的出口和90%的外资来自于亚太经合组织(APEC)成员国。实践经验证明,外贸和外资结构集中度越高,受世界经济波动的危险就越大,当前亚洲金融危机给中国对外贸易和引进外资所带来的直接影响就是一个例证。另一个方面是在既定的有缺陷或无缺陷的"结构条件"下,来自国内各方面的过多的"非正常干扰"。其主要体现在以下几个方面:第一,国民经济发展的基础已经遇到了严峻挑战。如中国近几年的粮食供给能力下降直接威胁到经济发展的"基础的基础";与主要工业与技术发达国家的大规模生产技术差距,特别是微电子、机床、重大装备等产业的差距,已影响到中国整个工业发展以至国民经济工业化的基础;国有资产的保值能力相当降低,已影响到中国国有经济的主导地位和作用,进而削弱了中央政府宏观调控的基础。第二,中国相当一部分产业和企业的国际竞争能力正被严重削弱。如外商直接投资的控股与技术垄断,对中国本来脆弱的产业安全、升级甚至国家主体安全构成威胁,特别是一些产业和企业的技术能力实际上已掌握在"洋人"手中,一旦中国重回世界贸易组织,这些产业和企业将面临着严峻挑战。

中国的国民经济仍处在工业化过程中。改革开放以来,中国工业化所面临的外部环境经历了从封闭到全方位开放的变化。这种变化意味着过去根据计划指令的生产与销售体系转换到了与国际经济社会接轨,从而成为初步适应经济全球化的生产与贸易体系。因此,各地区、各行业必须对中国在跨世纪发展中所面临的国际环境有充分的了解,才能在国家总体协调下正确地制定自身的经济社会发展战略。在这一跨世纪的国际与区域环境的工业化新模式中,中国同时面临机遇与挑战。在跨世纪全球化与区域化的国际环境中,贸易的自由化与技术进步促进了竞争的加剧:①如果中国国内工业不能和外国产品在国内及国际市场上进行竞争,那么中国的工业制造业有面临衰退的危险;②如果在劳动力过剩情况下,工资水平仍然迅速地上升,那么企业的管理者必须依靠提高技术水平与管理水平才能使企业保持竞争力;③中国尽管存在着劳动力的比较优势,但这种优势正面临新一代以资金替代劳动力的生产技术的挑战;④国际上一些大型跨国公司,其经济实力之强,可以与一个国家的经济实力相匹敌,例如1996年美国的通用汽车公司销售额达到了1 640亿美元,大于泰国一个国家的生产总值。因此,中国必须掌握现代工业规模经济的特点,要努力通过联合与协作发展提高企业经济与企业的市场竞争能力。

2. 全球性环境问题及相关的国际公约对中国的影响

贸易与成本内化对中国可持续发展的影响将日益明显。根据污染者付费原则,不论是生产者还是消费者,只要生产或消费造成了环境损失,就要求其负担这部分成本。这意味着有关"生态倾销"等引发国际贸易争端的环境问题,也可以通过成本内化的途径来解决。这种成本内化必然会影响企业的运作实践,将改变产品的比较优势而影响产品的国际竞争力。一些技术相对落后的企业将①因成本增加失去国内市场份额;②花费更多的投入而依从进口国环境标准而弱化出口竞争力;③一些传统优势产品因环境保护要求被迫退出贸易。如果贸易伙伴或国家之间都有均等影响,制约性作用会相互抵消。但环境成本内化对发达国家与发展中国家的影响具有不对称性。发展中国家与发达国家在经济与技术水平上存在较大差距,两者的生产和贸易结果也大不相同。这是因为发展中国家对环境成本内化的消化和承受能力较弱,而且,发达国家在制定贸易和政策中,通常考虑自身利益和实际需要,使发展中国家处于一种从属或被动地位。可见,环境成本内化会影响南北关系,对发展中国家的贸易有较大的抑制作用。

全球性气候变化有关公约对中国经济的发展将形成越来越明显的压力。人类活动引起大气中温室气体(CO_2、CH_4、NO_x 等)浓度剧增,导致气候变化,全球平均地表气温自 19 世纪以来约上升了 0.3~0.6℃,近几年已成为 1860 年来最暖的时期。尽管科学家们认为这个问题还存在很大不确定性,但未来气候如果继续变暖有可能给人类带来灾难性后果。1992 年通过的第一个保护全球气候的国际公约《联合国气候变化框架公约》,表达了各国对气候变化的共同关注以及防止其不利影响的共同愿望。发达国家在工业化过程中排放了大量温室气体,是迄今引起大气中温室气体浓度剧增的根源。目前它们仍是最主要的温室气体排放者。《联合国气候变化框架公约》要求发达国家缔约方率先采取措施对付气候变化及其不利影响,但它们一方面推诿和拖延其减排承诺的实施,另一方面却力图超越公约内容把减排责任转嫁给发展中国家。因此,在履约谈判和有关国际活动中斗争日趋尖锐,这个领域已成为维护国家与集团权益的一个国际政治斗争场所。

气候变化问题涉及中国的重大利益和长远发展,在战略上有全局性的影响。对于国家政策来说,它涉及到国民经济和社会发展的各个方面,包括人口、经济、外交、贸易、能源、环境、科学技术等等。中国由于地理位置、自然条件等因素,受到气候变化不利影响的严重威胁。据有关模型研究分析的初步估计,气候变化引起农业减产,供水不足及沿海地区被淹等所造成的损失,将给中国造成每年上千亿元的经济损失。

中国也是一个温室气体排放大国,如目前 CO_2 年排放量按含碳量计已近 8 亿吨,居世界第 2 位。如不采取更多的措施,预测到 2010 年 CO_2 排放量可能超过 13 亿吨,2020 年接近 17 亿吨,届时或许已居世界首位。而且中国从 1990 年到 2010 年间 CO_2 年排放量增长预测达 7 亿吨以上,相当于发达国家承诺的 2010 年前后温室气体减排量的 4 倍多。这将使中国受到要求限制排放和承担减排义务的巨大压力,局面日趋严峻。如果中国届时 CO_2 排放量要保持在 13 亿吨(碳)左右,即年排放量减少 4.4 亿吨(碳)(2020年)到 7.7 亿吨(碳)(2030 年),通过模型分析估计需额外增加能源系统投资累计额至少 3 100 亿美元到 9 400 亿美元,相当于同期 GDP 累计值的 0.5% 左右,同时每年还要花数百亿美元用于进口油气。

中国目前还是一个发展中国家,消除贫困和发展经济是压倒一切的首要任务。为了维持中国人民生存和发展的基本权利,在达到中等发达国家水平之前,中国不可能承担减排温室气体的义务。但中国仍面临巨大的外界压力,必需根据自己的可持续发展战略,继续采取措施,提高效能,努力减缓温室气体排放的增长率。

综上所述,无论是在发展经济与保护环境的两难处境中,还是在面临国内和国际压力的形势下,实施可持续发展战略都是中国的一项必然选择。

第二节 中国可持续发展的策略选择

一、中国对可持续发展问题的认识

中国作为世界上人口最多的发展中国家,可持续发展对于中国未来发展的重大意义是勿庸置疑的。自从联合国环境与发展大会以来,中国积极制定了《中国21世纪议程》及其相应的各类行动计划,接着又将可持续发展确定为指导国民经济与社会发展的重大战略,对可持续发展的定义、内涵、原则、意义开展了全面深入的讨论。无论是对布伦特兰夫人关于可持续发展的定义,还是对可持续发展思想演变的历史过程与国际背景,都进行了深入的研究与探讨。同时,广泛综合了国内外可持续发展的认识,从环境、社会、经济、科技进步和区域发展的各个角度对可持续发展给出了各种侧重面不同的定义,从学术研究的角度来说,关于可持续发展,中国已经有了很深入的认识和坚实的社会基础。

但是作为一个发展中国家,中国十分关注和强调在环境和发展面前各国享有平等的权利,强调代内公平,特别是国际公平及其与此相应的新的国际秩序也应和代际公平一样成为可持续发展质的规定性。因此,1997年发表的《中华人民共和国可持续发展国家报告》开宗名义地指出:就全球而言,中国同意联合国环境规划署第十五届理事会通过的《关于可持续发展的声明》,即:"可持续的发展,系指满足当前需要而又不削弱子孙后代满足其需要之能力的发展,而且决不包含侵犯国家主权的含义。可持续发展意味着走向国家和国际的公平,包括按照发展中国家的国家发展计划的轻重缓急及发展目的,向发展中国家提供援助。可持续发展意味着要有一种支援性的国际经济环境,从而导致各国特别是发展中国家的持续经济增长和发展,这对于环境的良好管理也具有很大的重要性。可持续发展还意味着维护、合理使用并且提高自然资源基础,这种基础支撑着生态抗压力及经济的增长。再者,可持续的发展还意味着在发展计划和政策中纳入对环境的关注与考虑,而不代表在援助或发展资助方面的一种新形式的附加条件。"[1]

中国对可持续发展有着自己的理解和认识。可持续发展可以看作一个多目标、多维度的弹性发展框架。不同的国家和地区可以根据自身处境的特点和需要对这个发展框架中的各个目标和维度给以不同的权重,从而选择不同的可持续发展概念模式。中国是一个发展中国家,因而在可持续发展框架中赋予发展目标以较高的权重,从而选择了以发展为核心的可持续发展模式。1992年中国政府发表的《中华人民共和国环境与发展报告》就明确提出,

---

[1] 《中华人民共和国可持续发展报告》,1997年,第1页。

"对于经济发展尚处于初级阶段、面临着满足人民基本生活需要的许多发展中国家来讲,贫困和不发达是环境退化的最根本的原因。它们长期处于贫困、人口过度增长、环境持续恶化的恶性循环之中。打破这一循环的根本出路在于保持适度经济增长,消除贫困,增强其保护自身环境并积极参加国际环境保护合作的能力。"①《中华人民共和国可持续发展国家报告》更是鲜明地表明中国"可持续发展的核心是发展"。② 当然,发展不能沿袭传统的高投入、高消耗、高污染模式,而必须向低投入、低消耗、低污染模式转变。为此,《国民经济和社会发展"九五"计划和 2010 年远景目标纲要》明确提出,必须实现经济增长方式从粗放型向集约型转变。另一方面,发展是可持续发展的核心也意味着环境保护必须服务于发展,坚持三个重点工作方向:一是以节约利用自然资源为中心。根据物质平衡原理,单位资源投入—产出效率越高,产生的废物越低。因此,节约利用资源不仅有利于提高经济效益,而且也有利于环境保护。基于这一原理,中国在环境保护的工作中一直坚持以节约利用资源为中心。二是优先考虑对损害健康和降低生产率的环境危害的治理。破坏环境,人类就必须付出代价,这种代价主要包括健康、生产率和舒适感的损失三个方面。由于资金、技术和人才相对短缺,决策者必须根据成本—效益分析,确定环境危害治理的优先次序。根据世界银行的研究,在发展中国家,尽管某些文化传统对他们的自然遗产非常珍视,但是由于人民基本生活需要尚

---

① 《中华人民共和国环境与发展报告》,第五章。
② 《中华人民共和国可持续发展报告》,第一章,第 1 页。

未得到满足,他们不会把影响舒适感的环境问题作为优先解决的问题,而是会优先解决造成人类病痛和过早死亡、以及降低生产力的环境问题①。中国是一个发展中国家,尽管改革开放以来经济得到了长足发展,但是人民基本需要尚未得到充分满足。因此,环境保护应优先考虑对损害健康和降低生产率的环境危害的治理。三是优先解决水旱灾害、沙漠化、淡水质量等严重制约经济和社会发展的区域性环境问题。

可持续发展首先是关于人类应当如何处理人类活动与自然环境关系的战略范式,这一点是没有争议的。既然可持续发展是一个关于人类应该如何发展的问题,那么对可持续发展的理解就不能不受人的利益、伦理判断的影响。对世界上不同的国家来说,由于利益和文化不尽相同,他们对可持续发展理论和实践就必然有着不尽相同的理解。中国是全球大家庭中的一员,与世界其它各国和地区共同拥有一个地球。因此,中国对可持续发展的理解必然体现了全球共同性的一面。但是中国不是发达国家,而是发展中国家,整个社会尚处在从不发达向发达、从计划经济向市场经济转变的历程中。因而,中国对可持续发展的理解必然有别于发达国家,必然代表着发展中国家的普遍要求和利益。中国又是一个特殊的发展中国家,人口众多、幅员辽阔、人均资源相对不足。因此,对可持续发展的理解又必然体现了其作为一个特殊的发展中国家的特殊要求。与西方文化不同,历史悠久的中华文化强调的不是对自然的征服而是天人合一。中国对可持续发展的理解就必

---

① 《1992 年世界发展报告》,第二章。

然体现这种文化的内在精神。随着实施可持续发展战略过程的全面展开以及不断走向深入,中国对可持续发展的内容和意义有了更全面、更深刻的认识。这些认识可以总结为以下几个方面。

（一）可持续发展与环境价值观

可持续发展的基本概念是建立在环境价值观基础上的。环境价值是人对环境承担责任和义务的基础。一个国家和民族如何界定环境价值、如何在道义上对待环境，直接关系这个国家和民族可持续发展的战略目的和定位。综观国内外研究,环境价值可以分为使用价值、选择价值和存在价值三类。其中,使用价值可以进一步分为直接使用价值和间接使用价值。前者是环境为人类提供食物、药物和原料的功能,后者是环境间接地支持和保护人类活动和财产的调节功能。选择价值又称潜在价值,即环境为后代人提供选择机会的价值。存在价值则是环境独立于人之需要的生存权利。大致来讲,1992年以前,中国普遍意识到环境的使用价值、特别是其直接使用价值,而对环境的选择价值和存在价值则少有认知。这一点不难从许多环保主张赖以提出的环境利益基础看出。然而,1992年以后,随着面向可持续发展的环境价值评估和环境伦理讨论的深入,环境的选择价值和存在价值逐渐为越来越多的人们所认知。不过,中国人倾向根据自己的处境和需要从人类利益角度解释环境的存在价值。例如,《中国生物多样性国情研究报告》就提出,"我们对存在价值可做另一种解释,即:自然界多种多样、极其繁复的物种及其系统的存在,有利于地球生命支持系统功能的保持及其结构的稳定,无论发生什么灾害,总有许多会保存下来,继续功能运作,使自然界的动态平衡不致遭到瓦解。"[1]

人对环境的责任与义务应当基于环境对人类利益还是环境自身的存在价值？国际上关于这个问题的讨论大致有两种不同的主张,即:自然中心主义(包括土地伦理学和生物中心主义)和人类中心主义两种环境伦理的争论[2]。前者认为,人类对自然尽道义上的责任和义务,不是为了人类,而是为了自然自身的、与人类不相干的存在价值；后者的观点则是,我们对自然界的道德义务,归根结底源于人类各成员相互间应承担的义务,也即源于人类利益,源于环境对人类的直接、间接的使用价值和潜在价值。1992年的《中华人民共和国环境与发展报告》在论述中国对全球环境问题的原则立场时明确指出:"环境保护自身并不是目的,我们的目的是让包括子孙后代在内的全人类在美好的环境中享受美好的生活。"这表明,中国可持续发展的环境伦理是人类中心主义的。从1992年到现在,这一点是没有改变的。中国人类中心主义的环境伦理的形成既是生产力发展水平的反映,也有文化传统的原因。从生产力发展来看,中国尚属发展中国家,民众的基本需要尚未充分得到满足,他们没有意愿也没有能力为了环境自身的价值而对其尽责任和义务；从文化传统来看,中国先哲老子的"无为自然"和庄子的"命运自然"哲学都强调人应尊重自然、顺从自然、不干预或危害自然。但是,这种对自然的责任和义务的理论基础是:"人为"是世

---

[1] 中国生物多样性国情研究报告编写小组:《中国生物多样性国情研究报告》,北京:中国环境科学出版社,1998年,第12页。

[2] Taylor, Respect for Nature: a theory of environmental ethics. Princeton University Press, New Jersey, 1986, pp12～13.

之颓废和混乱的根源,为了防止出现颓废和混乱,就要消除"人为",回归自然,"无为"才是通向"和谐"之路。因此,人对自然"无为"的责任和义务是为了人类的。这种根深蒂固的传统的自然伦理观念,必然从深层次制约当代中国环境伦理的形成。

(二) 可持续发展是要建立抑制环境稀缺性的机制

近年来,环境作为一种资源不再是取之不尽,用之不竭的概念已经普遍被人们所接受,环境稀缺性的问题已经受到严重关注。"节制使用和保育环境"的概念就是在环境稀缺性的基础上产生的。有一种观点认为,古代中国人生息繁衍于大大小小的盆地中,很早就普遍意识到资源环境的稀缺性,进而形成了阻止这种稀缺性的生态节制机制。[①] 这种观点是值得商榷的。在自给自足的传统农业社会中,人们出行半径通常在5~10公里以内,而作为中国文明发源地的关中盆地却是"八百里平川"。因此,古代中国人虽然主要生活在盆地中,但不可能感应到地理空间有限性的。

事实上,在人类活动规模和强度相对较小的历史时期,人们并不会感到环境在物理上的有限性。环境产品和服务自觉和不自觉地被认为是可以无限供给的。例如,在70年代以前的经济学教科书中,常常就有这样的描述:"在外部世界中,有一些物品数量如此丰富,使用其一定数量于一个目的并不影响使用其他数量于其他的目的。例如,我们所呼吸的空气即是这样的一种'自由取用'的物品。"既然环境不是稀缺的,那么人类就无需节制利用和保育自

---

① 俞孔坚,《景观:文化·生态与感知》,科学出版社,1998年,第83~89页。

然。然而,自然再生速度和环境的自净能力客观上是有限的。随着人类社会的发展,到本世纪60年代末,人类索取自然资源的速度逐渐超过了自然资源及其替代品的再生速度以及向环境排放废弃物的数量超过了环境的自净能力,各种环境问题逐步暴露出来。这终于使人们认识到环境是稀缺的。1972年人类环境大会是全球社会普遍认识到环境稀缺性的标志。中国参加了这次会议,并于1973年召开了第一次全国环境保护工作会议。这说明,中国环境稀缺性意识主要始于70年代初。

既然环境是稀缺的,那么可持续发展的基本任务之一就是建立对这种稀缺性的节制利用和保育环境的机制。

(三) 可持续发展不是不要发展,而是要转变发展方式

从全球来看,80年代中期以前,特别是60年代末至70年代中,人们通常把环境问题看作外部不经济性的一种表现形式,在"谁污染谁治理"或"谁污染谁付费"的原则下,强调末端治理的解决方式。1973年石油危机以后,人们虽然开始把环境问题看作是对自然资源粗放利用的产物,认为节约利用资源是解决环境问题的主要出路之一,但总的来讲仍然强调末端治理。末端治理虽然认识到应把环境问题纳入社会经济规划和政策中去,在社会经济规划和政策中把环境和发展统一起来,但是,在如何贯彻这种思想的战略上,强调的是把环境投资和环境资本积累纳入社会投资和资本积累中去。然而,由于环境治理活动本身在产生新的污染,这种对环境资本投资的战略陷入污染—投资—污染的恶性循环中,不能从根本上解决环境问题。1987年,布伦特兰夫人主持的世界

环境与发展委员会,在对世界重大经济、社会、资源和环境进行900天的调查后,发表了长篇调查报告《我们共同的未来》。报告把环境问题看作是"发展不当"的产物,认为解决环境问题必须重新认识与调整发展的方式,走可持续发展的道路。正如Bartelmus所指出,布伦特兰报告的创新之处不在于将环境问题有效地纳入社会经济规划和政策之中的思想,而在于贯彻这种思想的方法,即针对产生环境后果之发展方式的预防行动。①

中国早在80年代初就提出自然再生产的问题,强调把环境投资和自然资本积累纳入社会投资和积累中去。1992年以来,随着可持续发展意识的提高和普及,中国关于发展与环境关系的认识又前进了一大步,这就是认识到发展对环境的影响具有两面性。一方面,发展可以通过改善结构、提高投入产出效率以及清洁生产与管理降低单位产出对环境的冲击,可以通过提高人民收入水平增加对更高的环境质量的需求,从而有利于环境保护;另一方面,发展可能通过其规模的扩大增加对环境的压力。环境问题实质上是强调发展数量而忽视发展质量的产物,其解决关键在于发展方式的转变。这集中表现在:1992年,为了迎接在巴西召开的联合国环境与发展会议,中国政府编制和批准了《中华人民共和国环境与发展报告》。虽然报告没有明确指出,为了从根本上解决环境问题必须转变发展方式,但这种思想贯穿始终。会后,党中央、国务院批准中共中央办公厅和国务院办公厅转发了外交部、国家科委、

---

① Peter Bartelmus, Environment, Growth and Development: The Concepts and Strategies of Sustainability, London and New York: Routledge 1994, p8.

国家环保局《关于出席联合国环境与发展大会的情况及对策报告》。这一报告根据从环发大会得到的启示和中国从多年实践中得到的经验,明确指出:如果不改变长期沿用的以大量消耗资源、能源来推动经济增长的传统发展模式,环境问题是不可能从根本上解决的。

二、中国可持续发展的策略选择

在上述中国根据自身国情和发展状况对可持续发展的认识以及对可持续发展的制约因素进行深入讨论的基础上,我们认为在中国实施可持续发展战略有必要采取一系列策略选择,其中最重要的策略选择应该包括以下四个不同但相互联系的方面:人口控制策略、增长方式转变策略、自然保护策略以及能力建设策略。

(一) 人口控制策略

关于影响中国可持续发展的不利因素,最流行的和普遍接受的看法是:人口从根本上制约了中国可持续发展,是产生各种不可持续性的根源。例如,中国科学院沙漠研究所一份研究报告指出:"造成生态平衡失调的第一性压力无疑是人口的压力,其他各种过度的经济活动往往由此而引起"[①]。究其依据,主要是:①从环境影响来讲,人要消费就要有满足其消费需求的生产,要生产就必须要有资源的投入,在现实的科学技术条件下也必然向环境排放一

---

① 中国人民大学:《生态经济学文集》,1987 年。

定的废物。因此,人口增长必然扩大社会对资源的需求和环境压力。按资源总量论,中国虽然堪称世界资源大国,但是,由于人口众多,按人均资源水平计,中国又是一个资源贫乏的国家,人均占有资源量水平低下,甚至低到了危机的门槛。另一方面,按人均环境破坏程度计,中国环境污染水平是低的,但由于人口总量大,按环境污染总量计,却堪称世界上生态破坏、环境污染最严重的国家之一。②从经济影响来讲,新增人口要消耗一定社会产品,一方面,人口过快增长可能减少积累,妨碍资本形成、经济增长、技术进步以及人的素质的提高;另一方面,可能增加就业压力和贫困。按经济总量,中国堪称世界经济大国,但由于人多,按人均经济指标,中国却屈居低收入国家行列。因此,实行计划生育、控制人口增长和规模,是中国可持续发展的基本战略选择。

然而,人口增长对环境既有不利影响的一面也有有利影响的一面。后者是因为:①市场竞争的有效性取决于竞争者的数量,竞争者较多,有利于资源有效配置和技术进步,提高单位投入的产出,减少单位产出的废物排放量。因此,一个国家和地区人口增长增加了竞争者数量,而有利于环境;②人口增长扩大了一个国家和地区的需求规模,可以使这个国家和地区的生产获取更大的规模经济,从而有利于降低单位产出的资源占有量和废物排放量,也可以使废物处理在经济上变得可行。

另外,关于中国人口增长对环境污染影响的实证分析,也并未充分支持人口主导的观点。一些学者用进入环境的污染物质量表示环境恶化程度,人均占有的产品表示生活水平,生产单位产品所产生的污染物质量表示技术因素,并假定

$$环境恶化程度 = 人口 \times \frac{产品}{人口} \times \frac{污染物质}{产品}$$

根据这一假定,利用有关统计资料计算人口因素、经济增长因素(产品/人口)、技术因素对环境恶化的影响,发现:无论是改革开放以前还是改革开放以来,最大的影响因素是经济而不是人口增长。人均 GDP 的影响 1980 年以前为人口影响的 1.5~7 倍,1980 年以后则为 9~10 倍[①]。在他们看来,中国可持续发展问题的根源在于人均产品占有量的增长,而非人口因素。

综上所述,中国的人口控制政策无疑是对减轻自然环境的压力产生了重要的作用,但是,这里想说明的是,单纯地影响把中国可持续发展的问题归结为人口的增长和人口规模,把中国的可持续发展寄希望于人口控制,是不妥当的。

(二)转变经济增长方式的策略

"对于经济发展尚处于初级阶段、面临着满足人民基本生活需要的许多发展中国家来讲,贫困和不发达是环境退化的最根本原因。"[②]经济不发达是中国实施可持续发展战略的主要障碍。这是因为:第一,环境质量是一个具有正值收入弹性的"商品",随着收入增加,对环境质量的需求增加。在低人均收入情况下,对环境质量缺乏需求,而在高收入水平情况下,对环境质量的需求相对充足,人们有意识、有支付能力改善环境质量。改革开放以来,虽然

---

① 林富德,翟振武:《走向二十一世纪的中国人口、环境与发展》,高等教育出版社,1996 年。

② 《中华人民共和国环境与发展报告》,1992 年。

中国经济发展迅速,但直到1997年,中国人均收入仅达860美元,仍处于低收入国家之列,与发达国家人均收入水平差异悬殊(见表1-1)。在这样低的人均收入水平条件下,人们没有足够的支付能力改善环境质量,缺乏对优美环境的有效需求。第二,直到1997年,农民仍占中国人口的70%。尽管改革开放以来,农民的物质财富和生活水平有了很大的提高,但是劳动力仍然是大多数农民的主要财富,"多子多福"的观念仍然严重地支配着大多数农民的生育行为,"一对夫妇一个孩子"的国策在农村地区难以有效执行,一对农民夫妻生2~3个、甚至4~5个孩子的现象还在不少地方存在。人口的高出生率、高增长又必然对环境造成更大的压力。

表1—1 中国人均收入与世界的比较(1997)

国家	人均GNP			(按PPP衡量的人均GNP)	
	美元	排名	年均增长率	美元	排名
中 国	860	81	7.8	3 570	65
美 国	28 740	6	2.9	28 740	2
日 本	37 850	2	0.2	23 400	6
德 国	28 260	7	—	21 300	13
法 国	26 050	11	1.9	21 860	11
英 国	20 710	15	3.2	20 520	14
意 大 利	20 120	17	1.2	20 060	16
加 拿 大	19 290	18	2.6	21 860	10
澳大利亚	20 540	16	1.8	20 170	15
韩 国	10 500	25	3.8	13 500	24
巴 西	4 720	34	1.1	6 240	47
印 度	390	102	3.2	1 650	92

资料来源:世界银行:《1998/99世界发展报告》,中国财政经济出版社。

因此，要实现中国的可持续发展目标，必须发展经济。然而，以自然资源的高投入和对环境大量排放废弃物为基础的粗放经济发展方式，必然伴随着资源短缺和环境污染，是不可持续的。为了实现可持续发展，必须选择恰当的低投入、低污染的集约型经济发展方式。

尽管改革开放以来，中国经济发展方式发生了重大变化，但仍然表现出明显的粗放性。这表现在：

1. 改革开放以来，中国产业结构高度化取得了重要的成绩，但是，与发达国家和新兴工业国家（地区）相比较，产业结构低度化特征仍十分明显（见表1-2）。第二产业是矿产资源消耗和环境污染的主体，而直到1997年，中国第二产业增加值占国内生产总值的比重仍高达51%；第三产业的比重却仅为29%。而欧美发达国家服务业增加值占GDP的比重则高达60%以上，制造业的增加值占GDP的比重仅为20%左右。可见，中国与发达国家在产出结构上的差距十分明显。能源矿产、金属矿产资源的消耗是环境污染的主要来源。然而，1994年，中国地质矿产信息研究院根据1987年中国投入—产出资料计算了各个产业部门的矿产资源完全消耗系数，结果表明，在中国第三产业中直接和间接消耗能源资源较多的运输部门所占份额很大，而直接和间接消耗矿产资源较少的金融、保险、科学研究与教育产业比重却很低；第二产业中，石油加工、化学、建材等高能耗工业以及金属冶炼及压延加工、建筑等高能耗高金属矿产资源消耗的工业地位相对十分突出，而仪器仪表、交通运输设备制造业等低能耗工业以及电子通信设备等低能耗、低金属矿产资源消耗工业地位相对低下。

表 1—2 中国与发达国家产出结构的比较

国家	农业 1980	农业 1997	工业 1980	工业 1997	制造业 1980	制造业 1997	服务业 1980	服务业 1997
中 国	30	20	49	51	41	40	21	29
美 国	3	—	33	—	22	—	64	—
日 本	4	2	42	38	29	25	54	60
德 国	—	1	—	—	—	24	—	—
法 国	4	2	34	26	24	19	62	71
澳大利亚	5	4	36	28	—	15	58	68
韩 国	15	6	40	43	28	26	45	51
巴 西	11	14	44	36	33	23	45	50

增加值占 GDP 的百分比

资料来源：世界银行：《1998/99 世界发展报告》，中国财政经济出版社

2. 投入—产出效率低。单位产出所消耗的自然资源投入越多，所产生的废物越多，因而，资源短缺、环境破坏的压力越大。改革开放以来，虽然中国单位经济产出所耗用的资源量已经逐步下降，但是，与发达国家相比还存在很大的差距。从表 1—3 可知，每亿美元 GDP 中，中国各种资源的消耗普遍高于世界平均水平，与发达国家相比更是高出几倍至几十倍。这种差距既是中国低度产业结构的反映，也是中国产业技术与管理水平低下、效率不高的表现。表 1-4 给出了能源使用效率与人均 CO_2 排放量的国际比较。1995 年中国能源使用效率不足日本的 1/8、美国的 1/4，也大大低于其他发达或准发达国家，能源转化效率低，必然伴随着 CO_2 的高排放，但由于人均资源消费发达国家远远高于发展中国家，故而中国人均 CO_2 排放量仅为美国的 1/10、澳大利亚的 1/8、日本

的 1/4。

表 1—3 1990 年中国与发达国家每亿美元 GDP 的资源消耗量(吨/亿美元)

国家	能源	钢	铜	铅	锌	铝
中　国	26.68 万	1.41 万	197.08	63.80	94.89	195.73
美　国	5.08 万	0.17 万	39.64	23.51	18.25	79.85
前苏联	31.55 万	2.14 万	165.00	107.25	151.80	280.50
日　本	1.91 万	0.25 万	49.78	13.15	25.71	76.22
世界平均	5.57 万	0.39 万	53.97	26.71	34.91	89.20

表 1—4 中国与发达国家能源使用效率和 CO_2 排放的比较

国家	每耗用千克能源所产生的 GDP*		人均 CO_2 排放量(吨)	
	1980	1995	1980	1995
中　国	0.3	0.7	1.5	2.7
美　国	2.1	2.6	19.9	20.8
日　本	5.5	6.1	7.8	9.0
加拿大	1.7	2.0	17.1	14.7
澳大利亚	2.4	2.8	13.8	16.0
法　国	4.1	4.3	9.0	5.8
英　国	2.8	3.5	10.4	9.3
韩　国	1.8	1.8	3.3	8.3

* 以 1987 年美元价格计
资料来源:世界银行:《1998/99 年世界发展报告》,中国财政经济出版社

3.新能源和新材料开发利用以及废旧资源的回收利用水平低。从能源来看,在能源消费结构中,矿物能源的比重下降而非碳能源(核能和再生能源)的比重上升,是从根本上协调资源、环境与发展关系的重要力量。改革开放以来,中国核能和再生能源开发

虽然取得了一定进展,能源生产中水电比重由1978年的3.1%上升到1997年6.1%,核能从无到有,1997年已占能源生产总量的一定比例,但水利资源和核能开发利用程度与西方发达国家相差仍很大。从废旧资源回收利用来看,用再生资源替代原始资源不仅可节约大量自然资源、取得可观的经济效益,而且还有不可忽视的环境效益(见表1—5)。改革开放以来,中国再生资源回收利用取得了一定的成绩,但与发达国家相比还有相当差距。

表1—5　用再生资源代替原始资源的环境效益(%)

环境效益	铝	钢铁	纸张	玻璃
减少能源消费	90～97	47～74	23～74	4～32
减少空气污染	95	85	74	20
减少水质污染	97	76	35	—
减少矿物废料	—	97	—	80
减少用水量	—	40	58	50

资料来源:State of the World,1987,A Worldwatch Institute Report on Progress Towards a Sustainable Society. 转引自《科技与发展》,1992年第3期

因此,积极推进经济发展方式的转变,把经济发展从过去主要依靠资源投入转移到主要依靠劳动者素质提高和科学技术进步上来,从而使经济发展与环境破坏相对脱钩,是中国可持续发展的必由之路。

(三)自然保护策略

自然保护策略主张主要通过保持基本生态过程和生命支持系统、保存遗传的多样性、保证物种和生态系统的永续利用,来维系环境容量,促进可持续发展。在国际上,这一策略是在1980年首

先由国际自然保护联盟(IUCN)、联合国环境规划署(UNEP)、世界自然基金会(WWF)联合发布的《世界自然保护大纲》(WCS)中提出的。[①]在中国学术界,这种主张的提出则也是在80年代初。以1978年几位著名经济学家在全国哲学社会科学发展规划会议上提出,要运用经济理论和方法对环境问题进行分析为起点,80年代初中国环境经济研究的两个重要主题之一就是探讨环境保护与经济发展的关系。[②] 在这一探索中,许多经济学家以马克思主义政治经济学为指导,分别提出自然再生产的理论,认为它与物质再生产、人口再生产一起共同构成社会再生产的三个相互依赖的过程。

在中国,自然保护策略的基本依据是,自然生态不足是中国可持续发展问题的基本因素。中国国土面积与美国相当,但是自然生态明显不足。这主要是:①沙漠、戈壁和海拔3 000米以上的高寒地区面积大,这些国土在可以预见的科学技术进步条件下都是难以利用的,这种状况使中国的人与自然的关系相对紧张;②陆地平均海拔(1 475米)是世界大陆平均海拔(830米)的1.76倍,山地丘陵占国土面积的65%以上,干旱地区或荒漠地区占国土的1/3以上,自然环境对于生态的"应力"或"胁迫"较大地超过了全球平均水平,大致是后者的1.25倍,生态环境相对脆弱;③传统发展

---

① 参见 IUCN et al, World Conservation Strategy: living resource conservation for sustainable development. IUCN, Gland, Switzerland,1980; Caring for the Earth: a strategy for sustainable living. IUCN, Gland, Switzerland, 1991.

② 夏光:"环境经济学在中国的发展与展望",周光召主编:《科技进步与学科发展》,中国科学技术出版社,1998年。

战略片面强调物质再生产,忽视人口再生产、特别是自然再生产,结果导致了严重的环境问题。

在中国实施自然保护策略具有特别重要的意义。首先,中国人口占世界人口的1/5强,无论从国家安全还是从对全球和平与发展的责任来看,水、粮食、能源和战略原料只能立足国内。因此,保护自然环境的生产和更新能力、维护生态系统的持续性,就是保护和维护中华民族的生命线。其次,自然保护是克服水危机的迫切需要。80年代以来,北方地区及许多城市开始出现严重的缺水问题,水成为社会经济发展的制约因素。每年因缺水损失工业产值2 000亿元,农业减产粮食250亿公斤。据估计,到21世纪中叶,华北地区人均水资源占有量仅为200～300立方米,将成为世界上最缺水的地区之一;全国人均水资源年占有量也将从目前的2 254立方米(为世界人均水平的1/4)下降到仅1 600立方米左右,从而达到所谓缺水前夕。第三,自然保护策略是保护耕地的迫切需要。1957年以来,中国耕地面积不断减少,人均耕地面积急剧下降。1997年人均耕地仅0.8亩。到下个世纪中叶,随着工业化和城市化发展,中国耕地面积还将进一步减少,同时人口将以每年1 500万的规模增加,因此,未来中国人均耕地面积不断减少的趋势将继续存在。然而,从表1-6可知,2000年、2020年和2050年中国人均耕地需求量将分别是1.42亩、1.19亩和1.06亩。因此,耕地短缺已经成为中国经济和社会发展的重要制约因素。耕地集中的北方地区受缺水制约,生产潜力难以发挥,南方气候条件虽好,但耕地面积少;由于重用轻养、滥施化肥以及水土流失、荒漠化和盐碱化的发展,耕地有机质平均含量已降至1%,明显低于欧美国家 2.5~4% 的水平,耕地质量孕育着内在的深刻危机。第四,自然保护是遏止生态恶化的迫切需要。中国森林覆盖率 13.92%,不到世界森林覆盖率(31.3%)的一半;人均占有森林面积 0.11 公顷,仅相当于世界人均水平的 12.0%。由于植被破坏、滥用江河湖泊,加之天然生态相对脆弱以及全球变化的影响,中国生态严重失调,耕地水土流失面积占全部耕地的 34.26%;荒漠化土地面积占整个国土面积的 27.3%,并在继续扩展;15~20% 的动植物种类受到威胁。进入 90 年代以来自然灾害发生频率、影响范围与危害程度不断增长。1998 年仅长江、松花江等洪水灾害一项的直接经济损失就约 1 700 亿元。

表 1—6　1990~2050 年中国对耕地需求的预测

项　目	单　位	1990 年	2000 年	2020 年	2050 年
人口	亿人	11.43	12.94	15.00	16.00
人均粮食	公斤/人	390	400	450	500
粮食总产	亿公斤	4 462	5 176	6 750	8 000
粮食单产	公斤/公顷	4 739	5 573	7 482	9 291
	(公斤/亩)	(316)	(372)	(499)	(619)
粮食生产需要耕地	万公顷	9 416	9 288	9 022	8 611
	(亿亩)	(14.12)	(12.93)	(13.53)	(12.92)
其它作物用地	万公顷	2 973	2 932	2 845	2 718
	(亿亩)	(4.46)	(4.40)	(4.27)	(4.08)
总耕地面积	万公顷	12 389	12 220	11 867	11 333
	(亿亩)	(18.58)	(18.33)	(17.08)	(17.00)
人均耕地	公顷	0.11	0.09	0.08	0.07
	(亩)	(1.63)	(1.42)	(1.19)	(1.06)

资料来源:国家计委国土开发与地区经济研究所、国土地区司编:《中国人口资源环境报告》专栏 4,中国环境科学出版社,1995 年

新中国成立50年来,中国的经济发展经历了在不同指导方针下的不同发展历程。其中不乏对生态系统产生严重破坏的阶段。改革开放以来,虽然经济发展取得了巨大的成就,但生态环境也为此付出了代价。在认识以往经济与社会活动给生态环境带来破坏的同时,根据自然资源的状况和自然保护策略,中国政府采取了积极有力的措施,在保护自然生态环境工作方面取得了一定的成绩。例如在自然保护区的工作方面,有以下四个方面可以看到取得的成绩和进展。

1. 自然保护区数量大幅度增加。1978年,全国自然保护区仅有57处,其中林业系统保护区有56处;1998年,全国自然保护区达到932处,其中林业系统的633处。在自然保护区中,国家级自然保护区由1978年的8处增长到1998年的134处;加入"世界人与生物圈保护区网(MAB)"的自然保护区数量由1978年4处增长到1998年的14处。另外有7处湿地自然保护区被列入"国际重要湿地名录"。

2. 自然保护区面积显著增长。1978年,全国自然保护区面积165万公顷,占国土面积的0.171%。其中,林业系统保护区面积164.8万公顷,占国土面积的0.17%;1998年全国保护区面积7 698万公顷,占国土面积的7.64%。其中林业系统保护区面积6 150万公顷,占国土面积的6.41%。

3. 自然保护区地域分布遍及各地。1978年,全国仅有16个省区市建有保护区;1998年,全国32个省区市(包括台湾省)均建有保护区;保护区数量最多的省份是云南省,有110处保护区;最大的保护区是西藏的羌塘保护区,面积为2 471万公顷;海拔最高的保护区是西藏的珠穆朗玛保护区,平均海拔5 100米,有世界最高峰珠穆朗玛峰(8 848.18米)。

4. 形成了门类比较齐全,体系比较完善的自然保护区网络。1978年,全国所有的自然保护区类型都是林业系统建立的森林和野生动物类型的保护区;1998年,仅林业系统已拥有森林生态系统、荒漠生态系统、湿地生态系统的保护区;从物种保护讲,有野生动物、野生植物保护区(如以大熊猫为主的保护区有28处)等,形成了门类比较齐全,体系比较完善的自然保护区网络,保护了几乎所有中国受保护的动植物名录上的物种。

中国自然保护策略的主要目标和内容是:①设立门类齐全、体系完善的自然保护区网络。②重建生态环境。1998年,国务院批准的《全国生态环境建设规划》提出,到下世纪中叶,使全国适宜治理的水土流失地区基本得到治理,适宜绿化的土地植树种草,"退化、沙化、碱化"的草地基本得到恢复,建立起比较完善的生态环境预防监测和保护体系,大部分地区生态环境明显改善,基本实现中华大地山川秀美。③制定全国耕地保护计划,设立基本农田保护区,保护对中国生存和发展具有战略意义的农业生态系统。④碧水蓝天,保护人民生命活动所必须的水和空气。要实现上述自然保护的目标,必须要求在看到问题和成绩的同时,始终将自然保护作为一项长期的方针策略来执行,只有这样,中国的自然保护工作才能适应新世纪人民对生活标准的要求,才能保障经济社会的可持续发展。

(四)能力建设策略

广义可持续发展能力是指支持可持续发展的各类资本的综合,狭义可持续发展能力则仅指支持可持续发展的人力资本和制度资本的综合。这里我们在狭义上使用可持续发展能力这一概念来作进一步讨论。中国可持续发展能力不足的问题集中表现在:第一,可持续发展观念、经验、知识和技能薄弱;第二,缺乏适宜的制度安排,以调动人的积极性和创造性,积累资金、知识、技术和人才,提高资源利用效率,协调社会目标、经济目标和环境目标。

1997年5月至8月,中国21世纪议程管理中心受原国家计委、国家科委委托,通过发放"地方实施《中国21世纪议程》情况调查表",对全国各个省、市、自治区以及部分地级市进行了有关能力建设问题的问卷调查,问卷回复率为100%。调查问卷显示各地方在实施可持续发展过程中遇到的主要问题是:①融资问题,多于2/3的省区市把缺乏实施项目经费作为一个问题,希望帮助想办法多方获取更多的资金。这实际上是一个能力建设问题。争取资金需要好的项目建议书,提出高质量的项目建议和有说服力的实施方案是能力建设的内容之一。②合理有效的政策和机构协调问题。可持续发展强调参与,其工作涉及各行各业的方方面面,如何处理和协调好各方面问题也是一种能力。③综合规划能力,也就是对社会、经济、环境诸方面的综合规划和整合考虑。可持续发展强调综合规划,也就是要改变传统的以部门和行业规划的简单叠加为总体规划的作法,强调将可持续发展的思想纳入各项规划之中并进行综合集成,在规划工作过程中提高可持续发展战略的实施能力。④缺乏实施可持续发展战略的经验,希望帮助提高对可持续发展的理解能力、获取国内外实施可持续发展的经验和开展人员培训。这个问题包括制定战略和政策、编制具体文本、确定优先领域、包装项目、筹集资金、开发人力资源、组织实施等各个方面。这也反映了地方对实施可持续发展的认识已经不再仅仅是立项目、搞贷款、要投资,而是开始注重能力建设这个长效的"项目"实施。

通过调查,对地方可持续发展能力建设的问题有了更全面的了解。实际上,可持续发展能力的缺乏会导致人们采取不可持续的行为,形成所谓发展方式不当。反过来,因发展不当而忽视制度改进和人力资源开发以及经由环境破坏损害人类健康,直接或间接地阻碍了可持续发展能力的提高和改善(见图 1-4)。因此,能力缺乏是可持续发展的真正陷阱,能力建设是实现可持续发展的一项根本方针策略。

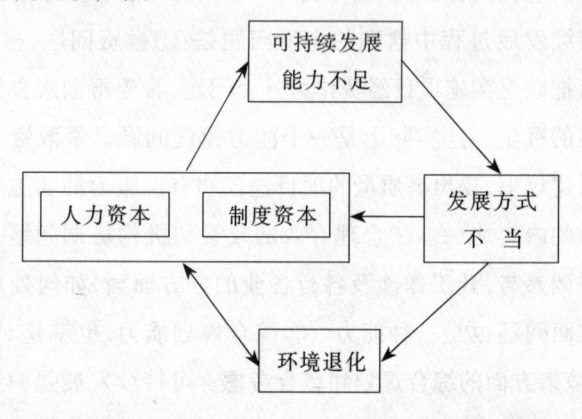

图 1—4 可持续发展的"能力陷阱"示意图

能力建设策略强调通过培育、提高和利用可持续发展能力实现可持续发展。有关中国可持续发展能力建设的基本目标和内容,可以包括以下几个方面:① 建立健全有利于可持续发展的市场机制和制度,通过创建市场、利用市场和鼓励公众参与,以及健全环境法律制度,促进可持续发展;② 增加教育和科技投入,深化教育和科技体制改革,建立健全企业、学术机构、政府部门、中介机构以及公众之间建设性相互作用的国家创新系统,实施科教兴国战略,通过科技创新以及教育、宣传促进可持续发展能力建设;③ 实施《中国 21 世纪议程》并将之纳入各级和各部门国民经济和社会发展计划之中,加强人口、社会、经济、资源利用与环境保护综合决策能力和综合实施能力建设;④ 努力通过国际可持续发展机制的建立,开展国际合作,促进可持续发展能力建设。

第三节 中国可持续发展战略实施进展

虽然早在 80 年代初期,中国政府就确定了控制人口增长和保护环境两项基本国策,并把它放在整个国民经济和社会发展的重要战略地位,但是明确制定和实施可持续发展战略则是 1992 年以来的事情。1992 年,中国政府向联合国环境与发展大会提交的《中华人民共和国环境与发展报告》,系统回顾和总结了中国环境与发展的状况,阐述了中国关于可持续发展的基本立场和观点。1992 年 8 月,中国政府制定"中国环境与发展十大对策",提出走可持续发展道路是中国当代以及未来的选择。1994 年中国政府制定完成并批准通过了《中国 21 世纪议程——中国 21 世纪人口、环境与发展白皮书》,确立了中国 21 世纪可持续发展的总体框架和各领域的主要目标。1996 年 3 月第八届全国人民代表大会第四次会议批准的《国民经济和社会发展"九五"计划和 2010 年远景目标纲要》，把可持续发展作为一条重要的指导方针和战略目标，并明确作出了中国今后在经济和社会发展中实施可持续发展战略的重大决策。七年来，中国可持续发展的实施取得了积极的进展，主要可以概况为以下几个方面：

一、建立了推动可持续发展战略实施的组织管理体系。中国政府在 1992 年 8 月成立了中国 21 世纪议程领导小组及其办公室，负责制定并组织实施《中国 21 世纪议程》。设立了具体管理机构——中国 21 世纪议程管理中心，在国家发展计划委员会和国家科学技术部的领导下，按照领导小组的要求，承担制定与实施《中国 21 世纪议程》的日常管理工作。推动可持续发展战略贯彻实施的管理工作也在加强，到 1999 年 8 月，全国有 25 个省、自治区、直辖市成立了"21 世纪议程"领导小组。国家计委和国家科技部还在北京、湖北、贵州、上海、河北、山西、江西、四川等 8 个省、直辖市及大连、哈尔滨、广州、本溪、南阳、铜川、常州、池州等 8 个市（地区）开展实施中国 21 世纪议程地方试点工作。

二、制定了国家、各部门和地方政府不同层次的可持续发展战略。1994 年中国政府制定和颁布了中国的可持续发展战略——《中国 21 世纪议程》（简称《议程》）。各地在《议程》的指导下，制订了地方 21 世纪议程或行动计划。截止 1999 年 8 月，北京、上海、天津、江苏、安徽、四川、山西、山东、黑龙江、吉林、内蒙古、河北、陕西、甘肃、广东、广西、江西、云南、贵州、西藏等省、直辖市和自治区制定了或正在制定省级 21 世纪议程，哈尔滨、成都、广州、太原以及辽宁本溪、葫芦岛、江苏常州、武进、安徽池州、广西南丹、福建长泰、漳平、河南南阳、桐柏、四川攀枝花、云南陆良、山西泽州、阳泉、陕西铜川等还制定了或正在制定市县级的21世纪议程或行动计划。国务院许多部委已经制订了本行业的21世纪议程或行动计划,如国家林业局制定了《中国21世纪议程林业行动计划》,建设部出台了《人类住区可持续发展》,国家海洋局编制了《中国海洋21世纪议程》,国家环保总局完成了《中国环境保护21世纪议程》,劳动部组织制定了《中国21世纪劳动事业发展战略》,水利部编制了《中国水利21世纪议程》,农业部制定了《中国21世纪议程农业行动计划》,中国气象局制定了《中国21世纪议程气象行动计划》。

三、将可持续发展思想纳入国民经济和社会发展计划的工作得到了落实。将《议程》纳入国民经济和社会发展计划是中国政府实施可持续发展战略的基本措施。1994年7月国务院发布37号文件,要求各级政府和部门将《议程》作为制定国民经济和社会发展的指导性文件,将《议程》的思想纳入到各项计划和规划中去。1995年,在联合国开发计划署支持下,原国家计委和国家科委开展了将《议程》纳入国民经济和社会发展计划的研究和培训,促进了各级政府将可持续发展战略思想和要求纳入国民经济和社会发展计划的进程。各个部门、各个地方也都将可持续发展纳入了本部门、本地方"九五"计划和2010年远景规划以及具体行动计划,如国家计委组织制定的《全国生态环境建设规划》,国家经贸委实施的《绿色照明计划》,水利部制定的《全国水中长期供求计划》和《跨世纪节水行动计划》,国家环保总局实施的《"九五"期间全国主要污染物排放总量控制计划》和《中国跨世纪绿色工程规划》等。目前,中国已经着手研究如何在"十五"计划和2015年远景规划中贯彻实施可持续发展战略思想和要求的问题。

　　四、可持续发展的意识得到进一步提高。中国政府各级部门及社会团体举办了多期可持续发展的培训班,并通过广播、电视、报纸、刊物等媒介在中国广泛地宣传普及可持续发展的思想,提高公众参与可持续发展的意识。唤起了全民族珍惜资源、保护环境、从每个人做起的责任感。通过各种宣传媒介的传播,提高了广大公众对可持续发展思想的认识和走可持续发展道路的紧迫感和自觉性。中央电视台《中华环保世纪行》向公众展现了经济迅速发展中,中国生态和环境方面的变化——滇池的变黑,淮河的污染,阿拉善的尘暴,震惊了迷茫的国人;工业化和城市化车轮碾过之后留下的是荒凉的土地、枯黑的流水和浑浊的空气,国人开始意识到环境的破坏意味着生活质量的下降和生存基础的丧失。许多省区市和有关部门也充分利用各种宣传渠道和舆论工具,多渠道、全方位地向广大干部和群众宣传可持续发展和《中国 21 世纪议程》的有关内容,不仅使群众逐渐认识实施可持续发展战略的必要性和紧迫性,而且使其自觉地投身到推进《中国 21 世纪议程》的实际行动中去。1996 年 1 月,由中国 21 世纪议程管理中心、中国可持续发展研究会、北京电视台联合摄制推出了 30 集大型系列片《21 世纪不是梦》,向 12 亿人民讲述了中国今天面临的现实和未来发展的选择。1997 年 10 月在北京举办的"辉煌的五年——十四大以来成就展"中专门开辟了"可持续发展展馆",收到了很好的效果。中国可持续发展的教育工作也取得了很大进展。1994 年 6 月,全国人大环资委、国家环保局、最高人民法院、最高人民检察院、司法部等 9 部门联合举办《中国环境法制电视教育讲座》,报名者达

25 000人。此外,专业教育的规模也在不断扩大。在大学和许多研究机构可持续发展已逐渐成为综合的重点研究领域。可持续发展的思想已经逐渐深入人心。

五、可持续发展立法进程加快,执法力度得到加强,促使中国可持续发展战略的实施逐步走向法制化和科学化的轨道。近年来,中国修订和新制定了《矿产资源法》、《土地管理法》、《森林法》、《节约资源法》、《水污染防治法》、《环境噪声污染防治法》、《淮河流域水污染防治暂行条例》、《废物进口环境保护管理暂行规定》等资源、环境法律,发布了一批资源、环境行政法规和部门规章,进一步完善了环境标准,基本形成了资源、环境保护法律体系。到目前为止,中国已颁布了6部环境保护法律,9部自然资源管理法律,30多部环境保护与资源管理行政法规,30多部与可持续发展相关的其他法律和行政法规,395项各类国家环境标准,600多项地方环境保护和资源管理法规。目前,已初步形成了适合中国国情的环境与资源法律体系框架。同时加强了执法和监督机构建设,形成了从中央到省、市、县四级环境和资源保护管理机构体系。全国人大环境与资源保护委员会和国务院环境保护委员会自1993年开始连续四年对全国29个省、自治区、直辖市进行了重点检查,并多次召开淮河流域、太湖流域、松辽河流域水污染防治执法检查现场会,对执法情况进行检查,在全国引起了很大反响。在环境制度管理建设方面,颁布并实施了《建设项目环境保护管理条例》,建立了限期治理、排污许可证、城市环境综合整治定量考核、领导目标责任制、集中控制、淘汰落后产品和工艺等制度,实行排污申报登记、排污许可(核定)和总量控制制度。

六、环境污染治理取得阶段性成果,环保产业已经起步。国家确定的"三河"(淮河、辽河、海河)、"三湖"(太湖、滇池、巢湖)、"两区"(酸雨控制区、二氧化硫控制区)、"一市"(北京市)污染防治工作全面展开。淮河流域工业企业水污染源1997年已实现达标排放,为确保2000年淮河水变清,城市污水处理厂正在抓紧建设;太湖流域工业企业水污染源1998年实现达标排放;滇池草海底泥清淤工程已开始实施;巢湖工业企业水污染源要求1999年实现达标排放;海河、辽河流域水污染防治规划已编制完成;贯彻《国务院关于酸雨控制区和二氧化硫污染控制区有关问题的批复》的行动方案正在实施。工业污染防治水平不断提高,减缓了工业发展对环境的压力。1998年,全国县和县以上工业企业废气、废水处理率和固体废物综合治理率分别达到86.51%、83.5%和62.71%。根据《国务院关于环境保护若干问题的决定》,全国关闭了污染严重又没有治理价值的"十五小"企业6.5万家,减缓了污染加剧和资源浪费的趋势。通过调整工业结构,加快工业发展的技术进步和企业的技术改造,淘汰污染严重的工艺技术和能耗、物耗高的设备、产品等方式,推行清洁生产,促进工业增长方式的转变。在工业污染防治方面,开始实行污染物全过程控制、浓度与总量控制相结合、集中控制与分散治理相结合的三个战略性的转变,完成了一批污染治理项目。城市环境保护显著加强。根据国家确定的排污总量控制计划的要求,各地总量控制计划基本上按国家规定分解下达。截止到1998年,城市污水集中处理能力达到3 052万吨/日,比1995年新增处理能力589万吨/日;城市污水集中处理率、垃圾粪便无害化处理率、城市燃气普及率和绿化覆盖率分别达到28%、60%、75%和26%，分别比1995年提高43%、37%、7%和9%；全国11座城市被授予国家环境保护模范城市的称号；20座城市已禁用含铅汽油；北京、上海、南京、沈阳、大连等39个城市开展了城市空气质量日报或周报工作，提高了公众环境意识，为建立公众参与机制找到了新途径，全民环境意识明显提高。近年来中国的环保产业也迅速发展，国家已将环境保护产业列入产业结构调整的优先发展领域。国务院《关于环境保护若干问题的决定》提出要大力发展环境保护产业。中国政府1997年修改颁布的《外商投资产业指导目录》中首次将"生态环境整治和建设工程"和"环保信息咨询"等环保产业的发展列入鼓励外商投资产业目录，并给予进口关税方面的优惠政策。1997年环保产业企事业单位已达9 000多家，从业人员170多万人，拥有固定资产总值720亿元，年创利润58亿元，年创产值521亿元，占国民生产总值的0.7%，环保产业已走过创业阶段，方兴未艾。

七、生态保护提上议事日程，生态环境建设步伐加快。1998年国务院先后批准了《全国自然保护区规划》和《全国生态环境建设规划》，标志着生态环境保护建设提到了优先的议事日程。全国已经建立了国家级生态农业试点51个，省级试点100多个，各级试点总数已达2 000多个，覆盖面积达2亿多亩，占全国耕地面积的13.7%左右，已有7个生态农业示范点被联合国环境规划署（UNEP）授予"全球500佳"称号。农业生态环境保护法规和政策体系已初步建立。各地积极实施科教兴农战略，转变农业增长方式，大力推行生态农业，初步探索出了一条具有中国特色的生态农业发展的道路。国家先后实施"三北"防护林、长江中上游防护林、沿海防护林等一系列林业生态工程,已有12个省区达到了政府规定的灭荒标准,使180万平方公里的国土基本实现了消灭宜林荒山。全国现有封山育林面积3 019万公顷。1998年长江、松花江、嫩江流域发生大洪水后,国家加大了天然林保护工程实施范围和保护力度,四川、云南、黑龙江、山西、甘肃、内蒙古、广西等省区先后宣布立即停止采伐天然林、水源林和防护林,同时加大了水土保持、荒漠化防治和自然保护力度。黄河、长江等七大流域加强了水土流失综合治理,1998年又启动了长江、黄河和严重荒漠化地区重点生态环境建设项目。到目前为止,全国已有10%的荒漠和荒漠化土地得到治理,已建立各类自然保护926处,占国土面积的7.64%。长白山等10处自然保护区加入了"世界生物圈保护区网"。全国共建成200多处珍稀濒危物种基地。

八、资源合理开发和保护不断加强,资源综合利用水平明显提高。①1998年国家修订了《土地管理法》及《土地管理法实施条例》和《基本农田保护条例》,推进了土地资源管理法制建设。新的《土地管理法》规定以土地用途管制制度代替分级限额审批制度,强化土地的集中统一管理。在全国范围内开展了土地利用总体规划的修编工作,为土地用途管制制度的实施提供了依据。②水资源管理得到加强。1998年国务院批准了《黄河可供水量年度分配及干流水量调度方案》和《黄河水量调度管理办法》。国家计委、水利部组织各地方、各流域有关机构,历时四年,完成了《全国水中长期供求规划报告》,以及各省、自治区、直辖市和各流域的规划报告,大大提高了水资源管理的科学性。加强了农业节水与工业节水示范工程建设,在新疆、西藏等地区,开始实施一批水资源开发工程。③矿产资源乱采滥挖得到基本控制。1996年国家修订了《矿产资源法》,1998年国务院颁布了3个配套法规,为依法治矿提供了法制保障。在全国范围开展了矿业秩序治理整顿工作,实现了全国矿业秩序的基本好转,矿产资源持证开采率达到99%。通过征收矿产资源补偿费和建立采矿权有偿授证制度,促进了矿产资源的保护与合理开发利用。④国家采取优惠的经济政策,鼓励废弃物资源化,同时加强了综合利用技术的示范和推广工作。1997年,中国"三废"资源综合利用产品产值达到224亿元,年均增长率为16.3%;工业"三废"资源综合利用产品利润达到44.7亿元,年均增长率10.9%。1997年全国固体废物综合利用率达到43%,比1991年提高6.4个百分点,年均提高1.3个百分点。1996年全国废旧物资的回收利用价值约400亿元,回收利用率30%左右。全国废钢铁回收量为4 200万吨,占当年废钢铁产生量的84%。废旧塑料的回收量为70~100万吨,约占废旧塑料产生量的25~30%。废旧橡胶回收量为45~50万吨,占废旧橡胶产生量的35~40%。1996年全国废纸回收量为580万吨,相当于节约木材2 300万立方米。

九、组织和动员社会团体及公众参与可持续发展。中国社会各界包括社会团体积极拥护可持续发展思想和战略。妇女、科技界、少数民族、青少年、工会和农民参与可持续发展活动已取得积极进展。在中国,公众参与一直受到广泛的重视并发挥着极其重要的作用。一方面,中国的有关法律和法规已经在公众参与国家事务方面作出了明确的规定,民主选举和监督在社会生活的许多方面都得到了保障。另一方面,公众参与可持续发展的内容也不断丰富,在参与社会、经济、环境、文化等许多方面,公众都被作为参与的主体。中国在动员公众参与社会、经济以及可持续发展活动方面开展了大量的工作并积累了许多经验。中国妇女参与可持续发展各领域的工作已经取得举世公认的成绩,中国的全民植树造林运动也是一个公众参与可持续发展战略实施的成功典范。

十、可持续发展领域的国际合作得到不断拓展。随着全球环境问题的加剧,环境问题已远远超出了环境领域,对国际政治、经济和贸易关系产生了深远的影响。中国作为最大的发展中国家和一个环境大国,环境外交和国际环境合作日益活跃,为全球的环境与发展事业做出了贡献,树立了良好的国际形象。中国积极组织和参与履行有关的国际环境公约,为环境与发展领域国际合作指导原则的确立做出了贡献。在双边合作领域,已与27个国家签订了环境合作协定或备忘录,建立了良好的官方合作机制。通过广泛开展国际环境合作,积极引进资金、技术和管理经验,提高了中国环境保护的能力和水平。截止到1998年底,用于环保项目的引进外资贷款共计33.4亿美元,赠款4.2亿美元。为了推动实施《中国21世纪议程》的国际合作,1994年和1996年中国政府分别召开了第一次、第二次中国21世纪议程高级国际圆桌会议。原国家计委和国家科委联合出台了《中国21世纪议程优先项目计划》和一系列吸引国际工商企业界参与的工商投资项目。两次高级国际圆桌会议以来,经由中国21世纪议程管理中心这个国际合作窗口,与多个国家和国际组织建立了紧密的合作关系。截止目前,128项优先项目中已有42%已经启动,33%正在联系与洽谈之中,一批重要项目如中美建筑节能示范、江西省山江湖区域开发整治、黄河三角洲地区资源开发与环境保护、塔里木盆地资源开发与生态环境保护、新疆哈纳斯湖生态旅游开发、中国自然灾害综合评估及上海浦东新区减灾示范、中瑞地方21世纪议程合作等优先项目已正在实施。亚洲开发银行援助的"环境无害化技术转移中心"项目和联合国开发计划署(UNDP)援助的"中国可持续发展网络计划"也正在由中国21世纪议程管理中心实施。在已启动的项目中，累计总投入12.9亿美元，其中中方投入9.6亿美元，占总投入的74.4%；国际投入3.3亿美元，占总投入的25.6%；在国际投入中，国际赠款占11.5%，国际贷款和投资占88.5%。还有一批合作项目，如中国产业的评估与调整研究、固体废弃物处理及示范等也进入实质性洽谈和准备阶段。中国与美国、日本、欧盟等发达国家在可持续发展领域的合作也不断加强。1999年4月，中国国务院总理朱镕基访美期间与美国副总统戈尔共同出席了第二次中美环境与发展研讨会，推动了中美在可持续发展领域的合作。中国与日本在环境和可持续发展领域的一批合作项目如"绿色援助计划"等正在实施之中。1998年6月中国与欧盟签署了中欧环境管理合作计划协议，该计划的合作行动将由外经贸部、科技部领导，由中国21世纪议程管理中心组织实施。此外，通过实施可持续发展战略和《中国21世纪议程》，中国与许多发展中国家也建立了良好的合作与交流关系，如马来西亚、菲律宾、泰国、蒙古、越南、印度、斯里兰卡、哈萨克斯坦、吉尔吉斯斯坦、津巴布韦等国家都与中国开展了可持续发展政策与管理、21世纪议程实施、环境无害化技术转移、信息网络应用等不同形式的合作。其中有的国家派出高级代表团来中国学习实施21世纪议程的经验，有的组织来华接受培训,通过相互交流,加深了发展中国家对可持续发展的共识,加强了相互之间的了解与合作。

第四节 可持续发展的政策措施与实施趋势

一、实施可持续发展战略的政策措施

中国可持续发展的总体目标是:建立可持续发展的经济体系、社会体系和保持与其相适应的可持续利用的资源和环境基础,最终实现经济繁荣、社会进步、生态安全。当前中国正处于发展的关键时期,面临着人口、资源、环境与经济发展的巨大压力以及由此产生的各种尖锐矛盾,如经济基础差、技术水平落后,资源消耗量大,污染严重,生态基础薄弱等等。此外,中国还面临来自全球环境问题的威胁。在这种形势下,中国现有的政策、计划和管理体制难以适应可持续发展的要求。为了实现可持续发展的总体目标,应当采取一系列的政策措施,这些政策措施可以包括以下几个方面:

(一)积极推进经济体制从计划经济向社会主义市场经济体制的转变,经济增长方式从粗放型向集约型转变。在保持经济增长的同时,依靠科技进步和提高劳动者素质,不断改善发展的质量。在管理方面,要积极建立有利于可持续发展的管理模式,推动形成有利于节约资源、降低消耗、提高效益的企业经营机制,有利于自主创新的技术进步机制,有利于市场公平竞争和资源优化配置的经济运行机制。

(二)依靠科技进步,促进可持续发展。结合实施科教兴国的

第四节 可持续发展的政策措施与实施趋势

战略,促进科技与经济、社会发展的紧密结合。重点开发环境无害化的清洁生产技术、清洁能源技术、资源综合利用和再生技术;开展重点区域如西北干旱半干旱地区的可持续发展政策研究;开展可持续发展创新理论、可持续发展指标体系研究;开展可持续发展城市及可持续发展的示范区的研究与建设,包括最小排放社区和最小排放工业体系的研究与示范工程建设。

(三)加强计划生育工作,提高人口素质,采取综合措施解决人口问题。广泛开展人口与经济社会协调发展和可持续发展的宣传教育,制定相应的政策措施,协调有关部门对人口问题实行综合管理;加强优生优育的技术咨询和服务;加强对流动人口的管理和服务。优化教育结构,大力加强基础教育,积极发展多种形式、多种层次的职业技术教育、成人教育和高等教育,提高整个中华民族的科学文化素质,在各个领域中培养出一批既掌握现代科学技术又具备可持续发展思想的跨世纪优秀人才。

(四)继续加强资源节约和综合利用,保护好自然资源与环境。在经济社会发展中,继续坚持资源开发与节约并举的方针。在生产、建设、流通、消费等各项活动中,努力做到节地、节水、节能、节材、节粮,千方百计减少资源的占有与消耗,大幅度提高资源、能源和原材料的利用率。实施自然资源开发利用与保护增殖并重的方针,依法大力保护并合理开发利用土地、水、海洋、气候、森林、草原、矿产和生物等自然资源,积极开发海洋资源。充分运用经济手段,促进资源保护,实现资源的可持续利用,尽快完善自然资源有偿使用制度和价格体系,建立资源更新的经济补偿机制,选择一些部门和地区试行将资源环境的综合成本纳入国民经济的核算体系,并在此基础上制定相应领域的规章制度。

(五)控制环境污染,改善生态环境,拓宽资金渠道,加大对环境保护和生态建设的投入。继续实施污染物排放总量控制,集中力量在城市污水处理、大气环境治理、固体废物处理、工业污染治理方面建设一批污染治理工程项目,加大环境污染治理力度。选择重点地区,继续进行生态环境整治,加快生态工程建设,重点加强长江中上游、黄河中游等地区的水土保持工程建设,加强黄河断流问题的研究和必要的工程措施建设;加快生态防护林、防沙治沙以及草原改良、草场建设与保护工程建设。

(六)逐步建立国家可持续发展的政策体系、法律体系,建立促进可持续发展的综合决策机制和协调管理机制。开展与可持续发展战略相关的产业发展、消费、能源、外贸、价格、税收等政策的全面评估;根据可持续发展原则,修改、制定有关可持续发展的法律法规,加强执法力度,通过法规约束、政策引导和调控,推进经济与社会、环境协调发展。改革体制,尽快建立和完善有利于可持续发展的综合决策机制;调整现有政府部门的职能,提高实施可持续发展战略的能力,加强部门之间的广泛合作,建立协调的管理运行机制和反馈机制。运用价格机制来调节可持续生产和消费规模,引导各类要素资源按市场进行配置;在国家统一的税收政策框架内,逐步建立和完善以节约资源和保护环境为目的的税收政策体系等。

(七)继续推动地方和部门实施可持续发展战略。在一些有基础的省、直辖市、自治区继续扩大实施《中国 21 世纪议程》试点,积极支持各地方各部门实施可持续发展行动计划,并选择具有典型性、代表性和推广意义的中小城镇和大城市的社区作为可持续发展实验区,为中国实施可持续发展探索经验、提供示范并逐步加以推广;在广大的农村地区,按照可持续发展的思想,进一步推进具有中国特色的生态农业的发展;在工业污染防治上,继续扩大和推动企业开展清洁生产,大力发展清洁生产技术。

(八)加强可持续发展能力建设,提高公众可持续发展意识。进一步研究、制定、改进和完善一系列可持续发展的管理制度,包括将可持续发展思想纳入有关决策程序的制度、对经济和社会发展的政策和项目进行可持续发展评价的制度等;开展各种形式的可持续发展宣传、教育和培训工作,不断增进广大公众和社会各界对可持续发展战略思想的理解和认识,提高全民实施可持续发展战略的自觉性和参与程度。

(九)加强更加广泛和互惠互利的国际合作。政府应制定出台相应的鼓励可持续发展与生态环境改善的国际双边与多边合作,鼓励与推动生态投资,促进有利于生态环境的各项招商引资活动,继续支持《中国21世纪议程优先项目计划》及可持续发展领域项目的国际合作,鼓励企业界参与国际合作和民间的国际合作往来,争取更加广泛的、各种形式的国际合作,弥补资金与技术的不足,促进中国的可持续发展。

二、可持续发展战略实施的主要趋势

在回顾过去几年开展可持续发展工作的基础上,分析中国可持续发展的走向和趋势,为未来的战略制定和政策调整提供判断的依据,是处在一个新的世纪和一个新的千年到来之际的一项非常有意义的工作。根据中国当前形势的发展来看,未来中国可持续发展战略的实施有以下几个主要方向:

(一)可持续发展战略的实施将进一步深入到各级地方并不断吸引和促使公众参与。首先,在中国,地方和部门是中央政府决策的执行者,他们掌握着更多的本地方、本部门的实际情况。因此,地方实施可持续发展的战略,不仅是把党中央和国务院关于可持续发展战略决策转化为地方和部门行为的需要,而且也可以充分调动各地方和各部门的积极性和创造性,使可持续发展行动计划更加切合实际、更具有针对性和可操作性。中央已明确关于实施可持续发展战略的态度,下一步关键之一就是将其转化为地方和部门行为。其次,地方和部门是可持续发展战略实施的基本主体,地方和部门的企事业单位、经营个体和广大公众是实施可持续发展的重要力量。各级地方政府既最接近人民群众,最了解各地区经济、社会、资源、环境的实际情况,又担负着直接领导和管理当地重大事务、执行有关政策法规的责任。制订地方和行业部门的可持续发展战略规划和行动计划,确定优先发展项目,促进经济体制由计划经济向市场经济的转变,推动增长方式由粗放型向集约型的转变,是各个部门和各级地方政府的中心工作。第三,在社会主义市场经济条件下,企业、家庭和个体的行为是社会和经济发展的基础,政府只起规范、参与与调控作用。随着社会主义市场经济的建立、健全,如果不把可持续发展转化为企业、公众和家庭的自觉行动,就不可能真正贯彻实施可持续发展战略。因此,将可持续发展战略进一步深入到各地方和各部门的工作之中,并逐步转化为企业和公众的行动,是中国社会主义市场经济条件下实施可持续发展战略的必然趋势。

(二)能力建设将从重点通过举办各种形式的培训和利用各种媒体来提高人民的可持续发展意识,转向重点建设可持续发展的制度机制、市场机制和企业、学术机构、政府部门以及公众综合的决策机制。可持续发展是由国际社会首先提出的新概念。应该说,在90年代初,中国在制定和实施可持续发展战略时,人们普遍对此缺乏了解和领悟。因此,在中国实施可持续发展战略的初期,把能力建设的重点放在提高广大管理人员和公众的可持续发展意识上是十分必要的。然而,意识虽然影响人的行为,但是这种影响能否转化为人的实际行动,决定于决策结构、信息结构和利益结构的合理有效安排。如果没有一种有利于可持续发展的制度机制、决策机制、信息机制和利益机制的安排,即使有很好的可持续发展意识,也难以采取符合可持续发展的行动。中国可持续发展的制度建设虽然在综合决策机制的建设方面有了一定基础,但主要停留于政府内部跨部门机构的建设上,缺乏扎根于公众的可持续发展的市场机制和企业、学术机构和政府部门综合决策的机制。因此,中国可持续发展战略的实施,势必表现出这样一种趋势,即可持续发展能力建设重点转移到提高可持续发展的制度效能,有利于可持续发展的市场机制和建立企业、学术机构、公众团体和政府部门综合决策机制上来。

(三)环境管理将向着适应市场经济体制的方向发展。80年代末以来,中国的环境管理工作发生了重要变化,一是强调经济与环境决策的一体化,开始以制定预防为主的、综合性的、对各部门具有指导作用的环境计划;二是扩大了市场经济手段的应用,特别是强调采用综合性的税收手段,增加污染活动的税负,减少清洁生产收入所得的税负;三是扩大公众参与,倡导企业与公众采取环境保护的自觉行动,推动政府和企业在环境保护方面建立伙伴关系。近年来,环境保护正在向着综合计划、行政命令、市场手段、自愿行动的混合途径的方向发展。在发展过程中,国家的环境保护职能并没有削弱,在保持政府"命令—控制"体系所占主导地位的同时,更加注意利用市场经济手段引导企业和公众的生产和消费行为,注意社会公众参与环境保护所发挥的巨大作用,可以说正在形成适应可持续发展的环境政策体系。从市场经济中的环境管理现状来看,发展的总趋势是,建立以政府直接控制为主,以市场手段为辅,倡导企业和公众自觉行动的一种混合形态的环境管理体系。这种趋势表现在:一方面是从单纯应用"命令—控制"的强制管理途径向强制管理与经济刺激手段相结合的办法转变。目前应用比较多的经济刺激手段有排污费(税)、使用者收费、产品费(税)、排污权交易和一些财政补贴措施。另一方面是政府直接提供或经营"环境服务",实施由政府直接提供并经营管理的措施,由财政拨付大笔预算进行投资兴建和维护,或委托给私营部门经营。

正处在由计划经济向市场经济转变阶段的中国,环境管理的体系也将发生变化。这些变化表现在:①继续加强环境保护规划的制定与实施。中国经济体制原来是计划经济,因此比较早地制定了有关环境保护的规划和计划。近年来,中国的环境保护规划和计划正逐步从计划经济时代的一种部门规划发展成为市场经济时代的更加具有综合性和指导性的规划,并同各项环境保护法律和政策措施更加密切地结合了起来。②逐步建立适应市场经济的环境法律体系。在市场经济的法律框架中,环境保护法规是一个主要组成部分,是保障市场公正,维持市场秩序,克服市场"失灵"的重要途径。从今后的立法方向来看,首先,将在环境立法中确立行之有效的各项基本法律原则,包括可持续发展原则,预防污染原则,污染者负担原则,经济效率原则,水、大气、固体废物等污染的综合控制原则,有效控制跨界污染原则,公众参与原则和环境与经济综合决策原则等;其次,努力构筑可持续发展的法律体系,包括:同新的宏观调控机制的发展相配套,把可持续发展原则纳入经济立法,建立环境与经济综合决策机制;完善环境与资源法律,建立由环境基本法、单项实体法、程序法等构成的完整法律体系;加强与国际环境条件、标准相配套的国内立法,促使国内法与国际法的衔接;第三,建立健全各项环境保护基本法律制度,包括总量控制、许可证、排污费、清洁生产、环境影响评价、环境审计等,力求使之成为更加完备、更加透明、更加公正的法律制度,并把污染综合控制和全过程控制作为这些制度的一个基本目标;第四,加强环境行政管理和经济手段的综合应用,改革排污收费制度,在具备条件的时候,确立环境税、排污权交易等法律制度。③随着市场经济的发展,在环境保护中积极利用市场经济手段,明确企事业单位和消费者的经济责任,促进企事业单位的污染防治和环境保护工作。在这方面,中国将首先改革现行的排污收费制度,将原来的超标收费和单因子收费的办法如超标要罚款,排污就收费,向所有主要污染物都收费转变,并提高收费标准,改变目前企业缴费买排污权的现象;并将逐步引入污染税或环境税,把一部分排污费改为在原料和产品环节征收污染附加税。政府将提供环境领域的公共服务，为公众和企业提供包括污水处理、废物和垃圾的收集与处理，保证水体、空气、生活环境的清洁优美，保证生态环境的安全等等，履行现代国家的公共服务职能。

（四）中国的发展战略目标将从建立以传统经济为基础的工业社会转向以知识经济为基础的信息社会。信息社会以知识经济作为发展的动力，以智力资源和知识的占有作为价值的体现，以技术和知识取代自然资源作为经济增长的生产要素。在知识经济时代，可持续发展被赋予了新的内涵和发展方向。首先，在知识经济时代，可持续发展战略的实施将进入全面开放的社会大系统中。知识经济时代以信息技术为载体，以网络为转播媒体。全球信息网络将各国各地区联结成一个"地球村"，传统的发展模式受到"无边界全球经济"的挑战，使得处于封闭状态下的国家和地区不可能实现可持续发展，可持续发展的实施也由国家和地区走向整个地球。信息化使各生产要素进入不断地灵活地进行最佳配置的状态。可持续发展的基本要点在于资源的合理配置和利用，在于局部与整体、当前与长远、收益和社会成本之间的权衡和统筹兼顾。知识化与信息化影响着世界范围内社会经济发展的方向和质量，极大地改变着人们的生活观念、生活质量和生活方式；促进了人类全面系统地认识了解地球及自然生态经济系统，以便作出理性决策，使人类社会的发展得以可持续地进行。第二，经济发展和知识创新使可持续发展战略的实施向着改变发展模式的方向转变。以高新技术产业为特点的知识经济，使人类对资源价值的认识发生根本性转变，利用新能源和新技术缓解困扰人类的资源危机，促进传统生产技术向现代化生产技术转变,改变传统的"粗放式"生产经营方式;通过改善工业流程中原材料的代谢过程,形成一个封闭环路的工业生态系统,促进工业产品的非物质化,降低能耗,提高产品的技术含量;并通过促进产业结构升级,在促进经济发展的同时,节约资源,保护环境。第三,以知识为基础的经济发展,使人类社会的进步逐步从主要依靠自然资源投入转向主要依靠知识要素的生产、分配和应用,建立资源节约、生态友好的经济,促进可持续发展生产管理模式的转变。在生产过程中,将传统的管理模式从"末端治理"向清洁生产转化,最大限度地减少了原材料和能源的消耗,并降低成本,减轻污染,提高效益。总之,在知识经济时代,中国可持续发展战略的实施将通过依靠知识创新和技术创新,解决传统技术导致的资源浪费、环境破坏以及本身所不能解决的问题,支持经济增长模式的转变。未来中国可持续发展的方向将建立在以知识经济为特征的信息社会的基础之上。

(五)国际合作主体和渠道将趋向多元化。随着可持续发展领域内国际形势的变化和发展,以及国内地方和部门以及企业界在可持续发展中发挥的作用日益增强,可持续发展领域的国际合作将打破以往单一的政府主体和渠道的格局,出现中央和地方、政府和企业多主体、多渠道的局面。从政府来说,要在实施可持续发展的过程中适应这一变化,适时地为企业和地方提供可持续发展领域国际合作的知识、经验、市场和技能,提高他们在可持续发展国际合作领域的适应能力、竞争能力和驾驭形势的能力。同时,应在发展双边和加强多边合作的基础上,积极支持开拓企业界和民间的合作渠道,以此来增加引进国外先进技术和资金的规模和力度。

国际合作渠道的多元化也是改革开放不断走向深入的需要,随着中国经济与全球经济的逐步接轨,中国的经济发展与环境保护必然要融入世界大市场。全球经济的不断一体化也使各国企业间的联系越来越密切,中国在争取进入世界贸易组织(WTO)后,将以更加开放的市场登上国际竞争的舞台。当前,可持续发展领域的国际合作虽然在解决全球性环境问题方面取得了一些进展,但是,由于发达国家拒不兑现在联合国环发大会上关于对发展中国家的资金与技术援助的承诺,使发展中国家实施可持续发展所必要的资金和技术来源受到限制,在很大程度上影响了国家之间的合作。同时一些发达国家又不断以"环境标志"等为手段筑起了国际经济贸易合作中的绿色壁垒。另外,随着中国经济水平的提高,一些国际援助机构正在考虑相应削减对中国的援助。因此,企业界参与国际合作,一方面可以拓宽可持续发展各领域内国际合作的资金渠道,吸引更多的投资;同时,也可以增加企业的市场机会,树立企业自身的良好形象,增强企业的国际竞争力。所以,长期以来,国际合作以政府担当主要角色的情况,将必然发生与新的形势相适应的变化。

第二章

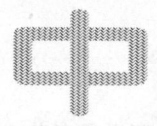

中国农业与农村可持续发展的态势分析

可持续农业与乡村发展(SARD)作为可持续发展战略的重要组成部分,倍受各国政府与国际社会的重视,中国政府也将此列入《中国21世纪议程》,使之成为指导未来中国农业和农村发展的重要纲领。

中国是拥有12亿人口的农业大国,农业资源相对短缺,80%的人口生活在农村,这是任何时候都不能忽视的基本国情。没有农业的稳定与可持续发展,就没有整个国民经济的可持续发展;没有农民的小康,就没有全国的小康。因此,农业与农村可持续发展战略的制订与实施,是关系中华民族生存与发展的根本问题。

本章的目的就在于正确评价中国农业与农村经济持续发展的态势,研究与探索中国农业与农村经济可持续发展面临的问题及其解决的对策与途径。

第一节 中国农业与农村经济发展的巨大成就

1949年以来,中国农业生产与农村社会经济迅速发展,以占世界7%的耕地养活了占世界22%的人口,取得了令世人瞩目的巨大成就。具体表现为：

一、农产品产量持续增长

中国谷物总产量 1990 年比 1950 年增长 2.7 倍，而世界谷物总产量同期只增长了 2.3 倍。中国肉类总产量同期增加了 7.4 倍，而世界肉类总产量同期只增加了 3.6 倍。即使按照人均粮食、人均肉量计算，同期中国增加了 93% 和 300%，而世界只增加了 53% 和 120%。按照联合国粮农组织（FAO）采用的农业生产指数衡量，中国农业生产指数也远远高于世界平均水平、发达国家以及其他发展中国家的指数（见图 2—1）。改革开放以来，中国农业综合生产能力取得了突破性进展。全国粮棉综合生产能力由 80 年代初的 3 000 亿公斤和 25 亿公斤左右，分别提高到 90 年代初的 4 250 亿公斤和 45 亿公斤左右，肉类和水产品等综合生产能力也都明显提高。

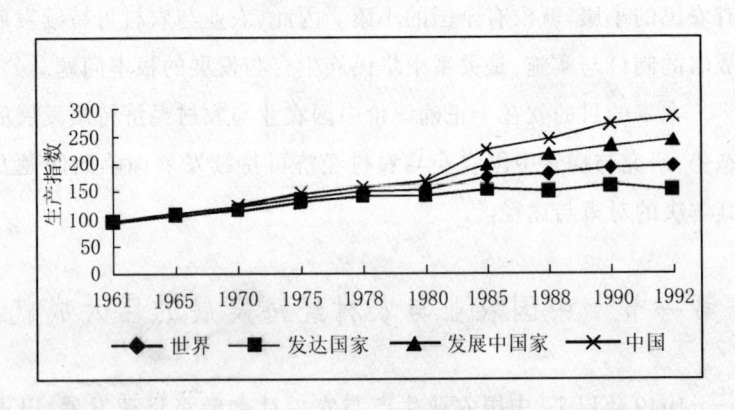

图 2—1 世界与中国农业生产指数比较（FAO 年鉴）

二、农业总产值与农民纯收入持续增长

中国农业总产值80年代后期比50年代初增长了2.24倍,而同期世界农业总产值增长1.16倍,发达国家增长67%。同期人均农业产值中国增长91%,世界增长13%。可见,中国的农业总产值及人均农业产值的增长速度是非常高的。

1978年以前的28年间,中国农民收入增长极为缓慢,到1978年,农民人均纯收入只有134元。进入80年代以来,中国农民人均纯收入迅速增加,1985年农民人均纯收入为398元,到1990年则达到686元,5年间增加了70%。80年代的10年间,农民人均纯收入平均每年增长速度高达6.8%(已扣除物价上涨因素),这是历史上增长最快的时期。随后这种增长势头有所减缓,但到90年代中期则又有所回升,到1996年,中国农民人均纯收入高达1 926元。由于农民收入的迅速增长,农民的物质生活也得到了显著的改善,不仅基本解决了温饱问题,而且正在向小康目标迈进。

三、农业生产条件不断改善

中国农业生产与农村经济的持续增长,与中国农业生产条件的不断改善密不可分。1949年以来,中国农业基础设施建设取得了巨大成就,不仅增加了农业生产要素的投入,而且极大地改善了生产要素质量与要素配置效益,为农业生产与农村经济的持续增

长奠定了物质技术基础:

农田灌溉面积,由解放初的2 000万公顷增加到1995年的5 300万公顷,已占实际耕地总面积的39%。目前,灌溉农田生产了中国2/3的粮食,60%的经济作物,80%的蔬菜。

化肥,中国化肥生产量1994年高达2 276万吨(折纯,下同),居世界第二位,比1978年增长了1.62倍;施用量达3 318万吨,居世界首位,比1978年增长了2.75倍,在农业生产中发挥了突出作用。

农业机械,1995年中国农机总动力达3.58亿千瓦,比1978年增长1.78倍。目前机耕比重达1/2以上,机播占1/5强,机收占1/10,机械运输约占农村运输量的3/5。

饲料工业,目前中国配合、混合饲料的年生产能力已达7 000万吨,产量达到4 300万吨,居世界第二位。

四、农业科学技术成果不断创新、积累,科技进步贡献率持续提高

农业科学技术成果的不断创新与积累以及科技成果转化率的不断提高,也为中国农业生产与农村经济的持续增长作出了重要贡献。"三五"时期中国农业科技进步贡献率只有2.3%;"四五"时期增加至15%;"五五"时期为27%;"六五"期间中国农业科技进步贡献率进一步增加为34.84%;"七五"则略有下降,降为27.66%;"八五"达34.28%。这表明中国农业产出的增长,日益依赖于农业科技成果的获得及其转化,特别是在中国人增地减、农

业投资严重不足的前提下,农业适用新技术的研究、开发与引进,在农业及农村经济建设方面发挥了中坚作用。

1949年以来,中国主要农业科技领域均取得了重大成果的突破,为农业生产的持续稳定发展作出了重要贡献。育成推广应用4 000多个农作物新品种,已使主要作物品种更换3~5次,在粮棉油等农产品增长中的贡献额达到20%以上;测土配方施肥等新技术的推广应用面积目前已达4 000万公顷以上,有效地提高了中国的肥料利用率;节水灌溉新技术在北方已推广70多万公顷,可提高水分利用率30%左右,增产20~30%;畜禽良种引进、选育以及集约化、工厂化配套饲养技术体系的大规模推广,使畜禽增产30%以上;重大动植物病虫害综合防治技术,每年挽回粮食损失150亿公斤、棉花5亿公斤,畜禽死亡率明显下降;年推广应用配合饲料400亿公斤,比饲喂单一饲料节约粮食70亿公斤;仅引进开发地膜覆盖技术一项,已在多种作物上累计推广0.26亿公顷,新增粮食210亿公斤,菜类150亿公斤,共增加产值达576亿元;水稻旱育稀植栽培技术,1993年全国推广面积达200多万公顷,平均增产10%以上,年增加效益20多亿元,节省种子、灌溉水、化肥等约15亿元。农业机械化水平进一步提高,农产品加工增值新技术、新工艺也开始向高质量、高档次、专业化方面发展。各地间套复种技术不断发展,使目前全国耕地的1/3、播种面积的2/3都实行了间套复种多熟制,复种指数由1949年的120%提高到1992年的156%,在人多地少条件下有效地利用了耕地资源,促进了农业的发展。

第二节　中国农业实施可持续发展战略的困境与危机

一、中国耕地资源数量供给不足,质量严重下降

(一)耕地资源总量虽多,但人均耕地严重不足

中国现有耕地实际面积 1.30 亿公顷,人均 0.11 公顷,不足世界人均耕地 0.25 公顷的 45%。根据联合国粮农组织(FAO)的研究分析认为,人均耕地低于 0.05 公顷这一警戒线后,即使在现代化生产条件下也难以保证粮食自给。而中国目前人均耕地低于 0.05 公顷的县或行政区单位已达 666 个,占全国县或区划单位的 23.7%,其中低于 0.03 公顷的县(区)达 463 个,有些县区人均耕地只有 0.01~0.02 公顷。不仅如此,由于人增地减的逆反发展,中国人均耕地面积在未来相当长时期内将进一步减少,到 2030 年,中国人口总量将达到 16.3 亿的高峰,届时耕地总面积进一步下降到 1.26 亿公顷,人均耕地只有 0.08 公顷。

(二)耕地总体质量较差,生产力水平较低

中国在 15°以上的坡耕地占耕地总量的 13.6%,其中 9 100 多万公顷坡度在 25°以上,应逐步退耕。长江流域及其以南地区,耕地只占全国耕地的 38%,水资源却占全国的 80% 以上;淮河流域及其以北地区,水资源量不足全国的 20%,而耕地却占全国耕地的 62%。由于水土资源空间配置的先天"错位"缺陷,致使中国耕地资源的总体质量水平较低,全国有稳定水源保证和灌溉设施的

耕地只有0.53亿公顷,占全国耕地总量的39%,耕地产出水平与世界农业发达国家相比,粮食单产相差2 250~3 000公斤/公顷。

(三) 耕地总量大幅度下降,质量损失严重

随着国民经济的发展,非农产业对耕地的占用难以避免。但是,由于耕地总量大幅度下降导致的耕地净减少问题十分突出:1986~1995年10年期间,各项建设占用、农业结构调整、灾毁等减少耕地达684.4万公顷,开发复垦增加耕地491万公顷;增减相抵,耕地净减少193.3万公顷,年均净减少耕地19.3万公顷,相当于每年减少中国3个中等县的耕地面积。

耕地总量减少引起的质量损失十分惊人。一是对高质量耕地尤其水田占用多,开发补充少。据统计,"八五"期间中国水田净减少66.9万公顷,水田在耕地中的比重不断下降。二是耕地净减少集中在水热条件较好的南方地区。"八五"期间南方耕地减少160.9万公顷,增加74.4万公顷,耕地净减少86.5万公顷;北方耕地减少168.1万公顷,增加184.2万公顷,耕地净增加16.1万公顷,而占用南方1公顷耕地相当于占用北方1.56~1.59公顷耕地。三是建设占用大多是城镇周围和交通沿线的质量高、长期投入积累多的良田,而开发复垦增加的耕地尤其是新开荒地质量较低,往往3公顷以上才能弥补占用1公顷耕地的损失。

二、中国水资源严重短缺,农业用水日益短缺之势将难以逆转

(一)中国水资源严重短缺

水危机是全球性问题,而对中国的影响显得更为严峻。因为中国以不足世界8%的径流量,供养着占世界22%的人口。中国虽然拥有2.8万亿立方米的水资源总量,但人均水资源只有2 300立方米/人,只有世界平均水平的1/4。1993年全国可供水量只有5 763亿立方米,但需水量高达6 167亿立方米,供需缺口为404亿立方米。其中农业每年缺水300亿立方米,受旱面积约2 000万公顷。中国北方地区每年因缺水不得不缩小灌溉面积和减少有效灌溉次数,平均每年减少粮食500万吨。此外,还有8 000万农村人口饮水困难。

(二)水资源的地区分布与中国经济发展格局极不匹配,"南水北调"势在必行

中国水资源的另一特征是地区分布极不均衡,与人口、耕地资源的空间分布匹配性很差,水资源的地域配置及其目前开发利用率差异十分显著:

南方,集中了全国水资源的80.4%,人口与耕地分别占全国的53.5%和35.2%,人均水资源为3 490立方米,亩均水资源4 300立方米,水资源相对比较丰富,开发利用潜力较大。

北方,水资源仅占全国的14.17%,人口与耕地分别占44.4%和59.2%,水资源较为短缺,其中尤以黄河、淮河、海滦河三流域最为突出。黄淮海地区耕地与人口分别占全国的39%和35%,而

水资源只占全国的7.7%,人均水资源只有500立方米,亩均水资源不足400立方米,是中国水资源最短缺的地区。目前这一地区水资源开发利用已接近上限,进一步开发潜力已接近于零。地下资源过量开采引发的"漏斗"区域日益扩展,黄河断流,湖泊干涸,"水荒"危机日益严重。

西北地区,水资源占全国总量的4.8%,人口和耕地分别占2.1%和5.6%。因此,人均水资源量高达5 191立方米,平均每公顷水资源量为1 590立方米。当前该地区水资源开发利用率已高达45%,而干旱地区绿洲农业的耗水量很大,开发利用程度过高必然引发内陆河流下游的各种生态环境问题。因此,进一步开发利用的潜力十分有限。

目前,中国水利工程的调节径流能力很低,已建成水库的总库容仅占年总径流量的16.6%,跨流域调水引水工程更是不足,全国水资源利用率只有20%。随着中国工农业生产的迅速发展以及人口的进一步增长,水资源需求量以及由此引发的供需缺口将进一步扩大。从中国水资源利用的可持续性及其开发利用潜力的地区格局看,必须加快中国"南水北调"工程的实施。

(三)农业用水日益短缺之势难以逆转,发展节水农业是摆脱中国农业水危机的根本出路

根据中国实际情况,即使将中国人均用水维持在1993年的450立方米/人的水平上或提高到500立方米/人,2030年全国水资源需求总量将达到7 200～8 000亿立方米,要求供水量在1993年的基础上增加1 950～2 750亿立方米。根据北方人口、资源和目前的缺水

状况,新增加的供水有一半以上将用于解决北方缺水。北方除东北和西北内陆河流可在区内调配外,黄淮海三流域必须通过"南水北调"工程从长江上、中、下游调水才能得以解决。即便如此,由于中国国土辽阔,地形复杂,人口、水、土资源的空间分布不可能完全协调,再加上季风的影响,今后水资源短缺的局面几乎不可避免。

农业是水资源利用大户,供水不足首先冲击的就是农业的可持续发展。根据国际经验,工业化与城市化挤占农业用水之势难以逆转,而中国"南水北调"工程的农业意义亦非常有限,"南水北调"工程中线方案中农业用水配额只有25.9亿立方米,而且水费昂贵,农民负担较重。据有关部门预测,为了保证国民经济各部门持续、稳定与协调发展,到2010年要求新增供水1 530亿立方米,其中新增农业灌溉用水仅占8%。农业用水日益短缺之势将难以逆转。因此,大力发展与推广节水农业技术,提高农业用水资源的产出效率,将是缓解未来中国水资源短缺、摆脱农业水危机的根本出路。

三、中国农业生态环境整体恶化,局部改善,农业生产的增长在很大程度上是建立在资源的过度利用与牺牲生态环境的代价之上的

(一) 中国农村生态环境现状与态势

中国水土流失面积50年代只有1.5亿公顷,目前已扩大到1.79亿公顷;风蚀面积达1.88亿公顷。80年代以来,沙漠化土地扩展面积从50~70年代平均每年15.6万公顷增至21万公顷。全国沙漠和沙漠化土地面积约15.3亿公顷,占国土面积15.9%,有将近

1/3的国土受到风沙威胁,60%以上的贫困县集中在沙漠及沙漠化地区。全国每年因风沙造成的直接经济损失高达45亿元。

> 专栏2-1　中国农业发展的生态、环境及资源代价
>
> 1. 水土流失日益加剧:由于过度垦殖和滥垦乱伐,治理速度赶不上增加速度,水土流失面积50年代只有150万平方公里,目前已扩大到179万平方公里。生产1公斤粮食将导致多少土壤流失?部分地区的情况是:贵州乌江流域47公斤;四川省中部53公斤;甘肃省140公斤;陕北107公斤。
> 2. 土地沙化面积日益扩张:由于盲目开垦、超载过牧以及人口压力驱使的过分采樵,导致了中国的沙漠化土地在以1.47%的速率扩展。
> 3. 水资源过量开采,黄河水连年出现长时间断流:中国北方地区超采漏斗区总面积达1.5万平方公里,漏斗最深达70米,仅海河流域每年地下水超采量达50亿立方米,地下水位平均每年下降1.5米;由于黄河上游及中游不断增加引黄灌溉,以及能源及工矿业的大发展,黄河自1974年历史上出现断流以来,已连续发生十几次断流,1995年断流时间长达122天,创历史纪录。
> 4. 农田污染日益严重:90年代前,中国工业废水和生活污水年排放量达350~400亿立方米,其中80%未经处理,导致遭受工业"三废"的农田达400万公顷,每年因此减少粮食100亿公斤以上。
> 5. 江河湖泊污染严重:全国82%的江河湖泊受到不同程度的污染,全国河流有2.5万公里达不到渔业水质标准,其中鱼虾绝迹的河段长达2 800公里,其中淮河污染更是威胁着该流域1.6亿人口的生存,到了非治理不可的地步。中国五大淡水湖中,富营养化均呈严重发展态势,以太湖为例,根据有关专家的报告,1987~1988年间太湖沿岸21.7万公顷农田向太湖排放的氮为470.2万公斤/年,磷为8.43万公斤/年。太湖周边地区氮素化肥使用量每年高达525~600公斤/公顷,大大超过国际公认的安全上限:225公斤/公顷。
> 6. 据估算,中国由于生态破坏和污染造成的农业、森林、草场、水资源的经济损失,每年高达860亿元以上,已占农业总产值的5.5%,而且这一趋势在逐年加剧。

中国草原退化呈发展趋势。草原严重退化面积7 300万公顷;

缺水草场面积2 600万公顷,1992年草原鼠害虫害发生面积200万公顷。由于中国的天然牧场主要分布在北方的干旱和半干旱地区,属于典型的生态环境脆弱带,长期的不合理开垦、过度放牧、重用轻养,已经严重地破坏了草原的生态平衡,使草原生产力下降。在近期内,中国草原的生态环境状况不会有较大的好转。这是因为:①草原的生态建设周期长、投资大、见效慢。与此同时,矿产开发、交通建设、农业开垦和造林工程等还将对草原自然生态造成不可轻视的破坏。②草原生产力受气候因素的影响较大,畜牧业生产不稳定,北方广大牧区的年降水量有减少的趋势。③人为破坏植被的情况仍难以根本扭转。在许多边远地区,农牧民由于生活燃料的短缺,不得不砍伐和铲挖已经很少的林木和草皮,使本已极为脆弱的生态环境趋于崩溃。④受大尺度气候因素的控制,北部草原的沙漠化有加剧趋势。

(二) 中国农村农药化肥污染的现状与态势

中国化肥总产量已经突破9 000万吨,施用量占世界第一位。1995年,化肥的平均施用量已达375公斤/公顷,已高出世界平均水平一倍多,也远远超出发达国家为防止化肥对水体造成污染而设置的安全上限——225公斤/公顷。据研究,中国化肥有效利用率仅为30%,其余的70%都挥发到大气或淋溶流失到土壤和水域中,造成土壤污染、水域的富营养化和饮用水源硝酸盐超标等影响。同时,化肥施用的方式、结构和用量的不合理造成土壤板结等一系列问题。据统计,仅劣质化肥污染的农田面积就达200万公顷左右。

中国农药的使用量也很大,在东部地区,每年施用农药的次数达10余次,每公顷用量高达15公斤。近10年来,全国每年使用农药防治面积1.5亿公顷,受农药污染的农田面积达667万公顷左右。由于在喷洒的农药中,真正对病虫害起到防治作用的农药仅占喷施量的0.1%,其余99.9%的农药都挥发到大气或淋溶流失到土壤和水域中,造成的土壤和水域污染极为严重。

农膜对农田污染正在日益加剧。据统计,目前全国平均每公顷农田残留地膜75公斤左右,地膜残留平均每公顷高达64 500块左右,全国平均残留率为20~30%,严重影响农作物的生长,污染环境,而且其发展趋势不可忽视。

十几亿人口的吃饭问题是中国面临的头等大事。今后,随着人口的增长与耕地的递减,以及国民经济以每年平均6~9%的速度发展,必然需要大幅度地增加对农业要素的投入。因此,化肥、农药、农膜对大气、水域和土壤的污染将呈现出日益恶化的趋势。

(三)中国农村工业污染的现状与态势

1990年,国家环保局、农业部、国家统计局对全国乡镇工业主要污染行业进行了调查。此次调查数据表明:1989年,全国乡镇工业主要污染行业的废水排放总量为13.7亿吨,占全国工业废水排放总量的5.01%,其中COD排放量155万吨,占全国工业COD排放量的18.6%;工业废气排放量为1.22万亿标立方米,占全国工业废气排放总量的12.8%,其中SO_2为222万吨,占全国SO_2排放量的12.4%;烟尘排放量为301万吨,占全国工业烟尘排放量的17.7%;工业固体废物排放量为0.16亿吨,占全国工业固体废物排放量的17.3%。

从总体上看,乡镇工业尚未对整个农村环境造成大面积的污染,但由于乡镇工业一般分布在水源较丰富的村镇周围,而目前的农村环境建立在历史上形成的农业自然经济下的低层次的自然生态循环的基础之上,根本无力支撑工业污染造成的环境压力,加之人口密度大,因此,危害是极为严重的。目前中国用于环境保护的费用仅占 GNP 的 0.8%,据国际经验,要使生态环境得到基本控制应占 1~2%,达到有所好转应占 3~4%。今后,农村工业在很长时期内仍将高速发展,而且全国工业新增生产能力中的高污染技术和产业将集中于农村地区。因此,农村工业污染状况将进一步加重。

(四) 中国耕地资源退化严重

中国人民生命活动所需热量的 80% 以上、蛋白质的 75% 以上以及 83% 的食物依靠耕地资源来生产,90% 以上的肉蛋奶产品由耕地生产的农副产品转化而来。耕地是中国国土资源的精华,然而中国耕地资源退化状况却十分严重。目前耕地水土流失面积高达 0.4 亿公顷左右,约占耕地总面积的 30%;受荒漠化影响,中国干旱、半干旱地区耕地的 40% 处于不同程度的退化状态;受工业"三废"污染的面积达 400 万公顷,每年因此减少粮食 100 亿公斤以上;农业自然灾害成灾面积也呈上升趋势(由 70 年代的 0.38 亿公顷上升到 80 年代的 0.45 亿公顷)。

中国耕地土壤肥力能否支撑未来农业生产的可持续发展呢?土壤养分平衡研究结果表明:虽然土壤养分投入水平日益提高,养分平衡指数逐年改善,但是养分入不敷出,养分耗竭十分严重。土壤养分赤字数占需肥总量的 32.98%,土壤 N 能够平衡,P、K 短缺

第二节 中国农业实施可持续发展战略的困境与危机

十分严重。虽然经过多年努力,中国化肥生产N、P、K比例由70年代末1:0.18:0.002调整到1:0.31:0.006(1994年度),但据农业部要求的1:0.4:0.2还有很大差距。与作物养分需求相比,全国耕地中缺磷面积59.1%,缺钾面积占22.9%,表明耕地土壤养分肥力管理水平极差。其后果是土壤养分得不到必要的补充而变得日益瘠薄,严重地限制了作物生产潜力的发挥。

土壤养分平衡状况并不是衡量土壤肥力变化动态的唯一指标,它掩盖了土壤本身的供肥能力这一特性。土壤本身的供肥能力加上投入肥料的当季有效利用率,与作物养分需求是否平衡才会影响作物生产力的发挥。也即,如果资源的耗用率大于资源的更新率,资源才会退化。因此,土壤有效养分含量的动态变化才会反映土壤肥力的变化趋势。农业部土肥总站1985~1995年期间耕地肥力监测结果表明:中国土壤平均供肥水平即基础地力水平为53%(N、P、K供给水平基本接近),土壤库中的养分可满足作物养分需求的53%左右。高产土壤供肥水平为60%以上,中低产田稍低。全国所有耕地肥力监测网点中,63.5%的点上土壤有机质含量稳定,24%的点上升,12.5%的点下降;全氮和速效磷与土壤有机质的变化趋势一致。土壤速效钾则呈下降趋势,尤其南方土壤呈明显下降趋势。从区域看,黄土高原丘陵沟壑区、长城沿线风沙区以及西南岩溶地区土壤肥力呈下降状态;主要农区中东北地区土壤肥力也呈下降状态,土壤有机质由开垦时的8~10%下降到目前的2~3%,2/3以上的耕地土壤速效钾下降。整体上讲,中国农田土壤的主要要素呈改善趋势,但土壤速效钾的匮缺日益严重。化肥投入量的猛增维持了中国作物产量的持续增长,但同时掩盖了由土壤退化(即土壤基础肥力下降)造成的产量损失。之所以作物单产在土壤肥力呈下降趋势的地区(如黄土高原丘陵沟壑区、长城沿线风沙区以及西南岩溶地区)也在增加便由此产生,对此我们一定要警醒。使用化肥是人类平衡土壤养分、增加作物养分供给的重要措施,但是依靠过量施用化肥维持作物产量的持续增长不是长久之计,何况化肥使用的大量增加有污染环境、增加生产成本等副作用。

总之,中国农业生态环境状况十分严峻,为此我们已付出了昂贵的代价。1949年以来中国农业生产与农业经济产出的持续增长,在一定程度上是建立在资源的过度利用与牺牲生态环境的代价之上的。

四、中国农业基础设施建设总体装备水平不及发达国家的一半,农业物质技术条件非常脆弱

(一) 中国农业基础设施建设总体装备水平不及发达国家的一半,致使能够大幅度提高农业附加值的产业难以发展

经过40多年的建设与完善,中国农业基础设施已经形成了较大的规模,为农业的可持续发展打下了坚实的基础,但从整体上看,仍存在众多薄弱环节。

首先,农业排灌条件大大改善。目前中国共有84 130座水库,水库总库容达到4 687.58亿立方米,平均每公顷耕地机电占有量为690瓦,使全国有效灌溉面积达5 300万公顷,占实际耕地面积的39%。但许多农田防护堤坝的防洪标准较低,排灌设施的配套

较差,每年仍有大量水旱灾害发生。1985~1990 年平均每年自然灾害发生面积为 4 500 万公顷,成灾面积为 2 213 万公顷。中国农田灌溉仍以水资源浪费型的漫灌为主,水资源利用率不足 40%。农田灌溉的区域分布也极不平衡,目前中国还有大量盐碱地、风沙地、易涝耕地、冷浸田等中低产田,没有得到有效的改造和治理。黄河、长江中上游地区水土流失现象仍十分严重,全国水土流失面积达 179 万平方公里,年土壤侵蚀量达 50 多亿吨,农业环境条件有待进一步改善。

其次,许多生产性基础设施仍不完善,农业、畜牧业和渔业生产仍然停留在传统生产方式上。80 年代以来,各地区实施的大中城市"菜篮子"工程,虽然建设了一大批现代化水平较高的畜禽养殖场和渔业养殖场,而且也投入了大量资金用于建设种畜、种禽、种鱼苗基地,但从整体来看,全国依然普遍缺乏现代化的技术和设施装备,大型农机具和现代化设施装备的农场、畜禽舍、鱼池仍较少,尤其是在农村,畜禽饲养仍处于粗放阶段,缺乏必要的装备;配备有充气泵、注排水必要设施的农村鱼池也不是很多,大多仍是自然放养;种植业相当一部分仍是畜力犁耙、人工播种和收获,机械化作业面积比例不大,仅占 1/3 左右。虽然目前中国仍普遍存在传统农业生产方式是由多方面因素形成的,但农业基础设施较薄弱,尤其是缺乏现代化的生产性设施装备,是一个不容忽视的重要因素。

第三,由于中国现代商品农业份额很低,并且是在近 10 多年来才得到重视,所以许多产后基础设施仍不完善,尤其是产品加工、市场建设、仓贮、运输和销售等方面的基础设施仍很薄弱。虽然有许多农工商联合企业出现,但从整体上看,中国农业仍处于以家庭为主的分散经营状态,产供销仍未形成一体化。

《中国农业现代化建设理论、道路与模式》研究课题组定量地分析评价了中国及世界若干国家的农业基础设施的总体装备水平。分析表2—1可以看到,从总体上来说,中国农业基础设施的现代化装备水平只有48%,与印度相同,但明显落后于西方发达国家的水平。美国的农业基础设施总体装备水平为最高,达93%;其次是法国、日本、德国和英国,农业基础设施总体装备水平达85～90%;前苏联也达到74%。这说明中国农业基础设施的总体装备水平与西方发达国家相比有相当大的差距。

造成中国农业基础设施总体装备水平较低的主要原因,是诸方面基础设施的明显落后,如生产工具基础设施、生产场所基础设施、产后基础设施和综合性基础设施等,导致了中国农业生产效率低下与农产品加工、储藏、保鲜等可大幅度提高农业附加值产业的难以发展。

表2-1 农业基础设施的总体装备水平对比分析

国别	生产条件基础设施得分	生产工具基础设施得分	生产场所基础设施得分	产后基础设施得分	综合性基础设施得分	总体装备水平(%)
中 国	75	60	50	50	10	48
日 本	100	100	100	100	40	88
英 国	45	90	100	100	100	87
美 国	65	100	100	100	100	93
德 国	60	100	100	100	80	88
法 国	60	90	100	100	100	90
前苏联	70	80	70	50	100	74
印 度	70	50	50	60	10	48

资料来源:《中国农业现代化建设理论、道路与模式》研究组编著:《中国农业现代化建设理论、道路与模式》,山东科学技术出版社,1996年11月

显然,农业基础设施匮乏与薄弱是中国农业与农村经济发展面临的共同问题,这是制约中国农业与农村可持续发展的"瓶颈"。农业基础设施是高效发展农业生产最基本的前提和条件,也是构成农业持续发展后劲的最根本因素。一方面它直接参与生产过程,转化为农业产出;另一方面它又通过其他生产条件和农业投入作用于农业生产过程,维持并保证农业生产的持续稳定增长,增强农业生产抗御自然灾害的能力。因此,重视并加快中国农业基础设施的建设步伐,将是促进中国农业生产持续稳定发展的基本保障条件与物质技术基础。

(二)中国经济投资结构中的非农倾斜格局日趋严重,致使农业投资短缺趋势日益增强

农业投资份额同经济发展有着十分密切的关系。当经济发展到一定水平后,随着经济增长农业总产值占社会总产值的比重与农业投资占国家总投资的比重趋于下降,这是世界各国经济发展的共同规律。中国农业基本建设投资占国有基本建设投资总额的比重也呈现了持续下降的趋势,"一五"时期为7.1%,"二五"时期为11.3%,1963~1965年经济调整时期为17.6%,"三五"时期为10.7%,"四五"时期为9.8%,"五五"时期为10.5%;进入80年代后则迅速下降,"六五"时期下降到5.0%,"七五"时期进一步下降到3.3%;进入90年代以后,农业基本建设投资比重略有回升,1990~1992年分别为3.9%、4.0%和3.7%,而1993年则大幅度下降,只有2.8%,1994年则进一步下降为2.5%,达到历史上的最低点。

我们不仅要问:在当前经济水平下中国农业基本建设投资占国有基本建设投资总额的比重是否可以下降?或者与中国经济发展速度相比,该比重是否下降过快,呈现为非协调的扭曲性下降局面呢?为借鉴世界各国农业基本建设投资的一般规律,我们将处于相近经济发展阶段中不同类型的国家和地区与中国农业基本建设投资状况进行了比较分析。分析研究认为,中国农业基本建设投资占国有基本建设投资总额的比重,在当前经济水平与国情背景下不仅不能降低,而且应采取切实有效的措施使其提高。主要结论如下:

第一,人均国民收入每增长1%,中国农业总产值占社会总产值的比重下降0.23%,而世界农业总产值占社会总产值的比重则下降0.49%;与此同时,中国农业基本建设投资占基建总投资的比重下降0.45%,而世界农业投资占总投资的份额只下降0.20%。这表明随着经济的增长,中国农业对社会贡献日益相对增大,而社会对农业的再投入规模却日益相对减少。这也说明中国依然实行着一种以农业补工业,强制性地从农业部门抽取资本用于工业化的资本积累的经济战略,导致了农业基本建设投资严重不足的扭曲局面。

第二,人均国民收入每增长1%,每100元农业总产值再投入农业形成基础设施的份额,世界增长0.48%,而中国只增长0.23%。这表明中国农业积累率的提高与处在相近经济发展水平的世界部分国家相比,存在着很大的差距,这是中国农业生产后劲不足的主要根源之一。

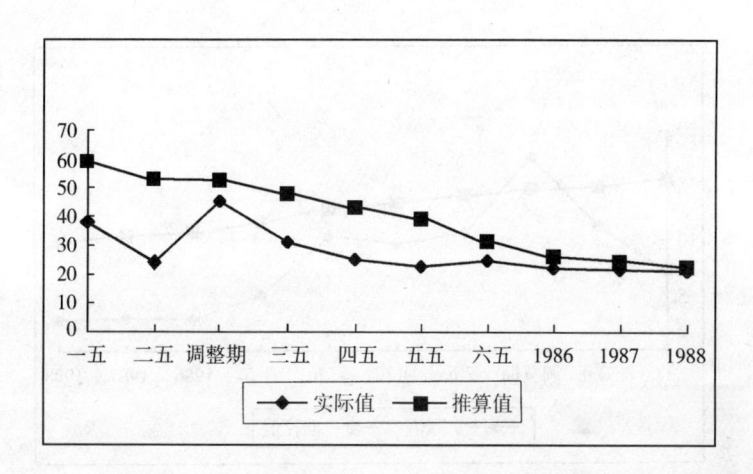

第二节 中国农业实施可持续发展战略的困境与危机　91

图 2—2　农业总产值占社会总产值比重(%)
的实际值与推算值比较

第三,人均国民收入每增长 1%,中国平均每个农业劳动力的农业基本建设投资只增长 0.65%,而同等经济发展水平下的世界部分国家则增长 1.51%。这表明中国农业劳动力的技术装备水平不足,农业劳动生产率远远落后于同等经济水平下的世界其他国家,这是中国农产品商品率很难提高的主要原因之一。

另外,根据世界部分国家农业总产值占社会总产值份额、农业基本建设投资占国家基本建设总投资份额与农业总产值再投入农业形成农业基础设施份额的动态变化规律,黄佩民等测算了中国建国以来各个历史时期三项指标的理论推算值,据此与相应时期三项指标的实际值进行比较,结果见图 2—2、图 2—3、图 2—4。

图 2—2 表明,中国农业总产值占社会总产值比重总体趋势是下降的,实际值与推算值差异由大变小,二者趋于逼近。图 2—3

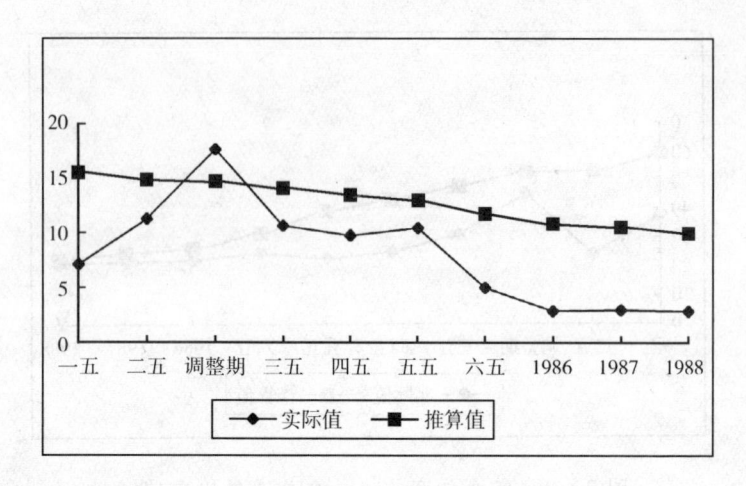

图 2—3 农业基本建设投资占基本建设总投资比重（%）的实际值与推算值比较

表明,中国农业基本建设投资份额的实际值与推算值间的差异,自"六五"以来逐渐扩大,实际值远低于推算值,这种状况说明中国经济结构调整中,产值结构调整与经济结构调整很不协调,投资结构调整中出现的非农倾斜现象日益严重。图2—4表明,农业总产值再投入农业所形成农业基础设施份额的实际值与推算值之间的差异,自"五五"以来迅速拉大,实际值远低于推算值。这说明中国依然实行着一种以农业补工业的经济战略,强制性地从农业部门抽取资本用于工业化的资本积累,并且这种趋势在近年更加加剧。仅以工农产品"剪刀差"的形式,中国农业在50年代到70年代,每年为国家贡献200~400亿元,进入80年代后增至每年600~1 300亿元。

按照世界发达国家和若干发展中国家的规律,当工业靠农业积累发展到一定程度之后,国家经济发展战略便转入以工业反哺

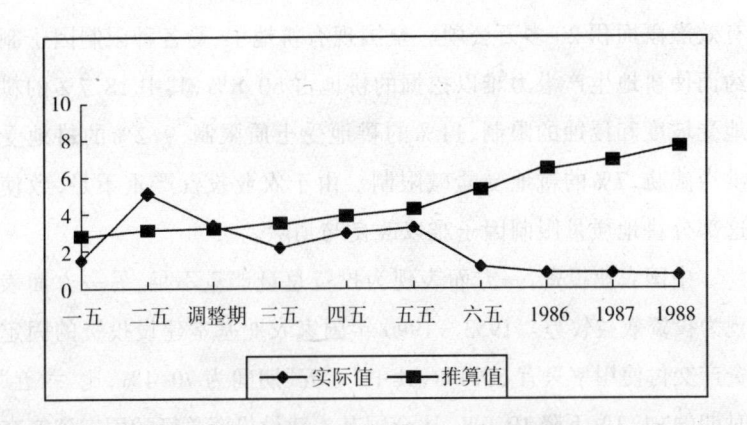

第二节 中国农业实施可持续发展战略的困境与危机

图 2—4 农业基本建设投资占农业总产值比重(%)
的实际值与推算值比较

农业这样一个新阶段。一般认为这种转折发生在人均国内生产总值(GDP)达 1000 美元的前 10 年左右。韩国、中国台湾省在人均 GDP 达 400 美元时即开始对农业补贴。而中国 1991 年人均 GDP 已近 400 美元,工业产值早已 3 倍多于农业,但由于国家财政承受着城市价格补贴、工业亏损及高额行政费用等沉重负担,不但不能进入对农业大力支持的转折期,而且继续扩大"剪刀差"。1986～1992 年期间,中国农业年增长率为 4.8%,工业年增长率为 15.4%,速度比为1:3.2,超过了一些专家学者认为的工农业平衡增长速度(1:1.5)的 1 倍。这就决定了中国农业投资严重不足,农业物质技术条件非常脆弱以及农业缺乏发展后劲的严峻局面。

由于农业基本建设投资比重连年下降,农业基础设施老化失修,带病运转,抗灾能力明显下降。在现有全国 8.4 万座水库中,带病运行的占 1/3,灌区工程基本完好率仅有 38%,每年因此减少有效灌溉面积20多万公顷。全国现有耕地中,受各种限制因子制约而使耕地生产潜力难以挖掘的耕地占60.8%,其中18.7%的耕地受坡度和侵蚀的限制,11%的耕地受土质限制,9.2%的耕地受洪涝威胁,7%的耕地受盐碱限制。由于农业投资严重不足,致使这部分耕地质量限制因子难以改良与消除。

中国农业投资,一方面表现为投资总量严重不足,另一方面表现为投资效益较差。1953~1990年国家农业基本建设投资的固定资产交付使用率只有66.4%,其中"七五"期间为70.4%,比"六五"时期的81.3%下降10.9%,比全国基本建设投资总额的固定资产交付使用率(75.4%)低5个百分点。而且由于农业比较利益较低,农用资金"非农化"分流的现象也日益严重。不仅如此,中国农业固定资产投资与流动资金投资的比例逐年下降,这反映了农田基本建设、水利灌溉设施、大型农机具配置等农业固定资产方面的投入增长过慢,而化肥、农药、燃料、动力等当年消耗性要素投入增长过快。这充分说明中国农业生产中的短期行为日益严重,不合理的投资行为决定了中国农业生产严重缺乏可持续发展的动力。

五、中国农业科技投入强度严重不足,农业生产本身对科技成果的有效需求不足,致使农业科技进步转化率低下

中国人口众多,资源短缺,农产品供需矛盾日益严峻,加之经济力量不强,未来农业生产的稳定增长对农业科技进步的需求将更为迫切、更为强烈。但由于各种原因,当前农业科技人员的积极性与创造性尚未得到充分发挥,农技推广组织与人员严重短缺,缺

乏重大成果与关键技术的突破,科技成果转化率低,转化效果差。

(一)中国农业科技水平落后,无论与农业生产发展的要求还是同当今世界先进水平之间的差距都还很大

中国农业科技整体水平依然十分落后。全国近半数农区生产仍靠传统技术维系。60%的家禽品种、30%的农作物品种未实现新品种替代。近年来,中国农业科技缺乏突破性的重大科技成果,新品种、新技术的更新速度明显减缓,对新出现的重大病虫害不能及时提出有效的防治对策;农业增产对物质投入的依赖程度仍然过大,人力和物质利用效率严重偏低,农业科技远不能满足农业和农村经济发展的需要,农业科技成果贮备更差。农业科技成果的转化利用率较低,近年来中国每年约有7 000项农业科技成果报奖,其中约2 000项成果获奖,而这2 000项成果中只有600~800项成果被推广应用。

目前中国农业科技在农业总产值中的贡献率只有30%左右,而发达国家高达60~80%;中国科技成果转化率约30~40%,而不少发达国家在60%左右;中国农作物良种在农产品增长中贡献额只有20%,而许多发达国家为40~60%;中国农业灌溉水利用率与化肥当季利用率不足40%,而发达国家可达60~70%以上。综合评估农业科技总体水平,中国与发达国家相比约有15~20年的差距。

在无重大技术突破的前提下,科技在农业生产中的贡献率必然要下降,难以支撑农业总产值年递增5%的速度。目前中国的科技支撑力仅为实际需求的一半,这种状况如不及时扭转,农业浪

费资源、过度消费资源的生产方式就不可能转变,特别是随着人均耕地资源、水资源占有量的日益递减,为今后实现社会经济的可持续发展增加了困难。

(二)农业科技投入总量不足,难以形成重大成果,农产品加工、储藏、保鲜等可大幅度提高农业附加值的成果更为不足

中国农业科技总体投入强度长期不足,世界平均农业科研投资占农业总产值的1%,一些发达国家超过5%,而中国仅为0.2~0.25%,是世界上农业科研投资最低的国家之一。

中国农业科学院农经所对151个国家1960~1984年农业研究总投资的变动情况进行的分析表明:农业研究投资占农业总产值的比重是稳步增长的,最后趋于某一定值,并且在一定时期内发展中国家农业研究投资增长幅度比发达国家要大。FAO在1982年《粮食及农业状况》的报告中指出:"一般认为只有当农业研究投资占农业总产值的比重达到2%左右时,才能使农业与国民经济各部门发展相协调"。

分析近年中国农业科研投资的变动情况,结果表明中国农业科研投资占农业总产值的比重不仅严重偏低,而且波动频繁,总的趋势是下降的(见图2—5),与世界农业科研投资的变动规律严重背离。图2—5表明中国农业科研投资的增长速度远远落后于农业总产值的增长速率,农业科研投资占农业总产值的比重处于下降趋势,导致了中国农业科技投入总量的严重不足,科技进步愈加难以形成对未来农业增长目标实现的支撑。

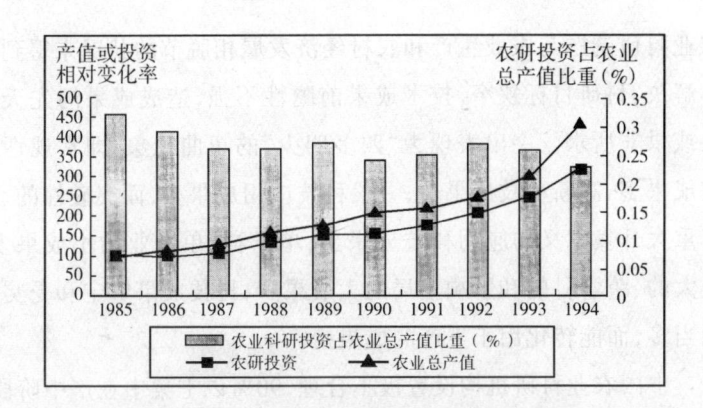

第二节 中国农业实施可持续发展战略的困境与危机 97

图 2—5 农业科研投资、农业总产值的相对变化速率比较及科研投资占农业总产值的比重(%)变化趋势

注:农业科研投资与农业总产值的相对变化速率是以 1985 年的绝对量为 100 测算其他年份的相对增长速率。

国情不同,农业科研投资在总量及其递增率上均应有所不同。从中国粮食安全以及满足人口高峰(约 16 亿)时的正常生活需求对农业科研投资增长的要求看,中国农业科学院农经所估算的结果为农业科研投资在总量递增速率上必须达到 6%,而目前中国农业科研投资的年均递增速率只有 4%。无论与世界其他国家相比,还是与中国农业可持续发展对农业科研投资的需求看,中国的农业科研投资严重不足。

另外,中国农业科研投资的利用效率也比较低。由于存在着严重的科研机构重复,上下一般粗问题尚未得到根本性解决,项目小而分散,有限的经费为众多单位平均分摊,加上还有相当一部分专项科研经费用于弥补事业费、福利费的不足,导致农业科技投入的利用效率相当低,难以形成重大成果与关键技术的突破。加之农业科研选题与农业生产和农村经济发展相脱节的状况未得到根本解决,科研目标狭窄,技术成果前瞻性不强,造成成果的先天不足或供非所求。突出表现为"四多四少"的扭曲现象:即常规性科技成果多,高新科技成果少;一般科技应用成果多,而突破性的、具有重大开发意义的应用科技成果少;单学科、单专业的小成果多,重大的、跨学科的和影响全局的大成果少;科技成果鉴定和受奖量相当多,而能转化用于生产的成果少。

中国农业科研机构设置极不合理,90%以上集中在产中阶段,产前、产后科技力量十分薄弱,尤其是产后科技力量不足导致了农产品加工、储藏、保鲜等可大幅度提高农业附加值的技术成果不足,这也是农业比较效益不高的重要原因之一。

(三)农业科技队伍老化与不稳定性较为严重

由于工作艰苦,条件差,待遇低,不少农业科技人员转行,科技队伍不稳,不少学科甚至后继无人;另一方面,由于学科专业设置陈旧、单一、重复,也存在着人才资源浪费的现象。这些问题的存在,共同导致了农业科技人才队伍的构成不合理和不稳定,科技人员的积极性、创造性不能得到充分发挥。

(四)农业技术推广经费不足,农技推广服务体系日益薄弱

中国农业技术推广服务体系本就十分薄弱,近年来由于"断粮断奶",使本来就处于"有钱养兵,无钱打仗"的农技推广机构,出现了"缺钱养兵,无兵打仗"的更为严重的局面,有些地方的农技推广

服务体系重新出现了"线断,网破,人散"的现象,农技推广服务体系整体上处于很不稳定的被动局面。

农业技术推广服务体系在农业技术扩散中起着至关重要的作用。由于人力、物力和财力的限制,中国还有36%的县没有农业技术推广中心,同时还有20%的乡、45%的村没有建立起农业技术推广服务机构;农业科技成果推广经费严重缺乏,推广经费占农业总产值的比重只有0.18%,而发达国家则在0.62%以上,发展中国家平均为0.44%;农技推广人员严重不足,发达国家农技推广人员与农业人口之比为1:100,而中国仅为1:1200,平均1万公顷耕地不足15名农技人员,与中国农业人口规模、耕地数量极不协调,推广工作受到严重影响。不仅如此,为了将农业科技成果推向市场,90年代初全国不少地区采取了对农推广机构"断奶、断粮"的做法,到1993年底全国有30%的县级农技推广机构,40%乡镇农技推广机构被停拨事业费,致使许多科技推广人员自谋出路,跳出农门,农技推广队伍严重散失,出现了农业技术推广无人过问、农民到处抓瞎的局面。全国农业科技推广服务体系遭到了严重破坏。农业科技推广服务体系这种日益陷于瘫痪的困境,是造成中国农业科技成果转化率低的根本原因之一。

(五)农民收入增长迟缓与农村人口数量多、文化水平低,共同导致了农业生产对科技成果有效需求的不足以及转化率低下

农民是科技成果最直接的采纳者与应用者。农民收入的高低是决定农业生产科技有效需求大小的原始因素。中国农民实际收

入增长迟缓,加之工农产品比价扭曲以及农业比较利益偏低,致使农业生产在市场竞争中处于极为不利的地位,一方面农民没有足够的资金用于新技术的采用,另一方面常常使应用新技术增加投入的边际收益过低甚至出现负值,农民增加科技投入得不到社会平均利润。因此,较低的农民收入与农业比较利益,严重地阻碍着农业生产对科技有效需求的形成。

中国有80%以上的人口生活在农村,农村人口的大量滞留,一方面使农户生产经营规模狭小,另一方面,由于人增地减的矛盾,致使农村劳动力规模的增加大大超过了农业资源与农业资本所创造的就业岗位,从而导致了农村劳动力的大量闲置,造成中国农业劳动生产率低下、农产品商品率不高的落后局面,农业生产无法积累资本,无法吸收并采用新的农业生产技术。目前中国农村的实际隐蔽性失业率很高,有人估算剩余劳动力高达1.2~1.5亿人。随着人口的增长以及农业劳动生产率的提高,未来中国农村剩余劳动力的压力将会更大。其次,农村人口质量不高,也严重地影响着农业科技信息的获取与科技成果的应用。1993年中国农民家庭劳动力中文盲、半文盲人数占15.3%,小学程度人数占38.2%,初中文化程度人数占37.4%,高中或高中以上文化程度人数只占9.1%,农业劳动者平均受教育年限只有4.8年,不足小学程度。而日本农业劳动者平均受教育年限1975年为11.7年,接近高中毕业程度,这是中日两国乡村发展水平存在巨大差距的深层原因之一。正如英格尔斯(A. Ikeles)指出:"那些完善的现代制度以及伴随而来的指导纲领、管理守则,本身是一些新的躯壳。如果一个国家的人民缺乏一种能赋予这些制度以真实身体力行的广泛的现代心理基础,如果执行和运用着这些现代制度的人,自身还没有从心理、思想、态度和行为方式上经历一个向现代化的转变,失败和畸形发展的悲剧结局是不可避免的。再完善的现代制度和管理方式,再先进的技术工艺,也会在一些传统人的手中变成废纸一堆。"美国经济学家舒尔茨测定,美国战后的农业增长,只有20%是物质资本投资引起的,其余80%主要是以教育以及与教育密切相关的科学技术的作用形成的,表明人力资本投资的作用大于物质资本投资的作用。因此,大力增加人力资本投资,积极推进农村科学技术知识的普及,不断提高农民科学文化素质,是增强中国农业生产科技有效需求的重要措施之一。

六、中国商品能源与重要农业生产资料的原料矿藏供给均严重不足,难以保证未来农业生产与农村经济的可持续发展

本世纪60年代后期,传统的中国农业进入了向现代化过渡的新时期。70年代末之后,这种过渡开始加速,其显著标志是水、肥反应型的高产作物品种(包括杂交种)大批育成推广,大大刺激了化肥用量的猛增,形成了中国农业生产过分依赖化肥投入的增长模式;在沿海一些发达地区及大中城市郊区,农业机械化与集约化养殖业的发展亦初具规模。70年代后期开始崛起的乡镇企业,使中国对商品性能源的消耗更加猛增。这种发展模式的基本特征是投入急剧增加,沿袭了发达国家已经完成的以大量消耗化石能源为根本特征的"常规农业现代化模式"。然而中国农业投入的效率

与效益却十分低下,与发达国家相去甚远。

据有关专家估算,1988年中国农业五项主要生产资料(化肥、农用电、农机、燃油及农药)所耗商品能已高达 1196.2×10^{12} 千焦(kJ)。相比之下,美国农业在1970年耗能水平达历史最高纪录时,也只有 2209.2×10^{12} kJ。这种耗能水平是在实现高度农业现代化之后达到的,况且美国耕地面积比中国要高出30%左右。而中国未来面临着比美国高得多的农产品压力,对商品性能量的需求势必会急剧增加。

1988年与1965年相比,中国农业生产商品性能耗平均年递增率高达10.8%,而同期粮食单产的平均年递增率为3.46%。按照这种增长势头,2000年中国粮食单产水平可达5 205公斤/公顷,按届时1.1亿公顷的粮食总播种面积计,粮食总产预计可达5 725.5亿公斤,即可实现登上第二"台阶"的目标。这样,即使不考虑增加商品性能源的报酬递减因素,也要求能源投入的平均增长率不低于10%,即必须继续大幅度增加对农业和农用工业的商品性能源投入。而从中国能源生产的现状和中长期前景看,要满足未来农业生产的商品性能源需求尚存在较大难度。

根据"中国能源工业中期(1989~2000年)发展规划纲要",到2000年一次能源的年产量达14.3亿吨标准煤。而1988年实际只有9.2亿吨标准煤。这就要求从1989年起,年平均递增3.7%。但是,1989年以后的前4年,实际年递增率分别只有3.2%、2.4%、0.9%和1.3%。按照万元GNP耗能指标测算,2000年要实现GNP翻两番,能源缺口将高达4亿吨标准煤,占总需求量的25%。

由于资金、原料以及能源的不足,化肥供给亦难以满足预期粮食生产对化肥的需求量。根据化工部规划,2000年化肥生产能力要在1990年1亿吨的基础上达到1.5亿吨,即要求年平均递增4.1%,方能满足粮食总产达5 000亿公斤的需求。而1990年和1991年实际化肥新增能力分别只递增了1.3%和1.6%。化肥生产能力远远不能满足农业生产的需求,只好花费大量外汇进口化肥,为此每年花销的外汇高达25~30亿美元。

中国农用燃油的供应长期严重不足,而且国家财政还要承担大量补贴的负担。1993年国家下达农用柴油计划定额为840万吨,距实际需求相差1倍多。这严重地制约着中国农业机械现代化技术及其相关技术的推广应用。而且国家财政为计划内供应柴油每吨补贴1 000元,共补贴84亿元。不仅如此,中国石油资源严重不足,美国东西方中心(East-West Center)资源处曾预测,中国在2000年"将成为中东原油的最大买主",以及"中国到1994年将成为原油净进口国"。实际上,这个转折比预计来得更早。1993年就已由石油净出口国转变为石油净进口国,净进口额1 000万吨,占原油总产7%,花费17亿美元。

显然,中国商品能源、重要农业生产资料原料矿藏的供给目前就已严重不足,这也将成为未来农业和农村经济可持续发展中的重要障碍。

七、粮食生产成本过高和效益过低,日益严重地威胁着中国未来粮食安全

"民以食为天",粮食是人类最基本的生活资料,是人类生存的条件。在中国这样一个农业资源紧张、人口众多的大国,努力增加粮食有效供给,始终是农业发展的头等大事,任何时候都不可忽视。

许多研究表明:在传统资源高耗型的低效生产方式下,中国农业生产长期发展面临的最为严峻的问题是,粮食生产难以满足需求的增长,粮食的供需缺口进一步扩大。从影响粮食生产增长的要素分析,为了增加粮食供给,就必须要求:① 大量使用耕地与水资源;② 大量增加对粮食生产的投入,以挖掘粮食的资源潜力和技术潜力;③ 不断提高国内粮食价格;④ 适当进口粮食,弥补产需缺口,等等。这些措施,或者是难以行得通,或者要付出很高的代价,使得中国粮食供给形势格外严峻。

其一,中国耕地面积锐减,人均耕地资源占有量持续下降;农业灌溉水资源短缺日益严重,地下水资源过量开采,河道断流,湖泊干涸。依靠大量使用耕地与水资源的途径增加粮食供给,显然行不通。1994年,中国粮食种植面积只有1.09亿公顷,低于国家规定的粮食播种面积不能少于1.10亿公顷的安全警戒线,亮出粮食生产危机的红灯。如不采取有效措施,到2000年、2010年,全国粮食播种面积将分别减少到警戒线的95%和87%,粮食生产危机将被进一步激化。未来新增供水中,农业灌溉用水十分有限。

据有关部门专家预测,为了保证国民经济各部门持续、稳定与协调发展,到 2010 年要求新增供水 1 530 亿立方米,其中新增农业灌溉用水仅占 8%。因此,未来粮食增产只能依靠提高现有资源的利用效率,走内涵式扩大再生产的道路。

其二,大量增加对粮食生产的投入,一方面受制于商品性能源与重要农业生产资料原料供给的严重不足,而且这部分资源大多属于不可更新资源,资源贮备十分有限;另一方面,中国粮食生产的要素投入水平相对较高,要素边际生产率呈递减现象,而对中长期粮食生产持续稳定发展具有关键作用的农业基础设施建设停滞不前,粮食生产发展缺乏后劲。以化肥为例,中国化肥有效成份的平均使用量 1991 年已达 293 公斤/公顷,远远超过美国 1989 年的 100 公斤/公顷的水平,也远远超出发达国家为防止化肥对水体造成污染而设置的安全上限——225 公斤/公顷。而且近年来化肥的增产效应持续下降,1978 年中国粮食与化肥施用量的比例为 34.5∶1,到 1980 年则下降为 25.3∶1,1985 年进一步下降为 21.3∶1。今后,化肥的增产效应还将进一步下降。

大力增加科技投入,依靠科技进步促进粮食有效供给的增长存在着巨大潜力。但是,从中国近期的农业科技现状看,不可能出现突破性的增产技术,加之农业教育、科研、推广与经济发展之间有机结合机制的缺损,以及农业生产对科技成果有效需求形成的诸多障碍的制约,近期内粮食生产难以有大幅度的增长。

其三,粮食价格的提高对于粮食增产的作用是不言而喻的。1978 年以来,中国曾多次大幅度地提高粮食收购价格,对于粮食单产与总产的增加曾起了重大作用。但一个被忽视的问题是,由于粮食收购价格的一提再提,目前主要粮食品种的价格已接近甚至超过国际市场价。

表 2—2 国内农产品价格与同期国际农产品价格之比较

农产品种类	国际市场批发价（美元/吨）		国内批发价（人民币元/吨）		国内/国际价格比率(%)	
	1997年	1996年	1997年	1996年	1997年	1996年
小 麦	121.8	163.7	1650	1840	163	135
大 米	300.3	326.7	23330	3100	94	114
玉 米	103.7	139.6	1070	1400	124	120
大 豆	301.5	284.0	3200	3010	128	128
大豆油	551.2	544.0	7400	7400	162	164
菜籽油	536.7	542.8	7330	7050	165	156
花生油	1090.0	901.4	——	8900	——	119
棉 花	1573.7	1684.9	17200	17100	130	122

注:①100 美元=829.16 人民币元;②1997 年价格为 1997 年 6 月 24 日价格,1996 年价格为 1996 年 8 月 5 日价格。

1995 年底中国国内大米、小麦、玉米的集市价格分别为每公斤 3.14 元、1.79 元和 1.73 元,而同期国际市场价格分别为 2.87 元、1.55 元和 1.10 元。1995 年 7 月,曼谷的大米、芝加哥的小麦与玉米价格,加上运到中国口岸的运费,按人民币汇率计算分别为每公斤 2.76 元、1.58 元和 1.17 元,而同期中国集贸市场价格分别为 3.06 元、1.75 元和 1.73 元,分别比国际价格高出 11%、10% 和 48%。1996 年和 1997 年中国国内农产品的价格普遍高于国际市场的价格(见表 2—2)。

目前,中国农产品存在着普遍"卖难"的现象,进一步大幅度提高粮食收购价格,不但会成为国内通货膨胀的潜在因素,而且会推动工业劳动成本的提高,影响中国整个经济比较优势的发展。因此,进一步依靠大幅度地提高粮价来增加粮食供给已不可能。不仅如此,近年来中国农业生产资料价格以更大的幅度不断攀升,加之粮食生产的要素边际生产率呈递减趋势,导致了粮食生产成本的迅速上升,粮食生产的比较利益"居高不上",粮食生产的销售收入甚至难以抵消物资投入的费用,极大地挫伤了农民种粮的积极性。

其四,适当进口粮食,调剂国内品种余缺,弥补粮食产需缺口,增加储备,对于提高中国稀缺资源的利用效率和粮食安全无疑是有益的。但是,对于国际粮食市场的不确定性应当予以恰当的估计。中国有关专家指出:中国粮食进口如超过5 000万吨,就很难在世界市场上如数买到,粮食供需缺口如果扩大到1亿吨,则不论哪个国家,甚至全世界都不能解决中国的粮食问题。粮食大量进口对国内粮食生产者绝不是福音。大量小规模的粮食生产者,在国外廉价农产品的冲击下,生活水平将会下降。

显然,中国必须立足国内,大力发展粮食生产,按照基本自给自足、适当进口的方针解决粮食供求问题。综合考虑中国国情与国际粮食市场的稳定性,正常情况下中国粮食自给率不可低于95%,净进口量不可超过国内消费量的5%。在此前提下,应充分利用国际市场,按照比较优势的原则,调剂品种余缺,适当进口国内供应不足的粮食品种。

第三节　中国农业可持续发展的任务与目标

1949年以来，尤其是改革开放二十年来，中国农业和农村经济取得了举世瞩目的成就，摆脱了计划体制的束缚，正在建立和健全市场经济新体制，告别了持续数千年的食物短缺时代，进入食物供求基本平衡的新纪元。中国农业正在进入一个新阶段，增加农产品数量的任务仍然很重，改善品质、增加农民收入的任务非常繁重，提高农产品比较优势、增强国际竞争力的任务迫在眉睫。

从现在起到下世纪初，中国农业要实现体制转轨与增长方式转换两个根本转变，即体制由计划经济向市场经济转变，农业增长方式由粗放经营向集约经营转变。而且中国人口将继续增长，到2030年前后达到其最高峰值约16亿；由于国民经济的持续增长，人民购买力将成倍增加。巨量增加的人口与食物消费水平的大幅度提高，致使中国农产品供给面临前所未有的严峻挑战。因此，稳定增加主要农产品的供给，改善其品质与增加农民收入，是维持和保证中国国民经济稳定协调发展的基础。根据《我国农业发展"九五"计划和2010年长期规划》，中国农业在实现体制转轨与增长转型的同时，其主要任务与目标还包括：

——稳定增加主要农产品，在数量、品种和质量上，适应全国人民小康生活和国民经济发展的需要。到2000年，要求粮食产量达到5 000亿公斤，棉花产量达到一个新的52.5亿公斤；到2010年，要求粮食产量达到5 700亿公斤，棉、油、糖、肉、蛋、奶、鱼、果、菜等主要农产品要保证安全、有效供给。

——农村经济要保持较快的发展速度,农民收入稳定增长。到2000年,农业总产值(1990年可比价格,下同)达到12 100亿元,年均增长4%左右;全国乡镇企业总产值达到52 900亿元,年均增长幅度18.5%;农民人均纯收入达到1 200元,年均增长5.8%,农民生活达到小康水平。到2010年农村经济持续稳定增长,农民生活达到初步富裕。

——紧密依靠科学技术发展"两高一优"农业与节水农业,促进传统农业向现代农业的战略转变。到2000年,使农业科技进步在农业生产与农村经济增长中的贡献率由目前的35%左右提高到50%左右;到2010年,使农业科技进步在农业生产与农村经济增长中的贡献率达到55～60%左右。

——为大量农村剩余劳动力提供更多的就业机会,加快农村科教事业的发展,提高农民的科技素质。

——合理使用农业资源,开发利用可再生能源,保护和改善农业生态环境,增强农业综合抗逆能力,强化农业持续发展的基础。

第四节　中国农业可持续发展的对策与建议

到21世纪30年代,中国人口将达到约16亿的高峰值,人均耕地资源占有量将下降至0.08公顷,人均淡水资源占有量将下降到1 800立方米左右,农业对商品性能源与化肥的使用量将以不低于10%和4.1%的年增长率增加。如果仍按目前的生产污染、资源消费速率和资源利用效率走下去,农业基础设施建设投资与科技投资水平仍然维持当前水平,且农业基础设施技术装备水平不能得到与资源供给和农产品需求相适应的改善,要为今后持续增长并最终达到为16亿左右的人口提供不断改善的生存和发展条件是绝对不可能的。因此,中国必须选择并建立以节地、节水、节能为核心的资源节约型农业生产体系,高效、集约地利用农业资源,加大以农业基础设施建设与农业科技投入为核心的农业投资力度,调整农业产业结构,稳定增加农产品供给。

一、以高效利用农业资源为核心,选择并建立以节地、节水与节能为中心的资源节约型农业生产体系

从中国农业资源态势的紧迫性及增效潜力看,中国资源节约型农业生产体系必须涵盖如下三个方面的主要内容:

(一)以实现耕地总量动态平衡为核心的土地资源高效利用的农业生产体系

耕地是中国国土资源的精华,中国的粮食以及90%左右的动物性食物是通过耕地资源生产转化而来,因此,耕地资源是中国十几亿人口生存与发展的基础。必须通过强化土地管理,扭转人口大量增加情况下耕地大量减少的失衡趋势,保证耕地总量只能增加,不能减少。在此前提下再通过非耕地资源(荒山、荒地、滩涂、水面、海洋)的开发利用和提高耕地资源的利用效率,才能够保障下一世纪十多亿人口的吃饭问题,保障中国社会经济的持续、稳定发展。

中国各地生产实践与大量的调查研究结果表明:实现耕地总

量动态平衡这一战略目标,不仅是必要的,而且也是可行的。实现"耕地总量动态平衡"这一战略目标的关键是转变土地利用方式,从粗放利用到集约利用,走内部挖潜的路子,努力提高土地的利用效率。具体措施及其潜力如下:

(1) 充分挖掘原有建设用地利用的潜力。中国城镇和农村居民点用地总量(不包括独立工矿区和交通用地)已达0.18亿公顷,人均用地已达0.014公顷。随着现代化进程的推进,应将人均用地逐步降到0.01公顷,这样可以再利用的耕地约有600万公顷。

(2) 进一步重视土地整理、整治。土地整理、整治是世界许多国家曾经经历过的一个重要阶段,是土地管理的重要内容。土地整理、整治就是把零碎、高低不平和不规整的土地或被破坏的土地,加以整理、整治,并复垦出来。中国通过土地整理、整治,一方面可以增加耕地面积约0.13亿公顷;另一方面可以大大改善农业生产条件和环境,增加农民收入,成为农村经济的新增长点。

(3) 重视耕地后备资源的开发利用。中国后备耕地资源有0.13亿公顷,按60%开发成耕地计,可开发耕地0.08亿公顷。另外,还有0.55亿公顷不适合开发成耕地的未利用土地资源,可以开发为林果、水产用地。通过实行林果上山、鱼塘下滩的措施,可以逐步将近年来种果树、挖鱼塘占用的耕地266.7万公顷调整出来,以恢复和增加耕地资源。

在通过开源节流、保证耕地总量增加的基础上,还应大力开发、推广应用各种高效利用土地资源的模式与技术体系,包括作物间种、套种、复种等多熟制模式以及林粮间作、果粮间作、林草间作等各种充分利用土地空间的立体农业模式,充分挖掘耕地的内涵潜力。

（二）以节水灌溉为核心的水资源高效利用的农业生产体系

受内陆季风气候影响，中国农业生产高度依赖于水资源灌溉，全国2/3以上的耕地分布于降雨量小于1 000毫米的常年灌溉带和不稳定灌溉带，从而决定了中国以农业用水为大头的水资源利用结构，致使中国65%的粮食、60%的经济作物和80%的蔬菜来自于灌溉耕地。然而中国农业灌溉水利用率尚不足40%。受农业供水不足与农业需水日益猛增的双重夹击，中国灌溉农业必须选择以节水灌溉为核心的高效农业生产模式。具体技术对策包括：

（1）采用先进的输水技术、实行渠道衬砌防渗措施，一般可减少渗漏60%，渠系有效利用系数可提高10~25%。采用低压管、混凝土管、水泥砂管、塑料管等管道输水技术，可以使渠系有效利用系数提高到90%，较土渠节水30%以上。

（2）采用田间节水措施，包括平整土地，大畦改小畦，长沟改短沟，完善田间配套工程等，一般每公顷可节水750立方米。

（3）采用新的灌溉技术，包括喷灌、滴灌、微灌、雾灌等节水灌溉技术，比传统的沟灌、畦灌可节水30~50%。

（4）采用合理的节水灌溉制度，根据作物生长的需要，适当减少灌溉次数，从而达到节水、增产的目的。

在上述节水技术措施推广应用的同时，应积极依靠科学技术研制和开发高效、低耗的防渗衬砌机械与平地开沟、作畦机械，研究开发高质量、低成本的新型管材,同时加大力度研究开发污水处理、人工增雨等先进技术,为今后高科技的农业节水灌溉作好物质技术储备。

(三)以节能为中心的商品性能源高效利用的农业生产体系

中国农业现代化建设,不可能像发达资本主义国家那样,用数百年资本原始积累(包括掠夺殖民地)和现代工业积累起来的财富大量投入农业,以大量消耗化石能源为基础。中国必须选择一条非传统的,以节约、高效利用商品性能源为中心的农业现代化道路。同时以技术进步为依托,切实降低单位农用工业产品的能耗与原材料消耗,大力提高农业物质投入的利用率与转化效率,强化生物质在农业生态系统内部的再循环,减缓农业生产大量使用外部投入对环境造成的压力。

1. 农用工业要大力开发、应用节能降耗技术,以降低农业物质投入的能源消耗,增加产品品种和提高产品的有效成分含量

由于生产技术与工艺落后,中国农用工业单位产品的能耗显著高于国外水平。以氮肥为例,中国以煤为原料的合成氨厂,每吨氨能耗为 62.9GJ($1GJ = 10^9$ 焦耳,下同),国外为 53.2GJ;以天然气为原料的合成氨厂,每吨氨能耗为 34GJ,国外为 29.3~31.4GJ。不仅如此,中国化肥的有效成分很低,氮肥平均浓度只有 27%,磷肥为 14.2%,全部肥料的平均浓度只有 24.5%,不到发达国家化肥有效成分含量的一半。据此推知,中国单位化肥有效成分的能耗约相当于国外的 2.5 倍。因此,要大力开发节能降耗技术。对于氮肥工业

要主要研制高活性、低消耗的催化剂、净化剂,以满足中国使用各种原料、采用各种工艺的合成氨厂对催化剂和净化剂的需求;对于钾肥工业,在研究开发青海盐湖提取氯化钾新技术的同时,要加强钾石盐矿的找矿工作,争取找到大的钾石盐矿。

另外,中国高浓度的复合肥料、混合肥料和专用肥料等化肥品种极为缺乏。这与中国农民文化水平低、施肥技术知识不足很不适应,并且加剧了中国化肥对环境污染的风险和程度。因此要大力研制有效成分含量高的化肥,并增加高浓度的复合肥料、混合肥料和专用肥料等化肥品种的生产。除此之外,还要大力研究开发农用化学品的替代产品,如生物菌肥、生物农药等。

2. 以技术为依托大力提高农业物质投入的利用率与转化效率,减缓农业生产大量使用外部投入对环境造成的压力

其一,要大力推广包括测土配方施肥、病虫害综合防治等能够显著提高投入利用率的生产技术,同时加强农民掌握与使用技术的培训。从理论上讲,只要人们能够准确地获得作物不同生长发育阶段的需肥特性方面的知识,并且能适时适量地以最有利于作物吸收的方式进行施肥,作物就能够吸收利用化肥中的全部营养元素,并不造成环境污染。而通过开发包括生物防治在内的有效的病虫害杂草防治技术体系,并适时、恰当地应用到生产实践中,则大面积喷施农药造成环境污染的生产行为也可避免。可见,问题的关键在于技术创新以及对农民进行农业知识与技术的教育与培训。

其二,要重视并大力推广能够降低外部投入的生物、有机技术的应用,相对降低农业对化学合成品的使用强度。美国在发展可

持续农业过程中,大力推广、采用包括畜粪肥施用、豆科覆盖、轮作免耕等降低外部投入的技术,大大降低了农业生产化石性能源的消费与生产成本。以玉米生产系统为例,在相同产量水平下,低投入可持续农业系统的能耗为每公顷16.16GJ,而常规农业系统为每公顷32.82GJ,能耗量降低51%;而生产成本也从每公顷523美元下降为352美元,降低成本33%。而近年中国有机肥料在全部肥料投入中所占比例以及绝对量均呈下降趋势。据统计,1983年中国共投入有机肥约2 861.7万吨(折合为有效成分,下同),而1996年则下降到1 499.1万吨。与此同时化肥用量却在猛增,不仅增加了农业生产成本,而且加剧了化肥与能源的供求矛盾。因此,应积极引导中国农业从过分依赖化肥过渡到以有机促无机、有机无机并重的低外部投入的高效农业转变。

其三,要加强中低产田的改造,大力研究并推广消除农田土壤各种质量障碍因素的技术体系。中低产田障碍因素多,不仅制约着作物产量的形成,而且也往往阻碍着作物对各种外部投入的吸收与转化,因此外部投入的转化效率通常较低,容易由此引致各种环境问题。因此,大力加强中低产田的改造能够缓解中国农业与环境的矛盾,增加农业有效供给。

其四,要保证技术进步速率与农业外部投入增加速率的协调同步。农业外部投入的增加必须与技术进步同步,才能保证农业外部投入利用与转化效率的稳定与提高。如果技术进步的发展赶不上农业外部投入的增加速率,必然导致报酬递减,使多余的投入滞留于环境之中,从而造成对环境的损害。

二、及时组织力量研究、制订并确立中国的农业保护制度

国际经验证明:国民经济发展到一定阶段后,必须实行对农业生产补贴、保护,才能保证国民经济的协调与稳定发展。现阶段中国政府对农业生产的保护、支持实际上非常薄弱。据有关专家估算,总体上看,中国农产品生产者的补贴等值仍为负值,1993年为-26.54%,1994年为-8.27%,与国外发达国家以及部分发展中国家的农业保护水平相比,差距很大(参见表2—3)。与此相反,中国每年对消费者的补贴则高达270~300亿元,目前农业生产性投入只有80~100亿元。这种经济投资格局,不仅降低了中国农民发展农业生产的积极性,而且加剧了农产品消费的浪费,农产品的供求矛盾日益尖锐。

表2—3 各国生产者补贴等值总值(1992年)

区域/国家	生产者补贴等值总值(亿美元)	生产者补贴等值总值/生产者产值总值(%)
欧共体	82.8	47
加拿大	5.8	36
美 国	23.8	19
日 本	36.1	71
阿根廷	-0.4	-11
中 国	-57.1	-63
埃 及	-0.1	-6
墨西哥	1.3	8

资料来源:Economic Research Service,USDA。

中国经济经过几十年的发展,在工业已经发展壮大的情况下,不应继续强制性地从农业部门抽取资本用于工业化的资金积累,应该由以农业支持工业转入以工业反哺农业这样一个新阶段,从存量与增量两个方面合理调整国民收入在工农业之间和城乡之间的分配格局,以提高政府运用财政手段支持农业的能力。因此,应及早研究、探索一条积极、稳妥的农业保护制度,逐步打破中国"生产负补贴,消费高补贴"的畸形格局。必须明确,中国农业保护模式不应是以价格支持为主的农业经济保护,也不是单纯以提高农产品自给率、实现粮食安全为主要目标的国际贸易保护。而应是以增加农业投入、提高农业综合生产能力为最终目标的农业产业保护。在此基础上,以政府财政全额出资的方式,建立国家农产品储备调节基金,实行吞吐调节,对于粮食等大宗农产品应实行"最高限价与最低保护价"政策,平抑市场价格波动,切实保护生产者利益,防止"谷贱伤农"。

三、建立具有多元主体的农业投资新体系,加大农业投资力度

（一）建立具有多元主体的农业投资新体系,合理调整国民收入的投资分配格局,加大农业投资力度

要改变农业的落后面貌,实现本世纪末农业的增长目标,并为下一个世纪农业的持续稳定发展创造条件,政府必须下大力气增加农业投资,建立"以国家投资为导向、以信贷资金为支柱、以合作经济为基础、以家庭经营为细胞,以利用外资和横向资金为补充的多层次、多渠道"的投资格局。国家应在宏观层次上从投资政策、

投资份额、投资管理等方面加强引导,充分激活地方政府、农村集体经济以及农产品的投资积极性,使国家、地方、集体、农户各尽其力,共同搞好农业投资工作。

实现未来中国农业增长目标的农业投资格局是:国家财政支农资金占财政预算的比例应由目前的 7.8% 提高到 10% 以上,其中省一级应为 25%,县(市)一级应达 40% 左右;农业总产值中再投入农业的比例应占 8.0% 以上;国家银行每年新增的农业贷款规模要保证占新增贷款的 15% 以上;农业基本建设投资占全国基建投资总额应由目前的 2~3% 提高到 10% 以上。国家不仅要采取严厉措施彻底遏制资金的"农转非"趋势,而且要千方百计通过多种途径保证农业发展对资金的要求。在农业资金的投入构成方面,政府的农业投资重点应优先解决农业基本建设投入和资源开发投入的严重不足,以扭转农业固定资产投入增加相对较少引发的农业抗灾能力下降、农业投资整体效益下降的浪费局面。

必须正视,在维持和保证中国农业可持续发展的诸要素中,农用工业的发展是一个薄弱环节。由于农用工业基本建设投资所占比例近年逐年下降,出现了随着农业生产的发展农用工业相对停滞萎缩的逆向发展现象,许多生产资料品种严重短缺,以致价格普遍上涨,成为近年来制约农业增长的主要因素。因此,还必须加大农用工业基建投资的力度。根据中国农用生产资料的供需状况以及农用工业技术工艺改造的需求,未来中国农用工业基建投资的比例应增加到并维持在 5% 以上。

（二）进一步加强中国农业基础设施建设，大力提高技术装备水平

中国农业基础设施技术装备水平还比较低，这是中国农业生产效益低、资源浪费严重的重要原因之一，也是制约中国农业产业化进程推进与农业增长目标实现的严重"瓶颈"。因此，必须进一步加强中国农业基础设施建设，大力提高其技术装备水平。考虑到国家财力的有限性和中国广大农村的现实状况，近中期内中国农业基础设施建设应坚持"国家、地方、集体和农民个人一起上"和"谁受益谁建设"的方针。国家和地方政府主要负责社会效益大的大中型农业基础设施建设，而那些直接关系到小范围内生产者利益的小型农业基础设施建设和经济效益相对较显著的农业基础设施项目，主要由生产者和受益者自己承担。

农业基础设施建设要特别加强生产工具基础设施、生产场所基础设施和产后基础设施的建设，这是实现中国由传统农业向资源节约型高效农业转变、由粗放经营向集约经营转变的基本物质技术条件。随着中国农业向市场经济的逐步推进，农业市场和农产品产后加工与贮藏运输营销体系方面的基础设施建设，在维持今后中国农业生产持续发展中的作用尤为重要。考虑到中国社会主义市场经济刚刚起步，以及中国农产品市场体系和农业要素市场体系极不完善的严峻现实，近中期内中国农业市场体系基础设施建设宜实行一定程度的政府参与扶持和进行宏观调控，同时鼓励多方筹建办理，尽快把农业市场建设起来，以适应农业商品化发展的需要。

纵观中国农业基础设施的现有装备状况，考虑到中国农业总

体发展的需要,近中期内中国农业基础设施建设应主要围绕如下几个方面展开:

第一,农业市场和产后加工与农产品贮运、营销基础设施建设,逐步建成适应社会主义市场经济发展需要的农产品市场流通体系。

第二,加强农业科研、技术推广基础设施建设,提高农业生产的科技水平,要尽快建设与完善现有的农业科研体系和县、乡两级农业技术推广示范服务体系,提高其必要设施和仪器的装备水平。

第三,增加农牧渔业生产性设备,完善农用物资供给体系建设,保证农业现代化作业的基本设施和农业生产发展的物资需求。

第四,继续加强农田水利基本建设,尤其是完善乡村小型水利建设和农田排灌设施,提高农业抗御旱涝灾害的能力,提高农田灌溉和防洪质量,保障农业稳产高产。

第五,进行农业资源区域综合开发,增强农业发展后劲。主要是继续加强东北平原、黄淮海平原、长江中下游平原以及新疆等农业发展潜力较大地区的农业资源综合开发项目,改善农田基本生产条件。

第六,进行中低产农田、低产牧场和鱼池的综合改造与治理,逐步提高其农业产出水平。中国现有中低产田近6 600万公顷、退化草原3 300万公顷、低产鱼池约53万公顷。到2000年,应集中有限财力、物力和人力,改造3 300万公顷中低产田,改良2 000万公顷退化草原,完善33万公顷低产鱼池的基础设施建设。

第七,适当开垦部分宜农荒地,防止耕地资源的不断减少。目前中国有1 300万公顷左右宜农荒地资源,近中期内每年宜开垦20

万公顷左右,并进行相应的农田基本建设,使之尽快形成生产能力。同时加强沿海滩涂资源开发,到2000年前实现开发26万公顷滩涂养殖面积。

第八,加强水土流失治理和农业环境条件的改造,保护现有的农业资源,防止农田污染和农田环境条件的恶化。继续实施黄河中游和长江上游水土保持工程,加强华北、东北、西北农田防护林建设,治理和防止农田和灌溉河、渠的污染。

四、切实有效地增加农业科技投入,优化农业科研结构,强化农业科学研究与农技推广力度

21世纪是生物世纪、高科技世纪,谁能解决好农业科技问题,谁就抓住了21世纪农业发展的先机。美国近半年世纪以来农业资源没有明显的变化,由于农业科学技术水平的不断提高,在农业劳动力减少的情况下,1929~1972年农业产值增长的81%和劳动生产率增长的71%,都归功于农业科学研究和技术推广。联合国粮农组织(FAO)分析预测表明:未来20年要满足人口对粮食的需求,新增部分的80%要靠科技投入来实现。中国人多地少,人均资源相对不足,农业基础薄弱,对科学技术进步的依赖程度更高。到本世纪末,科技进步对农业增长的贡献率必须达到50%,到2010年必须达到55~60%,才会实现预期农业增长的目标,才能保证国民经济的持续稳定发展。为此,必须从农业科技投入、科技体制改革、科技研究与推广队伍建设等方面,采取超常规措施,彻底扭转中国农业科技水平落后、农业增产主要依靠物质投入的低

效生产局面,促成中国农业生产由资源依附型产业向科技智能依附型产业的转变。

（一）切实有效地增加农业科技投入,加强农业科学研究,增加科技贮备,加大农技推广力度

科技进步必须依靠资本才能形成。因此,农业科技水平的提高、科技成果贮备的增加在很大程度上取决于农业科研投资的多少。由于农业科学研究和科技推广活动大多属于直接经济效益低而社会效益显著的社会公益性事业,农业科技投入应主要来自政府财政支持。80年代以来,世界各国瞄准生物技术、农业资源保护等优先发展领域,大力增加科技投资。目前各国农业研究投资占农业总产值的比重平均在1%以上,且呈现不断上升的趋势,而中国只有0.2~0.25%,反而呈下降趋势。为此,中国必须加大对农业科学研究的财政投入,争取到本世纪末把中国科研投资占农业总产值的比重提高到0.8%以上,且政府对农业科研投资的绝对量的增加速率必须大于农业净产值的增长速率。据黄季昆研究,如果农业科研投资年均增长率为3%,中国粮食的自给率到21世纪初(2000~2020年)只能达到92%;若为3.5%,则粮食自给率可提高到95~96%;而粮食完全自给条件下的农业科研投资年递率应是6%。

不仅如此,与农业科研经费的窘境相比较,中国农业技术成果推广经费更加短缺,致使大量农业科技成果滞留在科研与推广部门,不能及时推广应用,难以形成农业生产力。根据国际经验以及中国农业生产对农技推广力度的需求,应尽快把中国农技推广经

费占农业总产值的比重由 0.18~0.19% 提高到 0.5% 以上,在此基础上农技推广经费的追加速率也应保证高于农业净产值的增加速率。

(二)建立一支精干、高效的农业科技队伍

加速农业科技进步、确保农业持续发展的当务之急是,建立一支精干、高效的农业科技队伍。根据农业科技成果的生成、推广和转化的需求,并结合中国现有农业科技队伍的规模状况,中国农业科技队伍的构成与规模应是"1万名科研骨干,10万名科技人员,100万名科技推广人员"。培养、造就1万名科研精兵主要从事农业基础研究以及主攻一些全局性、超前性、关键性的科技问题;10万名科技人员主要从事开发应用研究;100万名科技推广人员主要进行实用农业生产技术推广与农民培训。科技队伍建设工作一定要引入开放、流动、竞争的人才管理机制。同时,要提高农业科技人员待遇,使他们的实际收入水平至少达到中国科技人员实际收入的平均线,而且科技人员的科技成果或工作成绩必须与经济利益挂钩,以达到调动科技人员积极性、稳定科技队伍的目的。还要加速培养一批中青年学科带头人,使他们迅速脱颖而出,担负起弥合中国农业科技人才断层的重任。

(三)合理调整、优化农业科研结构,使其专业设置合理、职能分工明确

农业科研结构的调整、优化应从两个方面入手。其一,要根据农业科研的性质,合理调整和配置农业基础研究、应用研究与开发

研究在机构设置、人力以及科研投资等方面的量度配比,改变中国农业基础研究薄弱的局面。因为基础研究比例过低,必然会导致科技储备不足,应用研究和开发研究缺乏后劲。因此,要大力加强农业基础研究,争取到 21 世纪初叶把中国农业基础研究、应用研究与开发研究的比例从目前的 2∶15∶83 调整为 10∶30∶60;其二,要根据农业产业发展要求,大力加强农业产前、产后(特别是产后)科技领域的研究。通过农业产前、产后科技成果社会化服务功能的强化,大力推进农业产业化进程。

对中央、省、地、县四级农业科研机构的职能要有明确分工,彻底解决上下一般粗、同干一种事的科研重复问题。国家级农业科研机构应以基础研究、应用研究为主;省级农业科研机构要以应用研究为主,并大力进行开发研究;地县级科技机构应以开发研究为主,大力进行技术引进、技术推广。

科研力量的配置和调配要打破部门界限,加强各部门,尤其是农业、轻工、食品等行业科研和开发的协调和配合,逐步形成按产业发展配置力量的新格局。

(四) 大力增加人力资本的投资,积极促进农业科技知识的普及与农民科学文化素质的提高,切实解决好中国农村剩余劳动力就业问题

据有关专家估算,中国依靠普及教育、知识扩展、技术进步等因素的全要素生产增长对经济增长的贡献作用仅为 9.7%,而发达国家为 49%,发展中国家为 31%。其主要原因是 1949 年以来,中国一直实行"注重物质资本"的发展战略,人力资本投资严重不

足。中国教育总支出占国民生产总值(GNP)的比重一直在3%左右,低于世界平均水平(1985年为5.7%),更低于发达国家水平(1985年为6.1%),也低于发展中国家的平均水平(4%)。1952～1987年间,中国物质资本投资增长率为11.39%,约为发达国家平均水平(12个国家,1950～1973年平均为5.5%)的2倍多。联合国教科文组织(UNESCO)研究表明,小学文化水平的劳动力可使劳动生产率提高43%,中学文化水平可提高128%,而大学文化水平则可提高300%。因此,必须大力增加人力资本投资,保证中国教育投资占GNP的比重在4%以上。在强化基本国民教育的基础上,要大力加强农民的职业技术培训,充分利用现有的500多所农林中专学校、2 000多所县级农业广播学校和基层农业技术推广机构,广泛开展农民职业培训,普及农业科学技术知识,提高农民接受和应用新技术的能力。

大量农村剩余劳动力对中国农业生产与农村可持续发展的制约是方方面面的。它不仅制约着农业生产规模的扩大、商品生产率的提高以及农业资源的节约与高效利用,而且严重地阻碍着对农业生产技术的广泛采用以及与此相关的农业增长模式的转变。因此,必须采取切实有效的措施解决好农村剩余劳动力就业这一跨世纪难题。一方面,要继续大力扶持、发展乡镇企业,增加乡镇企业对农村劳动力的吸纳能力,这依然是未来安置中国农村剩余劳动力的主渠道;另一方面,要大力发展多种形式的劳动就业中介组织,逐步形成包括就业信息、咨询、职业介绍、培训在内的社会化就业服务体系,大力鼓励并促进剩余劳动力的跨地区有序流动。

五、大力发展以增加农业经济效益与增加农民收入为核心的农业产业化

市场经济发达国家的经验证明,在农产品消费者付出的价值中,生产者所得的部分越来越少,加工者和营销者所得到的部分却越来越多。由于利益预期的驱使以及扩大再生产资本扩张的需求,迫使生产者不得不越来越要求与工业、商业的合作,以避免农业利益的大量流失以及生产者、加工者和营销者在利益分割上的矛盾和冲突。在此背景下,贸工农一体化经营体系逐渐加强并日益发达,使生产、加工、营销等环节联结成一个利益共同体,走农业产业化的道路。通过市场机制有效地配置各种农业资源,充分提高了资源的配置效率与利用效率,实现了由传统农业向现代农业、弱质农业向高效农业的根本转变。

中国农业生产在市场经济条件下,以分散的小农户经营和以原材料或初级产品为主,难以适应市场经济运行机制和发展的需要,农业的低效问题以及农民生产积极性下降问题日益突出,严重地影响着农产品有效供给的增加以及资源的节约与高效利用。农业面临着一系列新的深层次的矛盾:农业社会效益高而自身效益低的矛盾;分散的小生产与千变万化的大市场之间的矛盾;稳定家庭联产承包制与扩大规模经营之间的矛盾;大量的农业剩余劳动力需要转移和就业门路狭小之间的矛盾等等。所有这些问题,再加上传统经济体制形成的农业种养加割裂、农工商分离、产供销脱节还没有从根本上打破,决定了解决上述矛盾的根本途径——走农业产业化道路,实行种养加、产供销、贸工农一体化经营,建立利

益分享、风险共担的机制,使农业能够分享工商业的较高利润,在市场竞争中成为发达的高效产业。这是增加中国农产品有效供给与农民收入的必由之路。

必须明确:中国农业产业化是一项长期战略,必须结合中国国情,因地制宜,循序渐进,稳步推进。不能一哄而上,搞"一刀切"。为此,提出下列政策建议:

(1) 改革农业的宏观管理体制。中国传统计划经济时期形成的多部门分割的管理体制早已过时,严重地妨碍着市场经济的发展,是农业产业化发展的体制障碍,造成农业生产与市场脱节、与农产品贸易脱节、与消费脱节,应当加速改革,尽量将农业的产前、产中、产后相关环节归于一个有效的管理机构,实行供产销一体化管理。

(2) 调整农产品加工业、食品工业和饲料工业布局。充分利用体制转轨和增长转型的机会,将城市里的农产品加工业、食品工业和饲料工业以及其他类似的劳动密集型产业,稳妥有序地向农村区域转移,新建类似企业也应设在农区市镇,尽量靠近原料产地。农村工业化和乡镇企业的发展应当以农副产品加工业、食品工业和饲料工业为战略方向。这种产业布局不仅可加速推进农业产业化的进程,优化资源配置,而且也为农村转移劳动力创造了更多的机会。

(3) 要大力支持发展一体化的合作经济组织。国际经济表明,合作社是市场农业的重要经营形式,也是农业产业化的重要组织模式。现阶段在保持家庭联产承包为主的责任制和双层经营这一基本制度下,将分散的户营经济以自愿的形式发展成为各种形式的一体化合作社、专业协会或其他合作经济组织,将会成为中国农业产业化的主要组织模式。这样就能够改变中国农业以分散农户为主的生产方式,逐步实行与大市场要求相适应的规模经济和专业化生产,以形成较高的经济效益和市场竞争力。同时要加强农民培训,提高人力资源素质,将传统型的农民改造成为懂技术会管理的现代农业经营者。农民是增加中国农产品有效供给、推动中国农业可持续发展的主体,只有农民素质得到足够的提高,农业产业的"弱质"特性才能被彻底消除,产业化才能被有效地推进。

(4) 加强涉农法制建设,规范农业产业化经营。为保证农业产业化的有序发展,应当在各地经验和地方法规的基础上尽快研究制订有关法律法规,如农产品市场公平交易法、农民经济社团法、农业产业化发展条例等,以便为公平竞争、合理分享市场交易利益创造良好的宏观环境,促成中国由经验治农向以法治农转变。这既是市场农业发展的内在需要,也是农业产业化发展的制度保证。

六、稳定粮食生产面积,加强农业投入,建立并实施三元种植业结构与粮食节约型畜牧业生产体系;面向整个国土资源挖掘非粮食食物资源

中国农业生产中粮食生产面临的困境与危机最为严峻,但这绝不意味着在中国已丧失粮食自给自足的生产潜力。相反,中国耕地资源蕴藏的粮食生产潜力依然巨大。据国内外不同学术机构估算,在保持现有耕地面积的前提下,中国耕地的粮食产量上限大致为8 000～10 000亿公斤。由于目前的农业投资水平、基础设施

和技术装备仍处于较低水平,现实生产水平(1995年)仅为潜在粮食产量的46.6~58.3%。但这并未改变实现未来中国粮食增长目标难度的严峻性。一方面,在未来农业增长转型过程中,农业(特别是粮食生产)在很大程度上将承受由市场缺陷与计划体制的弊端所带来的"双重风险";另一方面,上述对策措施的有效实施、真正到位,要求政府从体制、经济投资格局等多方面做大的调整、改革,切实加强对农业的投资力度。如果上述政策措施"不到位",宏观调控不能有效阻止资源的非农化,那么,"依靠国内力量基本实现粮食供求平衡"就是一句空话。因此,必须综合运用并全面有效地实施上述对策措施,在此基础上还需保证下列措施的贯彻实施,才能实现未来中国粮食增长的目标。

(一)稳定粮食生产面积,切实把粮食生产面积维持在"警戒线"之上

中国复种指数尚有潜力可挖,在实现耕地总量动态平衡的基础上,粮食播种面积必须长期维持在1.1亿公顷的最低警戒线之上,保证粮食播种面积占农作物总播种面积的74%的比重。

(二)在加强中低产田改造与节约高效利用物质投入的前提下,仍需大力加强农业投入

为了实现2000年的粮食增产目标,必须要有一定的物质投入作保证。届时化肥施用量需要达到3 750万吨(折合为纯量,下同),农业机械总动力50 000千瓦,化学农药使用量必须保证25万

吨(100%有效成分)左右;实现2010年的粮食增产目标,届时化肥施用量需要达到4 300万吨,其他物质投入规模也需作相应的增加。

(三) 建立和完善三元种植业结构与粮食节约型畜牧业生产体系,通过扩种优质饲料生产缓解中国粮食供需矛盾

1. 中国种植业三元结构工程的建立、完善及其实施的主要内容

未来中国粮食消费结构的变化主要表现为,口粮与饲料粮之间的消长,口粮的绝对量及其比重均呈下降趋势,口粮比重由1990年的64.4%下降到2000年的52.6%,到2010年进一步下降为44.3%;而饲料粮比重由1990年的25%左右上升到2000年的31.1%,到2010年进一步上升为39.5%。因此,未来中国粮食的短缺主要是饲料粮短缺,必须尽快将中国种植业结构由"粮、经"二元型调整为"粮、经、饲"三元型,把口粮品种中的饲料粮部分,调整改种高产优质的饲料作物,并要根据能量和营养标准由单纯收获籽粒调整为收获整株营养体(即全部地上生物产量)。针对中国饲料中蛋白质饲料严重短缺的缺陷,应重点开展以下几方面的工作:一是因地制宜地调整种植制度,充分利用冬闲田,将玉米、绿肥和牧草等高产优质蛋白饲料纳入轮作复种之中;二是扩大大豆、紫花苜蓿、籽粒苋、狼尾草、黑麦草等高蛋白饲料作物种植面积,同时充分利用各种饼粕、鱼粉、骨粉等工业下脚料,重点解决蛋白质饲料紧缺的矛盾;三是积极扩大作物秸秆的利用,大力发展草食畜。

据有关模拟研究表明：在保证口粮、棉花、食用油市场供应的前提下，中国不同区域以可消化植物蛋白质产出量最大为目标调整种植业结构，理论畜产品产出可较现状增加70~80%，相当于可增加饲料粮70~80%。

2．建立和完善中国节粮型畜牧业生产体系

在调整和改革中国种植制度的同时，必须相应配套和发展中国养殖业。未来中国养殖业发展的中心内容在于建立和完善中国节粮型畜牧业生产体系，它包括节粮型畜牧业生产结构与节粮型饲料发展体系两个方面。

一方面，要积极调整并建立节粮型畜牧业生产结构。其一，中国畜禽品种生产性能低，农村普遍饲养的是地方传统品种，良种覆盖率很低，致使饲料转化效率低下。如果到2000年，中国猪、牛、羊、蛋鸡良种覆盖率分别能够达到90%、35%、60%、70%，肉鸡基本实现良种化，畜禽品种生产性能达到目前世界平均水平，则可节约3000万吨左右的饲料粮。其二，调整肉类产品结构。目前中国各种动物性产品的平均饲料转化效率为：猪肉5.1:1，牛羊肉2.8:1，禽肉食3.2:1，蛋类3.5:1，奶类0.6:1，淡水产品1.8:1。因此，在稳定生猪存栏的同时，重点发展饲料转化效率高的禽肉生产，充分发挥牛羊等食草家畜的产肉潜力和淡水养殖业，是优化中国肉类生产结构的基本方向。如果到2000年使肉类产品中猪肉的比重由1994年的71.23%降低到66%，牛羊肉的比重由10.84%上升至14%，禽肉的比重由16.8%上升到18.4%，则可节约饲料粮380万吨。

另一方面，大力发展饲料工业、积极推广秸秆养牛养羊技术，进一步完善中国节粮型饲料发展体系。其一,发展饲料工业,推广配合饲料。配合饲料比传统的粮食直接饲喂可节约25%以上。其二,积极推广秸秆养牛、养羊技术。中国每年拥有各种可利用农作物秸秆5.96亿吨,当前实际用作饲料的秸秆约25%,即约1.49亿吨,其中经过青贮或氨化处理的秸秆为2 856万吨。如果全国能够大力组织推广秸秆养牛、养羊技术,发展秸秆畜牧业,其节粮潜力将十分可观。

(四)全面开发国土资源,挖掘非粮食食物资源

中国水域、草原、山地资源丰富,开发潜力巨大。全国1 747万公顷的内陆水域中,可供养殖的水面675万公顷,目前利用率仅为69%,按低水平每公顷增产鱼类750公斤计算,可节约粮食30亿公斤;可供养鱼的稻田670万公顷,利用率仅为15%,若每公顷增产鱼类250公斤,则可节约粮食10亿公斤;海水可养殖面积260万公顷,利用率仅为28%,约具有50亿公斤粮食节约潜力。因此,必须加快水产品的开发步伐,努力提高现有水域的生产能力,保持水产品继续快速增长。中国现有草地面积3.9亿公顷,其中可利用面积3.2亿公顷,居世界第三位。若将其中大部分建设成为人工草场,提高草原畜牧业集约化水平,就可增加大量的畜产品,以每公顷增加15公斤计,相当于节约饲料粮148亿公斤。中国山区面积约占国土总面积的70%,具有发展木本食物的良好条件,以65%发展木本植物,35%种草养畜,每公顷产肉按300公斤计,共可节约粮食186亿公斤。仅此则可挖掘660亿公斤的粮食潜力。

第三章

中国水资源态势分析

联合国近来发布的《世界水资源综合评估报告》指出：水问题将严重制约21世纪全球经济与社会发展，并可能导致国家之间的矛盾和冲突。探讨21世纪的水问题战略，已是世纪之交各国政府的重点议题之一。水质良好的淡水既是基础性自然资源，又是战略性经济资源，是综合国力的有机组成部分。由于人均占有量和时空分布条件均不理想，中国水资源的合理配置和高效利用对国家战略目标的实现就更为重要。

第一节 发展进程中的水资源问题

在各种自然力的综合作用下，地表系统中形成了不同尺度的水循环。水循环过程形成了水资源，同时赋予了水资源作为可再生自然资源的本质特征。通常意义下的水资源，是指与人类社会和生态环境密切相关而又能不断更新的淡水，来源于大气降水，以地表水、地下水和土壤水的形式存在。水体本身及其赋存环境构成了水环境，成为生态系统中最具影响力的子系统。

一、人类活动导致的水资源演变加速

在人类发展的进程中,大规模人类活动使自然状态下的水循环发生演变,依赖于水循环而存在的生态系统也相应发生变化,从而引发了诸如断流趋势加剧、水质等级下降、生态环境恶化、洪水风险加大等一系列问题。

(一)流域水循环特性的改变

在大规模人类活动影响下,降水规律、坡面产汇流规律、地表水—地下水转化规律、河道洪水演进规律、河道泥沙淤积分布规律等均发生了程度不等的演变。以河北省为例,60年代中期以前,京广铁路多数河流清水长流,地下水埋深为2~3米;百泉、达活泉、一亩泉、百尺竿等泉区泉水还可自溢;子牙河、漳卫河、南运河、大清河的百吨货船可直达天津。这一图景可在某种程度上反映出"天然"条件下河北省的水资源状况。

大规模人类活动极大改变了河北省水资源和生态环境的天然状况。50年代初,全省年用水总量在50亿立方米左右;70年代初,全省年用水总量已升至100亿立方米左右;进入90年代后,年用水总量已达200亿立方米以上。本省用水在增加,地处海河流域上游的山西省用水也在增加,致使河北省入境水量不断减少。50年代年均入境水量为100亿立方米,60年代年均入境水量降为71亿立方米,70年代再降为52亿立方米,80年代的年均入境水量仅为26亿立方米(参见表3—1)。

表 3—1　河北省水资源条件变化趋势　　　单位:亿立方米

指标	50 年代	60 年代	70 年代	80 年代	90 年代
用水总量	50	70	98	150	211
入境水量	100	71	52	26	
当地产流	233	163	145	94	
开发程度	21%	30%	41%	63%	89%

不仅开发利用水量大幅度增加,入境水量迅速减少,产汇流关系和地表水—地下水的转化规律也发生了明显改变。50年代河北省年均自产地表水233亿立方米,60年代年均自产地表水量降为163亿立方米,70年代自产水量再降为145亿立方米,80年代的年均自产水量仅有94亿立方米。

河北省内部的水循环演变也很明显。北京市官厅水库的入流均来自河北省,50年代官厅水库10年平均的年入库水量为20.2亿立方米,60年代减少为13.4亿立方米,70年代再减少到8.4亿立方米,80年代更减少到4.6亿立方米,90年代的8年平均值仅为3.9亿立方米。且入库来水已不能满足灌溉用水水质标准,丧失了供水水源的地位。

不到半个世纪的时间内,河北省用水量增加了300%,入境水量减少了74%,自产地表水量减少了60%,迫不得已大量使用地下水。目前地下水年均超采30亿立方米,相当于地下水全年补给量的30%。

高强度大规模的水资源开发利用超出了当地水资源的承载能力。表现为河道常年断流,航道中断,河口淤积行洪不畅;洼淀干涸萎缩,水域污染加重;地下水位急剧下降,地面沉降1米以上;地下水漏斗区达2万平方公里以上,中心埋深90米以上,地下水疏干区业已出现。

河北省的水资源演变情况,以及近年来不断加重的黄河断流趋势共同说明,大规模人类活动引起的水循环演变已严重影响了水资源的可持续利用和生态环境的保护。

(二)水资源开发利用形成的侧支水循环

人类活动在改变自然状态下水循环特性的同时,还通过开发利用形成了人工侧支水循环。随着社会经济的不断发展,人工侧支水循环的通量越来越大。从全球范围看,用水总量1900年为5 790亿立方米,1950年达到13 600亿立方米,到1980年更增至33 200亿立方米。80年间世界用水总量增加了5.7倍,其中城市生活用水增加12.4倍,工业用水增加19.6倍,农业用水增加近3.4倍。世界用水量与天然径流量之比,从1900年的1.2%,上升到1980年的7.1%,反映出自然水循环过程中人工侧支水循环通量的明显上升。

中国河道外用水量的增长速度更快。从1949年的1 031亿立方米,增至1997年的5 566亿立方米,48年间增长了5.4倍。用水总量与天然径流量之比,从1949年的3.8%,上升到1997年的20.5%。与世界平均情况相比,中国水资源的开发利用程度更高,人工侧支水循环对于天然水循环的影响强度更大(参见表3—2)。

表 3—2　全国用水增长情况

指标	1949	1980	1993	1997
总用水量(亿立方米)	1 031	4 437	5 198	5 566
总人口(亿人)	4.55	9.81	11.73	12.40
人均用水(立方米/人·年)	227	452	443	449
用水增长率(%)		4.82	1.23	1.72
农业用水比例(%)	90	83	75	70
人均生活定额(立方米/人·天)	0.051	0.078	0.098	0.116
开发利用程度(%)	3.67	15.78	18.48	19.79

注：1949 年数据来源于刘昌明、何希吾等：《21 世纪中国水问题方略》
　　1980 年数据来源于刘善建：《中国的用水与供水》
　　1993 年数据来源于《全国水中长期供求计划全国成果汇总报告》
　　1997 年数据来源于《中国水资源公报 1997》

(三)水循环演变的资源、生态与环境效应

人工侧支水循环的出现,意味着水循环的原有"秩序"在不同程度上被打乱,其时空分布发生变化,在流域尺度上引起了一系列的资源、生态和环境效应。另一方面,人类用水过程使侧支循环形成了特有的水量消耗和水质劣变规律,也导致了强烈的资源、生态和环境效应,对区域的可持续发展产生重要影响。

高强度水资源开发导致的资源效应,主要表现在区域性产水量下降,河流中下游流量减少甚至断流,内陆河流的尾闾湖泊萎缩甚至消失,平原区的地下水资源量迅速下降等方面。

过度水资源开发导致的生态效应,主要表现在湿地消失及其生态多样性损失;地下水超采造成的地面沉降和海水入侵;地下水位下降导致的地面植被退化、土壤沙化、水土流失、河湖淤积等。

不适当的水资源开发利用方式还会引起严重的环境效应,表现在水—盐失衡造成的次生盐渍化;水—氮磷失衡造成的河流湖泊富营养化;工业废水超标排放造成的各类严重水污染;城镇污水处理能力不足造成的下游地区水环境恶化趋势加剧等。

人类活动使水循环规律发生演变,不仅在资源、生态和环境方面表现为长期的趋势性效应,还反映在水循环的暂态过程中。河流上游地区植被减少使坡面产汇流过程缩短、尖峰流量加大,湖泊围垦和沿江土地占用使河湖水系的天然调蓄能力下降,泥沙淤积使河道行洪能力下降,排涝能力增加使内涝水转化为河道内洪水。这些影响改变了洪水特性,加大了洪灾风险,在1998年中国特大洪水中表现得尤为明显。

二、中国水资源的基本特点

中国水资源的基本特点可以概括为:水资源总量丰富,但人均占有量明显低于世界平均水平;雨热同步有利于农业生产,但降水的年际变化大且年内分布过于集中,易造成水旱灾害;西高东低的总体地形特点有利于水资源综合利用,但大部分地区水资源与人口和耕地的匹配程度较差;绝大多数河流、湖泊的本底水质良好,但人口密集地区和沿江城镇下游地带的河湖水体污染严重;北方地区水资源的开发利用程度已较高,但仍不能满足社会经济发展和生态环境保护对水的需求;大规模人类活动导致水循环规律发生了显著变化,其不利的资源与环境效应已开始严重影响到中国水资源的可持续利用。

(一)水资源总量与人均占有量

据水资源评价的结果,中国的多年平均降水量为61 889亿立方米,多年平均水资源总量为28 124亿立方米。降水量的45%形成了水资源,55%消耗于蒸散发。水资源总量中,地表水资源为27 115亿立方米,地下水资源为8 288亿立方米,地表水、地下水之间的转化重复量为7 279亿立方米。

中国地表径流量按耕地面积与人口数平均,每公顷耕地占有径流量为20 865立方米,仅为世界平均值的69%。目前中国人口已超过12.4亿,平均每人占有的径流量仅为2 186立方米。按1995年水平计算,中国人均径流量为世界平均值的31%,列第121位,相当于美国人均量的19%,俄罗斯的8%,巴西的5%,加拿大的2%。年径流总量仅及中国1/5的日本,人均占有量却是中国的2倍。中国水资源有关情况的简要国际比较参见表3—3。

表3—3 部分国家人均及每公顷耕地平均水资源占有量统计(1995年)

序号	国家	径流量(亿立方米)	人口(万人)	人均径流量(立方米)	人均径流排序	人均GDP(美元)	耕地面积(万公顷)	每公顷平均径流量(立方米)
1	加拿大	29 010	2 946	98 462	8	19 233	4 542	63 870
2	俄罗斯	42 700	14 781	29 048	31	2 377	13 097	32 610
3	缅甸	10 520	4 653	23 255	37	1 623	954	110 280
4	孟加拉国	23 570	12 043	19 571	44	238	845.6	278 730
5	澳大利亚	3 430	1 786	18 963	45	19 653	4 681.47	7 125
6	印度尼西亚	29 860	19 759	15 254	49	992	1 713	174 300
7	美国	30 560	26 325	11 609	56	27 555	18 574.2	16 455
8	捷克	582	1 030	5 653	77	4 621	314.33	18 510
9	菲律宾	3 230	6 758	4 779	86	1 077	552	58 515
10	日本	5 470	12 520	4 373	90	37 337	397	137 790
11	墨西哥	3 574	9 367	3 815	93	2 149	2 570	13 905
12	法国	1 980	5 798	3 415	97	27 037	1 831	10 815

续 表

序号	国家	径流量(亿立方米)	人口(万人)	人均径流量(立方米)	人均径流排序	人均GDP(美元)	耕地面积(万公顷)	每公顷平均径流量(立方米)
13	巴基斯坦	4 680	14 050	3 331	99	388	2 105	22 230
14	泰国	1 790	5 879	3 045	105	2 810	1 708.53	10 470
15	中国	27 115	121 121	2 239	121	578	13 000	20 865
16	印度	20 850	92 704	2 228	122	337	16 610	12 555
17	德国	1 710	8 159	2 096	123	29 652	1 183.53	14 445
18	韩国	661	4 500	1 469	132	10 078	178.73	36 990
19	波兰	562	3 859	1 464	133	3 001	1 421	3 960
20	英国	710	5 882	1 219	136	18 324	592.8	11 970
21	埃及	581	6 293	923	141	961	281.73	20 625
22	新加坡	6	285	211	151	30 000	0.13	600 000

从上表可知，按人口和耕地平均拥有的径流量计算，中国水资源条件先天不足，水资源对于中国 21 世纪的可持续发展是十分珍贵的自然资源。

中国 9 大一级流域片的人均、每公顷耕地平均水资源情况见表 3—4。

表 3—4 中国一级流域片人均及每公顷耕地平均水资源概况统计

流域片	总人口(万人)	地表水资源(亿立方米)	地下水资源(亿立方米)	水资源总量(亿立方米)	人均水资源(立方米)	每公顷耕地平均水资源(立方米)	人均GDP(美元)	人均灌溉面积(公顷)
全国	117 267	27 115	8 288	28 124	2 398	21 630	578	0.043
松辽河片	11 317	1 653	625	1 929	1 704	7 350	679	0.037
海滦河片	11 763	288	265	421	358	2 880	649	0.058
黄河片	19 046	661	406	744	390	3 765	489	0.049
淮河片	9 922	741	393	961	969	5 745	486	0.046
长江片	40 253	9 513	2 464	9 613	2 388	31 065	550	0.035
珠江片	14 151	4 655	1 116	4 708	3 327	53 835	663	0.030
东南诸河	6 507	2 557	613	2 592	3 983	—	779	0.031
西南诸河	1 834	5 853	1 544	5 853	31 914	79 905	287	0.033
内陆河片	2 474	1 164	862	1 304	5 270	17 670	487	0.151

注：除人均 GDP 值为 1995 年数据外，均为 1993 年数据。

(二)水资源时空分布

水资源年际年内变化很大。最大与最小年径流的比值,长江以南的中等河流在5以下,北方河流多在10以上。径流量的逐年变化存在明显的丰平枯水年交替出现及连续数年为丰水段或枯水段的现象,径流年际变化大与连续丰枯水段的出现,使中国经常发生旱、涝及连旱、连涝现象,对生产及人民生活极为不利,加重了水资源调节利用的困难。

径流年内分配也很不均匀。连续最大4个月径流量占年径流的比例,长江以南及云贵高原以东的地区为60%左右,多出现于4~7月;长江以北为80%以上,海河平原高达90%,多出现于6~9月;西南地区为60~70%,出现于6~9月或7~10月。中国北方河流春季径流量少,与灌溉作物春季大量需水形成矛盾。

从表3—4可知,中国水资源的地区分布,北方水资源贫乏,南方水资源相对丰富,南北相差悬殊。长江及其以南地区的流域面积占全国总面积的36.5%,却拥有占全国80.9%的水资源总量,西北地区面积占全国的1/3,拥有的水资源量仅占全国的4.6%。按面积平均,北方各大流域单位面积耕地的平均水资源量均低于全国平均水平。如海滦河片仅为全国平均值的1/2;黄河片还不到全国平均值的1/3。

(三)水资源分布与生产力布局

从水资源与人口的组合情况看,长江流域以北的北方片人口占全国总人口的2/5强,但水资源占有量不足全国总量的1/5;南方片人口占全国的3/5,而水资源量为全国的4/5。

从水资源与耕地的组合条件看，北方地区耕地面积占全国耕地总面积的 3/5，而水资源总量仅占全国的 1/5；相反，南方地区耕地面积占全国的 2/5，而水资源量却占全国的 4/5。南方地区耕地每公顷水资源占有量约为 28 695 立方米，而北方地区只有 9 465 立方米，前者是后者的 3 倍。此外，中国有 1 333 多万公顷可耕后备荒地，主要集中在东北和西北地区，其开垦条件主要受当地水资源的制约，取水难度大，投入高，必须注意水土资源合理配置的研究。

从水资源与矿产资源的组合条件看，中国矿产资源现已查明的潜在价值约 5.73 万亿元，其中北方地区约占 59%，每 100 亿元拥有水量为 16 立方米，而南方片约占 41%，每 100 亿元拥有水量 94 立方米，后者是前者的 5.8 倍。

从水资源与水能资源可开发利用量的关系看，其组合条件也很不平衡。受中国西高东低地形的总体条件限制，长江片占全国的 53%，西南诸河片占全国的 26%，黄河片与珠江片各约占全国的 6%。若按传统的行政大区划分，则西南地区的水能可开发量为全国的 68%，中南地区为 16%，西北地区为 10%。

第二节 水资源开发利用现状

根据全国水中长期供求计划调查数据汇总，1993 年中国总人口 11.73 亿，其中市镇人口 2.82 亿，占总人口的 24%，比 1980 年提高了 8 个百分点；全国有效灌溉面积约 0.5 亿公顷，粮食总产量 4.56 亿吨；人均有效灌溉面积 0.043 公顷，人均粮食占有量 389 公斤。

1993年全国工业总产值4.78万亿元(1990年不变价格,下同),农业总产值1.57万亿元,国内生产总值(GDP)为2.7万亿元。按可比价格,1993年与1980年相比,工业总产值年均增长率为14.98%,农业总产值年均增长率为4.51%,国内生产总值年增长率为9.53%。

一、水资源开发利用现状

(一)供水量

1. 供水总量

从供水工程口径统计,1993年实际供水总量为5 224亿立方米,其中,地表水供水量为4 211亿立方米,占总供水量的80.7%;较大江河间的跨流域调水量为100亿立方米,占1.9%;地下水供水量为864亿立方米,占16.5%;污水再生利用和其他供水量为49亿立方米,占0.9%。

1993年全国实际供水总量比1980年增加792亿立方米,年均增长量为61亿立方米,年均增长率为1.27%。其中北方增加288亿立方米,占36.4%;南方增加504亿立方米,占63.6%。相比之下,北方地区供水总量增长缓慢,主要是受到水资源不足的制约。

2. 供水水源

1980年以来海河片、淮河片、黄河片和松辽河片等北方地区的供水水源构成变化较大,而南方则相对稳定。北方地区松辽河、海滦河、黄河、内陆河等四片的地表水供水量由1980年到1993年基本持平，而地下水供水逐年增加；地下水开采量占总供水量的比重，由1980年的30.8%上升到1993年的36.1%。南方地区地下水开采量占总供水量的比重略有增加，由1980年的3.5%上升到1993年的4.1%。总体上看，在13年间全国新增的792亿立方米供水量中，北方增加的基本是地下水，而南方增加的则主要是地表水。

3. 供水工程

供水水源分为地表水、地下水、外流域调水、污水处理后回用水、其他水五类。地表水供水工程分为蓄水、引水和提水工程；地下水供水工程主要指自备井和农用井；外流域调水工程指主要江河之间的调水工程，小范围内调水的供水工程归入到地表水引水工程中；污水处理回用工程主要指回用工程本身，不包括集中式污水处理厂；其他供水工程为微咸水和海水利用工程，所利用水量按其替代淡水量计算。

1993年全国现有供水设施的实际供水量为5 224亿立方米，约占全国多年平均水资源总量的19%，其中地表水实际供水量4 210亿立方米，占总供水量的80.6%。地下水开采量864亿立方米，占总供水量的16.5%。

地表水实际供水量中，蓄水工程占32%，引水工程占38%，提水工程占24%，其它工程占6%。地下水开采主要集中在东北诸河片、海滦河片、淮河片、黄河片及内陆河片各区，共开采740亿立方米，占全国地下水开采量的86%。

跨流域调水工程中，海河、淮河流域1993年引黄水量69亿立方米，淮河流域引长江水量27.9亿立方米，引黄水量约占海河流域地表水供水量的37%,引江、引黄水量占淮河流域地表水供水量的9%左右。珠江流域从长江流域引水1.3亿立方米。

4. 供水总量增长趋势

1993年全国总供水量比1980年增加792亿立方米,增长率为17.8%。北方干旱、半干旱地区(松辽河片、海河片、淮河片、黄河片、内陆河片)水资源紧缺,开发利用程度高,增加供水量的条件有限,且1980年以来持续干旱,1993年总供水量比1980年增加了288亿立方米。年平均增加约22亿立方米,年增长率不足0.01%。

南方湿润地区水资源丰富,随着新的供水工程建成使用,供水量呈逐年上升趋势,长江、珠江及华南诸河、东南诸河、西南诸河等流域片的供水总量比1980年增加了504亿立方米,年增长率为0.016%;在全国总量中的比重,由1980年的50.6%上升到1993年的52.6%。这与中国水资源分布特点及社会经济发展趋势相吻合。

5. 供水水源变化趋势

1980年以来海滦河、淮河及山东半岛、黄河、松辽河等北方流域片,水源组成有较大变化。当地地表水的供水量增加很少,由1980年的1 126亿立方米增加到1993年1 205亿立方米。地下水开采量逐年增加,地下水开采量占供水量的比重,由1980年的30.8%上升到1993年的38.4%。南方地区地下水开采量占总供水量的比重仅略有增加,由1980年的3.5%上升到1993年的4.5%。

(二) 用水量

1. 用水总量与人均量

从用水口径统计,1993年全国河道外实际用水总量为5 198亿立方米,其中城镇生活用水237亿立方米,占全国总用水量的4.6%;工业用水量906亿立方米,占17.4%;农村生活用水238亿立方米,占4.6%;农业用水3 817亿立方米,占73.4%。

1993年全国人均用水量为443立方米。城镇人均用水量为299立方米,其中生活用水量为84立方米,城镇一般工业和电力工业用水量为215立方米;农村人均用水量为489立方米,其中生活用水量为27立方米,农业灌溉用水量为386立方米,林牧渔菜用水量为42立方米,乡镇工业用水量为34立方米。

2. 用水结构

1993年全国总用水量比1980年净增加761亿立方米,13年共增长18%左右,主要是城镇生活和工业用水增长较快,共增加618亿立方米;年均增长率分别为10.1%和5.4%。农业用水基本持平,13年仅增加118亿立方米,平均年增长率为0.28%。

在1980~1993年期间,全国用水结构发生了较大变化。自1980年以来,全国农业用水(农业灌溉和林牧渔用水)基本持平,而农业灌溉用水略有下降。工业和城镇生活用水有较大增长,尤其是长江及其以南丰水地区,工业用水年均增长率达到6.3%,城镇生活用水年均增长率达到10.6%。北方缺水地区工业用水年均增长率为3.9%,城镇生活用水年均增长率也达到9.6%。由于工业和城镇生活用水普遍增长,全国工业和城镇生活用水所占的比重已由1980年的11.9%提高到18.3%,农业用水已从1980年的 83.4%下降到 73.4%。预计这种变化趋势今后随工业化和城市化的发展还将继续发展。

（三）用水效率

1. 生活用水效率

1993 年中国城镇生活平均用水量为每人每天 0.178 立方米,包括居民家庭与公共设施用水。流域分布与用水构成参见表 3—5。

表 3—5　1993 年分流域生活用水定额　　　　单位:立方米/人·天

流域片	城镇生活			农村生活		
	综合定额	居民家庭	公共设施	综合定额	农民家庭	家养禽畜
全　　国	0.178	0.109	0.069	0.073	0.050	0.023
松 辽 河	0.122	0.075	0.047	0.070	0.038	0.032
海　　河	0.192	0.098	0.094	0.054	0.036	0.018
淮　　河	0.141	0.090	0.051	0.069	0.046	0.023
黄　　河	0.125	0.080	0.045	0.054	0.035	0.019
长　　江	0.202	0.125	0.077	0.073	0.055	0.018
珠　　江	0.253	0.160	0.093	0.103	0.068	0.035
东南诸河	0.179	0.117	0.062	0.096	0.064	0.032
西南诸河	0.106	0.065	0.041	0.060	0.033	0.027
内 陆 河	0.132	0.070	0.062	0.080	0.038	0.042

为比较居民家庭的用水状况,表 3—6 列出了部分欧洲国家的居民生活用水定额,这些国家的生活水平、家庭用水设施和城镇基础设施均较中国为好,其平均用水水平也明显高于中国。说明随着生活水平的提高,中国城镇生活用水定额还将上升。

表 3—6 欧洲部分国家居民家庭用水定额

单位:立方米/人·天

国家	用水量	国家	用水量
瑞　士	0.260	荷　兰	0.173
奥地利	0.215	挪　威	0.167
意大利	0.214	法　国	0.161
瑞　典	0.195	英　国	0.161
卢森堡	0.183	芬　兰	0.150
西班牙	0.181	德　国	0.135
丹　麦	0.176	比利时	0.116

注:引自1993年世界用水统计

2. 工业用水效率

中国的工业节水水平自80年代初以来有较大提高,工业用水的重复利用率从1980年的25%左右提高到1993年的接近50%。各流域电力工业、一般工业和乡镇工业的万元产值综合用水定额参见表3—7。

表 3—7 1993年各流域工业用水定额　　立方米/万元

流域片	电力工业	一般工业	乡镇工业	综合工业
全　国	3 120	171	93	190
松辽河	3 251	172	70	207
海　河	956	107	82	116
淮　河	726	127	64	101
黄　河	1 798	189	117	189
长　江	7 853	174	112	241
珠　江	1 797	226	108	240
东南诸河	791	192	75	123
西南诸河	12 857	390	387	404
内陆河	1 217	281	353	312

表3—7显示,乡镇工业万元产值用水量低于一般工业,这是由于乡镇工业均在近十年内兴建,多是一些用水量较小的轻加工业。北方地区的工业万元产值用水量低于南方,是由于北方地区的水资源条件较差,工业节水开展得较早,同时近年来新的大耗水工业项目基本均建在南方。

电力工业的万元产值取用水量在各流域片间变化较大,这是由于在长江、松花江、黄河和珠江流域的部分火电厂为降低建设成本而采用了地表水的贯流式冷却,故取水量大大高于采用循环冷却工艺的电厂。

工业万元产值综合用水量与国外比较明显偏高,说明总体上中国的工业用水效率不高。目前中国一般工业的取用水重复利用率在45%左右,而国外技术先进国家的工业水重复利用率在80%左右,因而进一步节水尚有潜力。

3. 农业用水效率

农业节水地区差异较大。海滦河、淮河及山东半岛为全国最高,而南方地区及内陆河地区、黄河中上游地区还有很大的节水潜力。农业渠系利用系数全国平均为0.45左右,每立方米水资源粮食生产效率为1.00公斤,进一步提高还有一定余地。

表3—8 1993年农业灌溉每公顷用水量　　　单位:立方米/公顷

流域片	水田	大田	菜田
全国	11 985	5 970	7 515
松辽河	13 440	5 610	7 425
海河	14 085	4 575	9 300
淮河	11 835	4 350	8 670
黄河	23 505	7 005	7 935

续表

流域片	水田	大田	菜田
长江	10 860	4 125	6 300
珠江	13 665	4 575	7 110
东南诸河	12 555	5 595	7 500
西南诸河	12 345	5 565	6 030
内陆河	24 330	11 190	1 239

(四)缺水地区分布

目前,中国主要缺水地区为:海河片的京津地区、河北中部南部地区、山西大同—朔州地区;淮河片的山东半岛、南四湖地区;松辽片的辽中南地区;黄河片及内陆河片的河西走廊、关中平原、太原盆地、塔里木盆地;长江片的四川盆地、鄂北山区、衡邵丘陵区、南阳盆地、吉泰盆地;以及沿海大中型城市和若干东南沿海岛屿。缺水类型主要为资源短缺型,也伴之以工程型和污染型缺水。

在全国出现中等干旱的情况下,总需水量为5 500亿立方米左右,缺水量为250亿立方米左右。若考虑供水中的地下水超采和超标污水直灌等不合理供水因素,则全国实际缺水量在300~400亿立方米之间,其中城市缺水60亿立方米左右。缺水所造成的国民经济损失和生态环境质量下降等严重问题迫切需要加以解决。

二、水环境质量

中国河流天然水质总体状况比较好,矿化度和总硬度均较低。但随着工农业发展,中国河川径流正日益受到污染威胁。总体情况是,河流下游水质劣于上游,支流水质劣于干流,城市河段水质劣于其他河段,湖泊水质劣于水库、河流水质,枯季水质劣于汛期水质,地表水水质劣于地下水水质,东部地区水体质量劣于中西部地区水体质量。

(一)江河水质整体情况

据1993~1995年全国综合调查评价河长98 614公里,其中Ⅰ类水质河长占6%,Ⅱ类水质河长占26%,Ⅲ类水质河长占21%,Ⅳ类水质河长占28%,Ⅴ类水质河长占8%,超Ⅴ类水质河长占11%。污染河长计有45 800公里,约占评价河长的1/2(参见表3—9)。

表3—9 中国江河水资源质量评价

流域片	评价河长	Ⅱ类河长	比例(%)	Ⅲ类河长	比例(%)	Ⅳ类河长	比例(%)	Ⅴ类河长	比例(%)	超Ⅴ类河长	比例(%)	污染河长	比例(%)
全国	98 614	25 773	26	20 993	21	27 171	28	8 163	8	10 472	11	45 806	46
松辽	10 708	2 984	1	3 967	22	6 624	37	4 074	23	0	0	10 698	60
海滦	8 551	1 653	3	743	9	1 853	22	751	9	3 323	39	5 926	69
黄河	12 328	717	1	2 684	22	4 922	40	1 900	15	1 968	16	8 790	71
淮河	8 093	824	0	1 390	17	2 830	35	365	5	2 684	33	5 879	73
长江	20 872	5 363	14	6 043	29	4 961	24	384	2	1 118	5	6 463	31
太湖	1 156	98	0	216	19	457	40	180	16	205	18	842	73
珠江	12 899	4 443	16	1 727	13	3 923	30	290	2	409	3	4 622	36
东南	4 258	1 959	4	1 326	31	444	10	97	2	260	6	801	19
内陆	12 648	7 731	2	2 897	23	1 158	9	122	1	505	4	1 785	14

注:Ⅰ类数据暂缺

全国九大流域片中,污染最为严重的是淮河流域和黄河流域。污染相当严重的是海滦河流域和松辽河流域。北方缺水地区的黄、淮、海、辽等流域平均水质最差绝非偶然，很大程度上是由于河道内水量不足，加剧了水质恶化。以下按污染程度由重自轻依次为珠江流域、长江流域、东南诸河、内陆河流域片。西南诸河片基本处于尚未开发阶段，水质相对较好，并入到珠江流域片中。

（二）各流域主要水质问题

松花江水系干流水质受有机类、重金属和三氨类的轻度污染，主要污染物是有毒物质类和有机污染。佳木斯段污染严重，属Ⅴ类水质，吉林段、哈尔滨段和同江段属Ⅳ类水质。辽河水系主要污染物与松花江相同，但程度更重。辽宁沿海地区工业发达，排放废污水量大且集中，污染严重。

海河流域以有机污染为主，部分河段有总汞污染。南运河水系污染最重，部分河段溶解氧为零，汞超标50倍，挥发酚超标3 000倍以上。海河南系已成为季节性河流，纳污能力基本丧失，素有"无河不干、有水皆污"之谓。由于地表水系处于半干涸状态，排污不畅，导致土壤污染与地下水污染有蔓延趋势。目前一大批城市污水处理厂在建设之中，水环境恶化势头有望得以遏制。

黄河流域除甘肃外，沿黄各省境内河长的50%以上均受到不同程度污染，突出问题是有毒易积累物质污染严重，其次为有机污染。总体看支流污染比干流严重，尤其是城市下游的支流河段。主要受点源污染影响，污染严重的支流有湟水、银新沟、汾河、渭河、沁河等。

淮河流域本底水质良好，主要受有机污染。七大主要水系污染程度相近，汛期和非汛期的污染均很严重，全年期污染河长占评价河长的比例高达 38~100%。在年平均情况下,有机污染河长占评价河长的 64%。有毒物质污染河长,汛期占评价河长的 36%,非汛期占评价河长的 46%。其中,涡河、白马河、东鱼河、万福河、泗河、练江河、汝河、贾鲁河、清异河、颖河、沙河、惠济河、潢河等污染最为严重,水质均为Ⅴ类或超Ⅴ类。近年来集中治理初见成效,COD 总排放量已从治理前的年均 150 万吨,降至目前的年均 90 万吨,但短期内进一步降至年均 40 万吨的难度很大。

长江干流水质一般在Ⅱ类和Ⅲ类标准之间,支流水质比干流要差;支流水质中游较好,上游乌江、岷江、沱江、金沙江水系污染范围较广,污染河长占本水系河长的 55% 以上。长江干流主要受到有机污染和有毒物积累的威胁,超标污染物为总汞、高锰酸盐指数、生化需氧量和挥发酚。九江段、重庆段和岳阳段污染较重,涪陵段、宜宾段和黄石段污染较轻。沙市段水质最差,属Ⅴ类水质。干流江边水质劣于中泓,城市下游水质劣变有一跃升,威胁到城市水源地建设。

太湖流域污染超标项目主要是高锰酸盐、非离子氨、溶解氧和挥发酚,同时伴随严重的富营养化问题,综合治理已刻不容缓。河流以黄浦江和苏州河污染最重,全年和汛期的污染河长均为 100%,非汛期污染河长为 84%。

珠江水系受三氮类及重金属、有机类的污染。主要污染物为非离子氨、总汞、挥发酚、氨氮、高锰酸盐指数和生化需氧量。污染河段集中在西江中上游及其支流,珠江三角洲,广西沿海诸河和滇西南诸河。广州江段为超Ⅴ类水质,柳州江段为Ⅴ类水质,5 个城市河段属Ⅳ类水质。三角洲地带的面源污染日益严重。

东南诸河水质总体良好。污染相对较重的河段有：钱塘江干流上游衢江段、支流东阳江、江山港；甬江水系除溪口外的各段；椒江水系的天台、黄岩段；敖江水系的敖江；闽江上游沙溪河的梅列、沙县段；九龙江上游的东兴段；晋江的永春、洪敕段；木兰溪的仙游、丰美桥、涵江段等。污染最重的为江山港落马桥段非离子氨超标 9 倍，敖江段高锰酸盐超标 13 倍。

内陆河水体本底值呈弱碱性。近年随出山口引水量加大，下游径流中各类离子含量上升。工业污染源集中，以有机污染为主。如新疆的乌鲁木齐、喀什、石河子、阿克苏、巴音格勒、克拉玛依 6 地市的工业废水排放量占全疆的 90%。

（三）城镇水环境

城市地面水污染呈恶化趋势，Ⅳ、Ⅴ类水增加，Ⅱ、Ⅲ类水减少，已不见 Ⅰ 类水。在 1994 年度所统计的 136 条城市河流中，污染普遍存在，尤以汾河太原段、徐州奎河、安阳安阳河污染为重。受严重污染和重度污染的城市河流有 35 条，占统计河流数的 26%；中度污染的河流 24 条，占 18%；轻度污染的河流 48 条，占 35%。鸭绿江集安段和乌江涪陵段各项监测指标均未超标，水质良好。

城市河流的主要污染物为石油类、挥发酚、氨氮、生化需氧量、总汞等，其中有机类属严重污染，三氮类属重度污染，重金属为轻度污染。占 38% 的 51 条河流为劣于 Ⅴ 类水质，占 13% 的 17 条河流为 Ⅴ 类水质，占 27% 的 37 条河流为 Ⅳ 类水质，占 10% 的 13 条河流为 Ⅲ 类水质，占 13% 的 18 条河流为 Ⅱ 类水质。在统计的监测数据中,已不见Ⅰ类水(参见表3—10)。

表3—10 1994年度重点城市河流水质类别简表

统计项目		Ⅱ类	Ⅲ类	Ⅳ类	Ⅴ类	劣于Ⅴ类	总计
数量 (河段)	北方	4	1	16	8	35	64
	南方	14	12	21	9	16	72
	合计	18	13	37	17	51	136
所占比例(%)		13.24	9.56	27.20	12.50	37.50	100

注:1993年度水质属Ⅰ类的河流9条、属Ⅱ类的4条、属Ⅲ类的46条、属Ⅳ、Ⅴ类的72条。

(四) 湖泊水库水质

1. 湖泊水质

在开展典型调查评价的50个代表性湖泊中,其中Ⅰ类水质湖泊1个,占调查湖泊水面总面积的0.12%;Ⅱ类水质湖泊9个,占调查湖泊水面面积的24.7%;Ⅲ类水质湖泊13个,占调查湖泊面积的23.6%;Ⅳ类水质湖泊7个,占调查水面面积的5.4%,Ⅴ类水质湖泊5个,占调查水面面积的26.6%;超Ⅴ类水质湖泊15个,占调查水面面积19.6%。就整体而言,中国湖泊水面的75%以上面积受到不同程度的污染,难以满足各种用水功能的要求。

湖泊的主要污染项目为COD_{Mn}、矿化度、非离子氨等。从地域分布看,南方城市湖泊和东北平原湖泊的COD_{Mn}有机污染严重,西北地区的湖泊盐化问题也较为突出。城市内湖受总磷和总氮污染,各湖普遍受到耗氧有机物的污染。重金属污染尚属轻度污染,以济南大明湖污染最重,其次为南京玄武湖。中国五大淡水湖泊,鄱阳湖、洞庭湖、太湖、洪泽湖、巢湖的总体水质尚未超过Ⅲ

类,但岸边局部污染较为严重。

2. 水库水质

中国50个代表性水库中,其中Ⅰ类水质的水库为零;Ⅱ类水质的水库33个,占调查水库总库容的84.6%;Ⅲ类水质的水库9个,占调查水库总库容的6.8%;Ⅳ类水质的水库2个,占调查水库总库容的7.7%,Ⅴ类水质的水库6个,占调查水库总库容的1.0%。

溶解氧指标有监测数据的水库43个,水质全处于Ⅰ类到Ⅱ类的良好状态,其中Ⅰ类水质的水库23个,占调查水库库容的63.1%;Ⅱ类水质的水库20个,占调查水库库容的36.9%。

高锰酸盐指数为Ⅰ类水质的水库有16个,占调查水库库容的47.9%;Ⅱ类水质的水库18个,占调查水库库容的37.2%;Ⅲ类水质的水库8个,占调查水库库容的6.3%;Ⅳ类水质的水库2个,占调查水库库容的7.7%;Ⅴ类水质的水库6个,占调查水库库容的1.0%。典型调查及分析表明,高锰酸盐指数已成为中国水库的主要污染物之一。

评价结果显示,一是近1/3的水库受到不同程度的有机污染,水库的主要污染物为高锰酸盐、非离子氨和汞;二是Ⅳ类和Ⅴ类水质的水库污染物均为高锰酸盐,表明耗氧有机物应为今后水库污染控制的主要对象;三是小型水库的污染较大型水库严重,由于其水环境容量小,应对入流水质和周边污染源进行严格控制。

3. 湖泊水库富营养化

中国50个代表性湖泊中,贫中营养型湖泊3个,占调查湖泊面积的19%;中营养型湖泊11个,占调查湖泊面积的34%;中富营养型湖泊14个,占调查湖泊面积的22%;富营养型湖泊18个,占调查湖泊面积的24%;重富营养型湖泊4个,占调查湖泊面积的0.1%。

调查结果显示,中国湖泊富营养化程度的总体情况十分严重,中富营养水平以上的湖泊占调查总数的72%,占调查湖泊水面面积的47%。城近郊区湖泊的富营养化问题十分突出,14个调查湖泊全部在富营养化水平或以上。五大淡水湖泊中,巢湖、太湖、洪泽湖均达到富营养化或中富营养化水平,鄱阳湖、洞庭湖总氮和总磷含量较高,已接近中富营养化水平。

中国39个代表性水库中,贫中营养型水库10个,占调查水库总库容的6%;中营养型水库17个,占调查水库总库容的83%;中富营养型水库7个,占调查水库总库容的4%;富营养型水库5个,占调查水库总库容的7%;重富营养型水库为零。

较之湖泊的富营养化程度,水库的总体状况尚好,目前仅有10%左右的库容受到不同程度的富营养化损害。城近郊区水库的富营养化问题严重,给城市安全供水带来危害。大型水库一般为饮用水及工农业用水的水源地,多数大型水库已受到总磷、总氮等营养物质的污染,以新安江、官厅、海龙和董铺水库相对严重。

(五)地下水水质

在地下水开采程度最高的海河流域,根据2 015眼地下水监测井的评价结果表明,仅有628眼井符合生活饮用水标准,占监测评价井数的31%;符合农业灌溉标准的站井为1 411个,占监测评价井数的70%;符合农灌标准,但不符合生活饮用水卫生标准的站井有783个，占监测评价井数的39%。不符合农灌标准的站井有604个，占监测评价井数的30%。

采用国家《地下水质量标准》进行的综合评价表明，海河流域地下水符合Ⅰ～Ⅲ类标准的站井为443个，占评价总数的22%；符合Ⅳ类和Ⅴ类标准的站井分别为880个和692个，分别占评价站井总数的44%和34%。饮用水超标项目有总硬度、矿化度、锰、铁、氟化物、氯化物、硫酸盐、挥发酚、铅、硝酸盐、氮、汞等。农灌水超标项目有pH值、氯化物、矿化度、氟化物、汞等。

从水量角度，在272亿立方米的地下水中，符合Ⅰ～Ⅲ类标准的水量为100亿立方米，占总量的37%；水质受到一定污染，但仍符合农灌标准的Ⅳ类水为101亿立方米，占总量的37%；污染严重的Ⅴ类水为71亿立方米，占总量的26%。从城市看，以北京、天津、石家庄、唐山、保定、大同、邢台、邯郸、沧州、安阳、新乡等大中城市的地下水污染最为严重，有些水源地已受到影响，且污染的范围和程度均有扩大和加重趋势。

西北甘肃、宁夏、内蒙、新疆、青海5省区为干旱半干旱地区，地下水污染以耗氧(含氮)有机物类污染最为严重。在参与调查评价的43座城市中，16座城市为Ⅳ、Ⅴ类水体，超标率为37%。其次为常量组分类，参评城市69座，Ⅳ、Ⅴ类水体的城市为23座，超标率为33%。有毒及易积累类物质的污染相对较清，参评的45座城市中，地下水质为Ⅳ、Ⅴ类水体的城市12座，超标率为27%。

从城市看，新疆阿勒泰最为严重，总硬度等、三氮等4项指标均达Ⅳ类水质。青海西宁市的地下水总硬度、氨氮、COD等3项指标达到Ⅴ类水。甘肃以兰州和定西地下水污染最为严重，分别有3项指标达到Ⅳ类水质标准。宁夏以石嘴山市和银川市最为严重,分别有5项和4项指标达到Ⅴ类水水质标准。从总的污染水平看,地下水污染以大型工业城市的点源污染为主,主要污染物质来自化工、金属冶炼、非金属矿业、石油、纺织、皮革等行业。

三、水问题发展趋势

(一) 北方区域性缺水与城市缺水日益严重

1. 供水增长与发展需求不相适应

1980~1993年期间全国供水年均增加61亿立方米,年均增长1.27%。供水对GDP的弹性系数为0.13,明显低于国际上同发展阶段的国家。这一方面说明节水已取得很大成效,但也反映出隐含的供水不足。若全国发生中等干旱情况,1993现状年将缺水225亿立方米,供水量中尚有相当数量的地下水超采和超标污水灌溉量,因此实际缺水量在300~400亿立方米。

2. 供水增长地区间发展不平衡

1980~1993年期间,南方片总供水量增加了504亿立方米,占全国新增供水的64%。而海河、淮河和黄河3片仅增加121亿立方米,占15%。黄淮海地区地表水供水增长十分有限,主要依靠节约用水和增加地下水开采来支撑发展需求。进一步开发黄淮海流域水资源的潜力已十分有限,主要依靠需求端调整和跨流域调水缓解缺水局面。

3. 生活与工业用水挤占农业和生态环境用水

由于城市化与工业化进程加快,城镇生活用水和工业用水13

年增长了618亿立方米,年均增长率达6.17%。由于水资源潜力有限且供水投入不足,只能依靠现有工程超标运行、挤占农业用水和生态环境用水来支撑发展。目前部分地区的农业抗旱能力下降,一旦出现较大范围干旱或连续两年干旱,农业生产将受到较大影响。

4. 供水工程未能充分发挥工程效益

由于重建设轻管理的观念和投资分担的资金渠道,配套工程一直滞后于主体工程建设,影响到整体效益的发挥。供水工程大部分建于70年代以前,老化失修严重,不少工程超期使用或带病运行。水价偏低导致工程维修费用不足,泥沙淤积和水质污染也严重降低了工程效益。

5. 缺水和用水浪费现象并存

由于水价偏低和水资源统一管理相对薄弱,即便在缺水地区也仍存在用水浪费现象。北方地区农业灌溉水利用系数不足0.5,黄河与内陆河流域的水田灌溉定额达到22 500立方米/公顷,大水漫灌尚普遍存在。居民水费支出占总支出的比例,以及水费在工业制成品成本结构中所占的比例,均远低于世界平均水平。水价和管理方面的原因,造成了中国农业、工业和生活节水有潜力而无动力的局面。

(二) 水污染由点状向线状乃至面状发展

用水量不断增加致使污废水排放量同步增加。目前全国工业和城镇生活的废污水排放量已超过500亿立方米,其中80%左右未经处理直接排入地表水域,引起大面积水体污染。每排放1立方米废污水,要污染6立方米的清洁水体,中国每年排放的废污水至少使2000亿立方米以上的水资源受到不同程度的污染。

1. 水质下降引起工业产品质量下降

仅北京、上海由于水污染每年造成的工业生产损失就高达6亿元。河流水质下降形成污染型缺水,加剧供水矛盾。水污染严重影响人体健康,包括突发性不适甚至死亡,小剂量长期作用引起的各种慢性疾病,以及重金属等污染物在人体内的累积性危害。超标污水灌溉造成土壤板结、碱化、对作物有毒有害物质增加,导致减产以致绝收。对渔业还具有毁灭性的影响。早在1985年,南方12省市的城市供水水源在全年取水量中有80%受到污染,增加水净化费用4亿元。北京市由于地下水硬度高,纺织、化工、酿酒、发电等行业的软化水和纯化水费用就高达2亿元。

2. 水污染发展加快

河道内径流减少使水质等级下降,从枯水期水质下降向全年水质稳定下降发展。季节性突发性污染事故逐年上升,河流水质不断劣变成为排污沟。从点源污染为主向面源污染迅速发展,从地表水污染向地下水污染发展,从单污染因素向复合污染方面发展。水污染、富营养化、底泥污染相互作用,从水体本身污染向包括土壤在内的水环境系统整体污染发展。中国水资源整体质量在下降,水环境污染呈上升趋势,情势十分严峻。

(三) 生态环境恶化趋势加剧

1. 荒漠化在继续发展

全国荒漠化土地面积已达262万平方公里,占国土面积的

8%,且每年以2 500平方公里左右的速度在扩展。荒漠化土地面积中,风沙活动和水蚀引起的荒漠化面积几乎各占一半,此外还有盐渍化及其它因素所形成的荒漠化土地。全国约1.7亿人口受到荒漠化危害和威胁,3.15亿亩农田遭受荒漠化危害,粮食产量低而不稳。大面积的草场牧草严重退化,载畜量下降。800公里铁路和数千公里公路因风沙堆积而阻塞。据估算,全国每年因荒漠化危害造成的经济损失约200亿元左右,间接经济损失为直接经济损失的2~3倍。

2. 水土流失边治理边破坏

全国水土流失面积367万平方公里,约占国土面积的38%。近年很多地区的水土流失面积、侵蚀强度、危害程度呈加剧趋势,全国每年新增水土流失面积约1万平方公里。目前,全国由于水蚀造成的水土流失面积达179万平方公里,每年流失土壤总量达50亿吨。因水土流失而使土地退化,南方部分亚热带山地土壤有机质丧失殆尽,基岩裸露,形成石质荒漠化土地。土壤流失造成下游水库、湖泊和河道淤塞,黄河下游河床平均每年抬高达10厘米。水土流失严重影响农业发展,全国贫困县的87%处于水土流失严重地区。结合水利措施和植物措施对水土流失进行大规模成片整治,已到了刻不容缓的地步。

3. 地下水超采引起的环境地质问题

地下水位下降使潜水蒸发量减少,造成植被根系水分不足,进而使草地退化和土壤沙化。目前退化草地面积达1.33亿公顷,约占草地总面积的1/3,并且每年以200万公顷的速度在扩展。地下水超采还使地面沉降加速,堤防破坏,地表建筑物受损,海水入侵。

4. 生态系统用水不足引起的环境劣变

生态环境用水被挤占,导致湖泊面积减少,湿地减少,生物多样性受到严重威胁。中国已有 15~20% 的动植物种类受到威胁,高于世界上 10~15% 的平均水平。

第三节 21 世纪的水资源需求

至 21 世纪中叶,中国人口将增加至 16 亿左右,人均 GDP 要达到 6 000 美元以上,粮食生产要保证基本自给,城市化与工业化对水资源需求在总量和区域集中程度上均要大幅度提高。同时,开发条件将随着开发利用程度的不断提高而日趋困难,加之水利工程建设周期长和投资非常集中,需要未雨绸缪,及早制定长期对策。在这一大趋势下,进行长期供需态势分析十分必要。

一、需求的增长趋势分析

(一)需求增长的驱动因素与制约因素

驱动需水增长的内在因素有两个,一是人口增加,二是经济发展。人口对需水的驱动作用体现在三方面:一是生活水平不断提高使人均用水量有所增长;二是人口总量增长使需水总量同步增长;三是城镇化过程中的人口集中使得局部地区需水快速增长。

同样人口条件下,经济发展的总量规模、增长速度和产业结构将显著影响需水量的大小和需水结构的变化趋势。经济对需水的驱动作用具有更为明显的阶段性。在工业化的初期和中期,需水总量增长与经济总量的增长呈同步上升趋势；在工业化后期，经济发展对基础自然资源的依赖性越来越小，这时经济继续发展，而用水量却相对保持稳定，逐步进入需水"零增长"阶段。

需求不断增长导致缺水损失加大，同时使供水的投资回报上升，由此驱动供水增加。但供水增加将受到水资源、水工程、水市场和水管理条件的制约。由于水资源天然分布、工程技术水平和资金状况，一个区域在一个时期内的可供水量是有限的，而需水不可能脱离其可能的供水条件而无限度地增长，由此产生了水资源需求结构变动的资源制约。水价提高有利于减少用水浪费并促进高效用水，由此体现了市场机制对供需关系的调整。取水许可制度和水资源使用权总量分配等管理措施也能有效抑制需求。上述外部条件将导致水资源需求增加的速度放慢。

驱动因素和制约因素发展的阶段性，导致水资源需求增长也表现出明显的阶段性。利用需求增长的阶段性特点，可以先确定需求增长的峰值点，再从现状到峰值点进行趋势分析，从而得到各发展阶段的需水预测值。

（二）水资源需求峰值与增长趋势

经分析，我们认为中国水资源需求的峰值将在 2050 年前后出现，这是因为：

根据人口基本国策，按年龄结构、育龄妇女年龄结构、出生率、死亡率和机械迁移率综合测算，2030~2040 年前后中国人口将达到峰值，人口总数在 16 亿左右，并由此开始缓慢下降；

城市化率将从现状的 29% 逐步增加到 2050 年的 55%，并由

此进入城市化进程的稳定期,届时城镇人口和农村人口的比例也将相对稳定;

随着人口高峰到来,粮食与农副产品需求同步达到高峰,灌溉面积和农业用水也将停止增长并由此而缓慢下降;

至2050年中国实现第三步战略目标时,经济上达到当时世界上中等发达国家的总体发展水平,进入到"后工业化"和"知识经济"阶段。由于技术进步和产业升级,尽管工业总产值和增加值在不断上升,但工业综合用水定额将较快下降,中国工业需水将进入到经济发达国家目前工业用水的"零增长"时期;

2050年前后,中小城镇的基础设施建设已基本完成,城镇居民家庭的用水设施已基本齐备,城镇人均用水定额将保持稳定,城镇生活需水将基本稳定略有增长;

2050年前后农村用水设施将接近目前的中小城镇生活用水水平,其用水定额还将逐渐上升,但农村人口总量在下降,因此农村生活需水总量将相对稳定;

人均林牧渔业用水相当稳定,因此其需水总量和人口总量密切相关,总人口在2050年前后达到高峰,意味着林牧渔业需水总量也将相对稳定。

由此判断,2050年前后中国需水总量将达到峰值,以后将缓慢回落。从现在起到2030年人口增加较快,同时又是工业化与城市化的高速发展时期,因此水资源需求也相应增加较快。

二、国民经济需水预测

需水一般分为河道内需水和河道外需水,本文给出的预测结果仅为河道外需水。根据用水特点,将河道外需水分为生活、工业和农业三大类。

(一) 生活需水

生活需水包括了城镇生活与农村生活两类,其中城镇生活包括了居民家庭、城镇河湖、城镇绿地和市政设施用水等项,农村生活中含农民家庭用水和不以商品生产为目的的家养牲畜用水。

1. 人口预测

人口预测结果显示,至 2000 年中国人口将接近 13 亿,2010 年达到 14 亿,2050 年为人口高峰期,总人口将达到 16 亿左右,预测结果参见表 3—11。

表 3—11　中国未来人口预测　　　　单位:亿人

流　域	2000	2010	2020	2030	2040	2050
全　国	12.8	14.0	15.0	15.6	15.8	15.9
松辽河	1.2	1.3	1.4	1.5	1.5	1.5
海滦河	1.3	1.4	1.5	1.6	1.6	1.6
淮　河	2.0	2.2	2.3	2.4	2.4	2.5
黄　河	1.1	1.2	1.3	1.3	1.3	1.3
长　江	4.4	4.8	5.2	5.3	5.4	5.5
珠　江	1.6	1.8	1.9	2.0	2.0	2.1
东南诸河	0.7	0.8	0.8	0.8	0.9	0.9
西南诸河	0.2	0.2	0.2	0.3	0.3	0.3
内陆河	0.3	0.3	0.3	0.4	0.4	0.4

根据全国水资源中长期供求计划统计口径,在城镇规划区内使用城镇供水设施的人口与总人口之比为城镇化率,各流域1993年及未来城镇化率预测情况参见表3—12。

表3—12 城市化率预测

流域	1993	2000	2010	2020	2030	2040	2050
全 国	0.24	0.31	0.38	0.44	0.48	0.53	0.55
松辽河	0.41	0.46	0.50	0.53	0.56	0.58	0.59
海滦河	0.24	0.32	0.41	0.47	0.55	0.60	0.62
淮 河	0.17	0.26	0.34	0.40	0.44	0.49	0.51
黄 河	0.22	0.28	0.34	0.40	0.45	0.49	0.51
长 江	0.22	0.29	0.35	0.40	0.44	0.49	0.51
珠 江	0.28	0.36	0.44	0.51	0.57	0.60	0.62
东南诸河	0.24	0.30	0.38	0.44	0.50	0.54	0.58
西南诸河	0.11	0.20	0.25	0.30	0.36	0.41	0.44
内陆河	0.37	0.39	0.42	0.46	0.50	0.53	0.55

2. 人均生活用水定额

1993年全国城镇生活的人均用水定额为0.178立方米/天,农村生活人均用水定额为0.089立方米/天。考虑到城镇节水器具的推广和逐步调整水价以促进生活节水等措施,同时参照目前国内节水水平较高的大城市和目前世界上发达地区的相关数据,认为2050年的城镇生活人均用水定额全国平均为0.225立方米/天,农村生活人均用水定额为0.117立方米/天。城镇生活与农村生活需水日定量预测分别参见表3—13和表3—14。

表 3—13　城镇生活需水定额　　　单位:立方米/人·天

流　域	1993	2000	2010	2020	2030	2040	2050
全　国	0.178	0.185	0.196	0.205	0.214	0.220	0.225
松辽河	0.122	0.133	0.151	0.162	0.173	0.184	0.195
海滦河	0.192	0.198	0.207	0.216	0.224	0.230	0.233
淮　河	0.141	0.149	0.164	0.174	0.183	0.191	0.198
黄　河	0.125	0.133	0.150	0.163	0.174	0.184	0.194
长　江	0.202	0.205	0.208	0.217	0.225	0.231	0.234
珠　江	0.253	0.258	0.263	0.266	0.268	0.269	0.270
东南诸河	0.179	0.194	0.203	0.214	0.224	0.232	0.243
西南诸河	0.106	0.114	0.130	0.140	0.150	0.160	0.170
内陆河	0.132	0.139	0.149	0.159	0.169	0.178	0.184

表 3—14　农村生活需水定额　　　单位:立方米/人·天

流　域	1993	2000	2010	2020	2030	2040	2050
全　国	0.076	0.086	0.094	0.102	0.108	0.114	0.117
松辽河	0.070	0.079	0.087	0.092	0.098	0.100	0.101
海滦河	0.054	0.066	0.075	0.083	0.090	0.096	0.100
淮　河	0.069	0.080	0.089	0.096	0.104	0.110	0.113
黄　河	0.054	0.066	0.074	0.081	0.088	0.093	0.096
长　江	0.073	0.084	0.094	0.103	0.110	0.116	0.120
珠　江	0.127	0.132	0.139	0.144	0.148	0.152	0.155
东南诸河	0.096	0.098	0.106	0.114	0.122	0.129	0.132
西南诸河	0.060	0.070	0.080	0.087	0.095	0.099	0.102
内陆河	0.080	0.085	0.090	0.094	0.098	0.102	0.105

3. 城镇生活需水与农村生活需求

根据人口及城市化率预测、城镇及农村生活需水定额预测,我们对未来城镇及农村生活需水量进行了预测,预测结果参见表

3—15 和表 3—16。

表 3—15 城镇生活需水预测　　　单位：亿立方米

流域	2000	2010	2020	2030	2040	2050
全　国	271	380	490	586	667	715
松辽河	27	36	44	52	58	63
海滦河	30	43	56	70	80	84
淮　河	29	45	59	71	84	91
黄　河	15	22	30	37	43	48
长　江	95	128	164	193	224	238
珠　江	53	75	96	112	120	126
东南诸河	15	22	28	35	39	45
西南诸河	2	3	4	5	6	7
内陆河	6	7	9	11	13	14

表 3—16 农村生活需水预测　　　单位：亿立方米

流域	2000	2010	2020	2030	2040	2050
全　国	273	299	315	318	311	309
松辽河	19	21	22	23	23	23
海滦河	21	23	24	23	22	22
淮　河	44	47	49	51	50	50
黄　河	19	21	22	23	23	23
长　江	96	108	116	120	117	117
珠　江	48	50	50	47	45	44
东南诸河	18	18	19	19	19	18
西南诸河	4	5	5	6	6	6
内陆河	5	6	6	7	6	6

(二) 工业需水

工业需水按一般工业、乡镇工业和火(核)电厂冷却用水口径进行预测。一般工业指除去乡镇工业和电力工业以外的全部工业。

1. 经济发展预测

在全国水中长期供求计划工作基础上，按1997年当年价进行了经济发展预测。GDP和工业总产值预测结果参见表3—17和表3—18。

表3—17　GDP增长预测　　　　单位：亿元

流　域	1997	2000	2010	2020	2030	2040	2050
全　国	76 957	96 855	193 527	346 794	563 781	836 010	1 127 554
松辽河	8 033	9 962	19 178	33 290	54 947	81 930	110 829
海　河	8 907	11 298	22 827	41 361	67 757	98 775	129 963
淮　河	10 864	13 779	27 879	50 200	80 119	117 095	157 144
黄　河	5 151	6 382	12 246	21 520	35 609	54 295	75 818
长　江	25 478	32 150	65 051	118 020	194 854	298 530	409 908
珠　江	10 418	13 002	25 635	45 137	70 766	100 725	132 974
东南诸河	6 239	7 965	16 192	29 168	45 854	62 758	79 805
西南诸河	538	669	1 332	2 370	4 051	6 533	9 422
内陆河	1 328	1 648	3 186	5 730	9 824	15 368	21 691

表3—18　工业总产值预测　　　　单位：亿元

流域片	1997	2000	2010	2020	2030	2040	2050
全　国	113 732	150 606	323 900	607 690	1 017 032	1 587 400	2 192 531
松辽河	11 159	14 320	30 609	55 685	96 940	154 035	218 721
海　河	13 758	18 519	38 548	72 697	121 439	178 185	238 798

续 表

流域片	1997	2000	2010	2020	2030	2040	2050
淮 河	15 052	20 388	44 175	85 232	141 352	248 051	328 106
黄 河	6 496	8 658	18 869	36 527	65 442	97 455	121 999
长 江	39 471	52 021	113 316	215 546	365 624	579 190	837 017
珠 江	15 193	19 987	42 851	76 116	121 125	175 380	239 454
东南诸河	11 277	14 914	31 451	57 432	88 394	123 414	156 080
西南诸河	232	306	696	1 397	2 733	5 246	9 134
内陆河	1 095	1 493	3 384	7 057	13 983	26 444	43 223

2. 工业节水水平与工业需水预测

目前中国的工业用水重复利用率接近50%,世界上发达国家的水重复利用率在75%左右,与90年代中国北京市和天津市的工业节水水平相同。中国山西省太原市目前的工业用水重复利用率在85%左右,山东省淄博市更高达90%左右,这说明中国的工业节水仍有较大潜力。按工业综合万元产值取用水量统计,1993年全国平均为159立方米/万元,美国为9立方米/万元,日本为7立方米/万元。根据综合分析,2050年时中国的工业用水重复利用率有把握达到75%或更高,相当于目前发达国家工业用水效率。工业需水定额及工业需水量的预测结果分别参见表3—19和表3—20。

表3—19　工业需水定额　　　单位:立方米/万元

流域片	2000	2010	2020	2030	2040	2050
全 国	71	46	31	21	14	11
松辽河	67	37	26	17	12	8
海滦河	45	24	16	11	8	7
淮 河	53	38	27	20	15	12

续　表

流域片	2000	2010	2020	2030	2040	2050
黄　河	75	48	26	15	10	7
长　江	76	49	32	22	15	11
珠　江	112	74	52	35	25	20
东南诸河	54	35	23	16	12	10
西南诸河	122	99	98	59	26	15
内陆河	116	86	49	31	16	10

注：按1997年价预测。

表3—20　工业需水量预测　　　　单位：亿立方米

流域片	2000	2010	2020	2030	2040	2050
全　国	1 077	1 485	1 864	2 107	2 256	2 412
松辽河	96	113	146	164	185	180
海滦河	84	94	118	137	150	169
淮　河	108	168	233	283	307	342
黄　河	65	90	95	98	106	113
长　江	398	556	696	794	856	916
珠　江	224	316	396	428	445	480
东南诸河	81	111	131	143	148	154
西南诸河	4	7	14	16	14	14
内陆河	17	29	35	44	44	44

（三）农业需水

农业需水中包括了灌溉用水（含水田、水浇地、菜田）和林牧渔用水。

1. 农业发展预测

由于大陆季风气候，中国农业基本为灌溉农业。为保证达到人均粮食占有量 400 公斤的目标，在人口增加的同时尚需要扩大灌溉面积。中国 1993 年单位耕地面积上主要粮食作物的平均产量，水田为 9 840 公斤/公顷，水浇地为 5 550 公斤/公顷，旱地为 1 890 公斤/公顷，人均粮食占有量接近 600 公斤。考虑到农业技术进步因素，大约每 10 年通过纯农艺措施可提高粮食单产 10% 左右，辅之以水利工程对中低产田的改造，由此计算 2050 年时单位耕地面积上的粮食产量为：水田 12 045 公斤/公顷，水浇地 9 855 公斤/公顷，旱地 2 805 公斤/公顷。按此生产水平，灌溉面积需从 1993 年的 0.5 亿公顷增加到 2050 年时的 0.6 亿公顷。耕地面积、有效灌溉面积分别参见表 3—21 和表 3—22；有效灌溉面积中的水田与大田面积预测结果参见表 3—23 和表 3—24。

表 3—21　耕地面积预测　　　　　　单位：万公顷

流域片	2000	2010	2020	2030	2040	2050
全　国	12 833	12 680	12 703	12 637	12 637	12 629
松辽河	2 546	2 580	2 631	2 633	2 642	2 640
海滦河	1 323	1 313	1 312	1 285	1 271	1 259
淮　河	2 245	2 241	2 240	2 201	2 179	2 161
黄　河	1 855	1 861	1 884	1 894	1 878	1 865
长　江	2 805	2 685	2 628	2 574	2 547	2 523
珠　江	755	675	631	611	611	601
东南诸河	324	305	294	282	277	272
西南诸河	274	270	271	275	281	284
内陆河	707	749	813	881	952	1024

表 3—22　有效灌溉面积预测　　　　　　　　单位:万公顷

流域片	1993	2000	2010	2020	2030	2040	2050
全　　国	4 994	5 329	5 625	5 821	5 947	6 002	6 000
松 辽 河	419	481	557	677	800	900	967
海 滦 河	680	710	727	733	720	700	667
淮　　河	940	987	1 027	1 043	1 053	1 047	1 047
黄　　河	477	504	527	563	587	593	600
长　　江	1 390	1 511	1 600	1 593	1 567	1 533	1 520
珠　　江	407	436	455	443	437	430	393
东南诸河	242	206	196	190	183	180	173
西南诸河	66	78	88	91	94	99	100
内 陆 河	374	416	450	487	507	520	533

注:1993 年数据为实际调查数

表 3—23　水田面积预测　　　　　　　　单位:万公顷

流域片	1993	2000	2010	2020	2030	2040	2050
全　　国	2 094	2 191	2 314	2 354	2 363	2 353	2 322
松 辽 河	208	244	284	289	290	291	292
海 滦 河	20	23	23	25	25	25	25
淮　　河	258	268	280	275	267	259	250
黄　　河	12	13	14	15	16	16	16
长　　江	1 061	1 090	1 137	1 158	1 162	1 160	1 157
珠　　江	324	336	353	363	373	370	353
东南诸河	165	166	166	167	164	162	157
西南诸河	39	45	49	52	55	60	61
内 陆 河	7	8	9	10	10	11	11

注:按实灌面积进行预测

表 3—24　大田面积预测　　　　　单位:万公顷

流域片	1993	2000	2010	2020	2030	2040	2050
全　国	2 385	2 665	2 816	2 970	3 092	3 174	3 197
松 辽 河	142	158	184	283	390	483	539
海 滦 河	612	657	674	679	667	647	615
淮　河	525	594	634	664	691	704	713
黄　河	417	448	460	497	521	530	536
长　江	206	292	316	292	272	251	242
珠　江	59	81	80	60	43	40	22
东南诸河	64	30	21	14	11	10	9
西南诸河	22	27	32	32	31	31	31
内 陆 河	338	379	414	448	467	479	491

注:按实灌面积进行预测

2. 灌溉需水量预测

据统计,目前在中等干旱条件下中国平均水田用水量为12 000立方米/公顷,水浇地用水量为6 000立方米/公顷;全国平均的灌溉渠系有效利用系数为45%左右,单方水的粮食生产效率为0.84公斤。而以色列90年代初的单方水粮食生产效率为1.95公斤,至2000年后预期可提高到接近4公斤。在适当调整农业灌溉水价,大力推广农业节水措施的前提下,预期2050年时中国农业的单方水粮食生产效率可达到1.25公斤左右,相应的灌溉渠系有效利用系数可达到0.60左右,届时中等干旱情况下的水田平均灌溉水量为10 500立方米/公顷,水浇地平均灌溉水量为5 205立方米/公顷。水田和大田的平均灌溉用水量预测参见表3—25和表3—26;水田和大田总的灌溉需水量预测参见表3—27、表3—28和表3—29。

表 3—25　水田平均灌溉用水量预测　　　　单位:立方米/公顷

流域片	2000	2010	2020	2030	2040	2050
全　　国	11 400	10 860	10 545	10 335	10 185	10 080
松 辽 河	12 210	11 235	10 875	10 650	10 500	10 350
海 滦 河	13 200	12 495	12 000	11 700	11 475	11 355
淮　　河	11 385	10 815	10 530	10 320	10 140	10 005
黄　　河	23 595	21 165	19 500	18 000	17 100	16 500
长　　江	10 545	10 230	10 050	9 915	9 810	9 735
珠　　江	12 495	11 565	10 980	10 695	10 500	10 350
东南诸河	11 850	11 310	10 875	10 575	10 350	10 200
西南诸河	11 775	11 355	10 905	10 605	10 380	10 245
内 陆 河	22 170	20 340	18 450	17 400	16 500	16 050

注:按实灌面积进行预测

表 3—26　大田平均灌溉用水量预测　　　　单位:立方米/公顷

流域片	2000	2010	2020	2030	2040	2050
全　　国	5 535	5 235	5 100	4 980	4 890	4 830
松 辽 河	4 860	4 380	4 230	4 125	4 050	3 990
海 滦 河	4 290	4 095	3 945	3 855	3 795	3 750
淮　　河	4 005	3 735	3 585	3 480	3 420	3 375
黄　　河	6 720	6 495	6 405	6 300	6 180	6 060
长　　江	3 795	3 540	3 390	3 270	3 180	3 120
珠　　江	4 230	4 080	3 930	3 810	3 720	3 645
东南诸河	5 070	4 545	4 245	4 050	3 885	3 735
西南诸河	5 190	4 860	4 500	4 215	3 990	3 810
内 陆 河	10 635	9 960	9 510	9 210	9 000	8 850

注:按实灌面积进行预测

表 3—27　水田灌溉需水量预测　　　单位:亿立方米

流域片	2000	2010	2020	2030	2040	2050
全　　国	2 499	2 512	2 482	2 444	2 398	2 339
松辽河	298	319	314	309	306	303
海滦河	30	29	30	29	28	28
淮　河	305	303	290	276	262	250
黄　河	31	29	30	29	28	27
长　江	1 150	1 163	1 164	1 152	1 138	1 126
珠　江	419	409	399	399	389	366
东南诸河	196	188	182	174	168	160
西南诸河	52	55	57	58	62	62
内陆河	18	18	18	18	18	17

表 3—28　大田灌溉需水量预测　　　单位:亿立方米

流域片	2000	2010	2020	2030	2040	2050
全　　国	1 474	1 474	1 514	1 539	1 551	1 544
松辽河	77	81	120	161	195	215
海滦河	282	276	268	257	246	231
淮　河	238	237	238	241	241	240
黄　河	301	299	319	328	327	325
长　江	111	112	99	89	80	75
珠　江	34	33	23	16	15	8
东南诸河	15	10	6	4	4	3
西南诸河	14	16	14	13	13	12
内陆河	403	412	426	430	431	435

表 3—29　灌溉需水预测　　　　　单位:亿立方米

流域片	2000	2010	2020	2030	2040	2050
全　　国	3 973	3 986	3 996	3 983	3 949	3 883
松 辽 河	375	399	434	470	501	518
海 滦 河	311	305	298	286	274	259
淮　　河	543	539	528	516	503	491
黄　　河	331	328	348	357	355	352
长　　江	1 260	1 275	1 263	1 241	1 218	1 201
珠　　江	453	441	422	416	403	374
东南诸河	211	197	188	178	172	163
西南诸河	67	71	71	72	74	74
内 陆 河	420	430	444	447	448	452

3. 林牧渔菜用水量预测

本项用水包括了需要灌溉的经济林与防护林用水;畜牧业用水及灌溉草场用水;渔业用水以及商品菜田用水。据统计,除西北地区外,目前本项用水各地均在每人每年14~19立方米之间。该项用水的人均指标相对稳定,故2050年每人每年的用水量基本不变(见表3—30)。

表 3—30　林牧渔菜灌溉需水量预测　　　单位:亿立方米

流域片	2000	2010	2020	2030	2040	2050
全　　国	222	244	262	272	276	279
松 辽 河	21	22	24	25	25	25
海 滦 河	18	20	21	22	22	22
淮　　河	35	37	40	41	42	42
黄　　河	11	12	13	13	13	13
长　　江	70	77	83	86	87	88
珠　　江	23	27	29	30	31	31
东南诸河	10	11	11	12	12	12
西南诸河	6	7	7	8	8	8
内 陆 河	28	32	35	36	37	37

4. 农业需水总量预测

综合考虑灌溉用水和林牧渔菜用水的农业需水总量预测结果参见表3—31。

表3—31 农业需水预测　　　　　　　单位：亿立方米

流域片	2000	2010	2020	2030	2040	2050
全　国	4 195	4 230	4 258	4 255	4 225	4 162
松辽河	395	422	458	495	527	543
海滦河	329	325	319	308	296	281
淮　河	578	577	567	557	545	533
黄　河	342	340	361	370	368	365
长　江	1 331	1 352	1 345	1 326	1 304	1 289
珠　江	477	468	451	446	434	404
东南诸河	221	208	199	190	184	175
西南诸河	73	78	79	79	82	82
内陆河	448	461	479	484	485	489

（四）总需水量与人均需水量

将生活需水、工业需水和农业需水三项相加,得到需水总量预测结果,参见表3—32。人均需水量见表3—33。

表3—32 需水总量预测　　　　　　　单位：亿立方米

流域片	2000	2010	2020	2030	2040	2050
全　国	5 815	6 395	6 933	7 267	7 459	7 599
松辽河	537	593	670	734	792	809
海滦河	464	485	517	538	548	557
淮　河	759	836	908	962	985	1016
黄　河	441	473	515	528	541	548

续 表

流域片	2000	2010	2020	2030	2040	2050
长 江	1 919	2 144	2 321	2 433	2 502	2 561
珠 江	802	909	993	1 033	1 045	1 055
东南诸河	335	359	378	387	390	392
西南诸河	82	92	102	106	108	109
内 陆 河	476	504	529	545	548	553

表 3—33　人均需水量　　单位：立方米/年

流域片	2000	2010	2020	2030	2040	2050
全 国	456	457	462	467	473	477
松辽河	441	448	474	502	534	541
海滦河	361	344	343	344	346	348
淮 河	371	382	390	399	403	412
黄 河	409	402	410	406	410	412
长 江	438	445	449	455	461	468
珠 江	514	514	514	513	512	512
东南诸河	476	469	462	456	453	451
西南诸河	407	407	411	412	412	412
内 陆 河	1 710	1 589	1 523	1 499	1 486	1 486

三、生态环境需水

从全国情况看,生态环境用水明显不足的流域片主要是黄河流域、海河流域和内陆河流域片。黄河河道内生态需水分为两部分,一是汛期冲沙用水,二是枯季河道生态流量。根据计算,较为合理的汛期冲沙水量为 150 亿立方米,枯季生态基流为 50 亿立方米,全年为 200 亿立方米左右。海河包括入海水量、湖泊洼淀水量、城镇生态用水,全年生态需水量为 80 亿立方米左右。

此外,目前已实现的供水量中尚有 80~100 亿立方米的超标污水灌溉需要被达标回用水置换出来,河道内径流的水质等级也亟待提高,均需要通过污水处理后回用水来解决。

第四节 水资源可持续利用战略对策

中国的基本国情是,人口众多而人均资源量和环境容量严重不足,发展基础薄弱而在发展进程中所面临的现代化、工业化、城市化等结构转换任务较重。实现国家可持续发展的一个重要方面,是实现水资源可持续利用,充分发挥水资源的社会保障、经济保障和环境保障功能。

实现水资源可持续利用的基础是流域。流域是具有层次结构和整体功能的复合系统,由社会经济系统、生态环境系统、水循环系统构成。流域水循环是社会经济发展的资源基础,是生态环境的控制因素,也是发生诸多水问题的根源。协调水与社会、经济、环境的关系,必须以流域为基础对水循环进行整体调控。

对流域水循环进行整体调控,当前最为紧迫的任务是实现水资源的合理配置和科学管理。通过市场条件下的水资源合理配置,协调人地关系和人水关系,协调水资源的开发、利用、整治、节约、保护各个环节之间的关系。通过科学管理,减少和消除资源环境领域内大量存在的外部不经济性,为高效利用资源和有效保护环境,建设良好的制度环境和政策环境。

一、水资源合理配置的基本任务

在可持续发展层次上,从保持人与自然和谐关系的观念出发,协调发展进程中的人—地关系和人—水关系。兼顾除害与兴利、当前与长远、局部与全局,在社会经济发展与生态环境保护两方面进行权衡,合理分配社会经济用水与生态环境用水。根据自然规律和经济规律,在社会经济发展需求和资源环境承载能力之间寻求平衡,在水资源高效持续利用的资金需求和社会经济的承受能力之间寻求平衡。

在经济发展层次上,根据社会净福利最大的准则,对水资源的需求与供给同时进行调整,使社会经济发展模式与资源环境承载能力相互适应。依据边际成本替代准则,在需求方面采取生产力转移、产业结构调整、水价格调整、行业器具型节水等措施,抑制需求的过度增长并提高资源的利用效率;在供给方面统筹考虑降水和海水直接利用、洪水和污水资源化、地表水和地下水联合利用等措施,辅之以跨流域调水,增加水资源对区域发展的综合保障功能。

在工程与管理层次上,以系统工程和科学管理为手段,改善水资源时空分布和水环境质量,并将开发利用过程中的各种外部性内部化。保持发展进程中开发与保护、节流与开源、污染与治理、需要与可能之间的动态平衡,寻求经济合理、技术可行、环境无害的开发利用方式。

二、水资源合理配置布局

水资源配置布局分流域间和流域内两个层次：流域间配置解决水资源天然分布与历史形成的用水重点地区不相协调的问题，主要依靠跨流域调水工程进行大范围内的水量余缺调配；流域内层次的配置以流域为基础进行，通过工程和非工程措施实现。

区域间层次水资源配置的总体构想为：以松辽河片为一独立单元，内部依靠东北部河流开发并从松花江流域调水解决辽河流域的长期缺水问题。以长江片为一独立单元，统筹考虑其内部上、中、下游的开发利用策略，同时担负向外流域调水的任务。以黄河、淮河、海河三大流域为一单元，对其带有共性的问题统一提出对策；近期单元内部淮河、海河流域还将适度依靠从黄河引水缓解其用水紧张状况，中长期该单元则依靠从长江流域调水解决问题。以珠江片和东南诸河片、西南诸河片、内陆河片各为一单元，根据其各自的社会经济发展情况和水资源开发利用条件进行安排。

（一）松辽河片

根据经济发展与生产力布局的要求，水资源配置要力求改善该地区北丰南欠、东多西寡的状况。从国家整体利益出发，在进一步提高松花江及周边国际河流开发利用水平的基础上，修建跨流域调水工程，缓解辽中南地区的缺水紧张局势。

辽河流域应提高用水效率，加大污水处理率和回用率，地下水开采应控制在合理的范围内，防止出现生态环境恶化的现象。兴建辽宁观音阁水利枢纽、辽河干流石佛寺水库、大凌河白石水库及阎王鼻子水库、小凌河锦凌水库等。

松花江流域的灌溉面积应按计划有序发展,防止盲目扩大水稻种植面积。在三江平原、松嫩平原地下水开采尚有潜力,可扩大规模。兴建嫩江尼尔基水利枢纽、绰尔河文德根水库、第二松花江哈达山水库等。扩建新建长春引松(花江)入长(春)工程、大连引碧(流河)入(大)连北段工程。跨流域调水工程为辽宁东水西调工程、引松(花江)入辽(河)工程。

(二) 黄淮海流域

加强需水管理,提高水资源利用效率是当务之急。用多种手段鼓励发展低耗水产业,限制和改造高耗水部门,形成节水型产业结构。建立以水价杠杆为手段的农业灌溉节水机制。海河流域和黄河流域应力争实现灌溉用水总量零增长。

以流域为基础进行水资源统一管理,统一调配全流域水量。严格进行取用水计量,以取水许可为手段实施分区取用水的总量控制;严格限制超采地区地下水的取水许可审批;加大对污废水超标排放的管理和执法力度。

开源方面,有步骤地实施南水北调引江中线及东线工程是解决海河、淮河流域水资源短缺问题的重要战略措施,同时缓解黄河下游地区的用水紧张状况。引江工程发挥效益前,将引黄作为过渡性措施缓解淮河与海河的缺水;引江工程实现后,引黄仍是重要补充水源,尤其在特殊干旱年可发挥作用。

黄河流域以供水为中心安排综合利用,在国务院分水方案基础上进行年度分配和月调度,特殊干旱年优先保证生活及农田灌溉用水。在分水指标内增加向山西、陕西、内蒙的城市与工业基地供水,适当提高河口地区引黄用水的保障程度,逐步减少外流域引黄水量。农业在节水中求发展,并高度注意上中游地区进一步扩大灌溉面积可能导致的效益搬家。从长远看,南水北调引江西线工程是解决黄河流域生态与经济用水的重要途径,但尚需对其技术可行性及成本—效益作科学地分析和论证。

对西部贫困地区,重点进行以种草植树、兴修中小型工程、建设基本农田为主要内容的水土流失综合治理,实现保水、保土、保林良性循环。严重贫水地区可修建以水窖为主的集雨工程,改善供水条件,脱贫致富。

淮北地区、宁夏平原引黄区、黄河下游汶河及金堤河流域的地下水尚有开发潜力。沿海城市应积极开发替代水源利用技术。污废水处理回用具有环境与经济双重效益,是黄淮海流域城市密集地区的重要潜在资源,应迅速建立机制,较大幅度地提高回用量。

(三) 长江流域

流域内将建设一批高耗水企业,发电、航运和生态环境保护均需要保持较大的河道内水量,同时还负有向黄淮海流域调出部分水量的任务。因此,长江的水资源既丰富,又十分宝贵,开发利用应瞻前顾后,统筹安排。

上游地区由于工程建设滞后,供水能力不足,在干旱年份常出现缺水现象。四川嘉陵江等山丘区应加快控制性骨干工程建设,增加调蓄库容,提高抗灾能力。云贵山区则以防治水土流失为中心,修建中小型工程,建设基本农田和涵养林,促进生产发展和生态环境的良性循环。

中游地区水资源条件相对较好,工程建设已具相当规模,重点是完善配套和提高运行管理水平,充分发挥已建工程的效益,提高水资源利用效率;在缺水较严重的部分山丘区需继续兴修水利工程,解决供水不足的问题。

下游地区继续发展以提水及自备水源为主的供水工程,提高供水能力,以适应快速增长的经济发展需要。水环境恶化是随经济高速增长带来的新问题,对此应注意管理与治理并举,特别要加强对乡镇企业污水排放的管理,控制水乡地区因农药、化肥造成的面源污染,防止污染型缺水的蔓延。

(四) 珠江及东南沿海

珠江流域上下游地区存在较大差异。上游云南、贵州及广西西部地区经济发展水平相对落后,生态环境较脆弱,受地形影响水资源开发利用难度较大。今后的发展方向是发挥这些地区的水电能源优势,以资源开发带动地区经济的发展及生态环境的治理,在发展中逐步改变贫困状况。

浙东、闽南、粤东、粤西沿海,河流短小,修建控制性大型工程的条件较差,应以提高水资源利用效率为主要方向,在节水中求发展。

珠江三角洲等沿海地区,水质污染问题突出,应从减少污废水排放的角度提倡节水,同时利用其较强的经济实力,大幅度地提高污废水处理率。

珠江及东南诸河片的水资源综合利用条件较好,应协调好供水、灌溉与发电、航运、生态环境保护的关系,以取得更大的综合利用效益。

(五) 西南诸河

西南诸河片需要国家用较大投入建设水利工程基础设施,通过资源开发带动区域经济发展。利用水能及矿产资源的优势建设电力及有色金属基地,同时解决农村地区的能源以保护生态,减少水土流失。

近期水资源开发利用仍以中小型工程为主。根据当地特点,修建小型水电站并相应发展中低扬程的提水灌溉工程,具有广阔的发展前景。在条件具备时,可修建大中型蓄水工程,以使供水有较大发展并发挥综合利用优势。

(六) 内陆河

生态环境保护是内陆河地区可持续发展的前提。要为保护绿洲生态环境提供足够用水,防止因过度开发导致下游地区河湖萎缩、生态退化。

强化以流域为基础的水资源统一管理,实施以取水许可为中心的上游用水总量控制;提高现有工程的利用效率,并利用价格机制促进节水。

有条件的山区可修建控制性枢纽工程,增强对径流的调控能力,与已建引水工程和平原水库配合运用,提高灌溉保证率,解决大面积春旱问题。

为增加天山北坡经济带的供水,兴建引额济克和引额济乌工程。为充分利用光热土地资源,扩大灌溉面积,应加快伊犁河流域的水资源开发。黑河、石羊河流域的开发应以改善生态并解决下游地区的用水困难为重点。

为解决油田和工业基地的供水,解决边远地区的饮水困难,可加大地下水开采量,但要注意防止出现下游地区的生态负面影响。

三、水资源可持续利用的潜力

(一)农业节水潜力

农业是最大的用水和耗水部门,也具有最大的节水潜力。在今后两个五年计划内,按工程节水考核标准,力争实现农业灌溉节水 200 亿立方米的目标。其中水田节水占 60%,主要在南方地区,以减少面源污染为主要目的;大田节水占 40%,主要在北方,以缓解水资源短缺为主要目的。节水工程措施主要包括地表水地下水联合利用、渠道防渗、管道输水、平整土地、喷微灌技术、行走式机械灌溉技术,非工程措施主要为水田浅湿灌、水田旱作、地膜覆盖、小畦灌、膜上灌、坐水种等技术,并要为实现生物与农艺节水措施的重大突破积极创造条件。

不同地区的农业节水重点应有所不同:

松辽河片主要是大力发展渠道防渗和管道输水;城镇近郊经济作物发展喷微灌;在不盲目发展水田面积的同时,推广水稻旱育稀植技术;在春旱地区推广坐水种等旱地补水灌溉技术。

黄淮海片在井灌区发展管道输水灌溉;沿黄灌区提倡井渠结合,避免次生盐碱化;城郊下游农村发展污水再生利用;在城郊粮田与菜地以及在种植经济作物的坡地上逐步推广喷微灌技术。

内陆河片及黄河中上游地区加强渠道防渗,提高衬砌率,实现低压管道输水;推广膜上灌和行走式机械灌溉技术;调整农灌水价以抑制过高的灌溉定额。

长江片要注意提高渠道防渗率,在中下游地区采用低压管道输水并适当发展井灌面积,对经济作物实现大面积的喷、微灌;在中上游地区发展提水及扬水灌溉,大幅度提高渠系利用系数;对水田推广浅湿灌和薄露灌等节水措施。

珠江片、东南沿海和西南诸河片重点推广水田综合节水技术,对经济作物大面积推广喷微灌技术。

经上述措施,预计2010年中等干旱情况下全国水田节水量可达120亿立方米左右,大田节水量可达80亿立方米左右(参见表3—34)。

表3—34　2010年灌溉节水量　　单位:亿立方米

流域片	水田	大田	合计
全 国	121.6	83.2	204.8
松辽河	23.8	7.6	31.4
海滦河	1.6	12.8	14.4
淮 河	15.3	16.1	31.3
黄 河	3.2	10.1	13.2
长 江	34.3	7.4	41.8
珠 江	31.2	1.2	32.4
东南诸河	8.9	1.6	10.5
西南诸河	1.9	0.9	2.8
内陆河	1.5	25.6	27.0

(二) 污水处理回用潜力

在城市用水中,部分给排水设施不完善的中小城市和集镇的生活用水并不在连网给排水系统内,工业用水中,电力工业的冷却用水自成系统,部分大型厂矿企业用水也不在城市集中供水系统中。城市供水系统集中供水占城市生活与工业用水之比,用城市供水率表示。预计 2050 年这一比例在 75% 左右。

城市集中供水一部分消耗,一部分形成污水,用污水排放率表示污水排放部分与集中供水量之比。预计 2050 年这一比例在 79% 左右。

排放的污水一部分进入下水道管网,一部分直接排入外环境,用直接排放率表示下水道系统覆盖率不足或其他原因造成的直接排入外环境污水量与污水排放总量之比。预计 2050 年全国直接排放率在 25% 左右。

进入下水道系统的污水量一部分由于污水处理能力不足而不能处理,又排放到城市下游的天然水体中,用污水处理率表示处理量与进入下水道系统污水量之比。预计 2050 年污水处理率在 75% 左右。

由于各城市的集中式污水处理厂均处于城市下水道系统的下游端,因而处理后的污水多直接排入河道供下游地区农业灌溉用,若回用于上游地区,则需要动力提水。集中式污水处理厂各月处理量基本为一常数,而农田灌溉有其季节性特点,在平原地区缺乏调蓄措施的情况下,大约有 60 天的日处理量易于被灌溉回用。用回用率表示回用量与处理量之比,并用处理排放率表示处理后排放到外环境作为生态用水的比例。预计 2050 年的回用率在 25%

左右。

分流域的污水处理发展水平估计参见表 3—35。

表 3—35　2050 年污水处理发展水平估计

流域片	城供率	耗水率	排放率	直排率	处理率	回用率	处排率
全　　国	0.75	0.21	0.79	0.25	0.75	0.25	0.75
松辽河	0.85	0.21	0.79	0.25	0.75	0.18	0.82
海滦河	0.90	0.19	0.81	0.15	0.85	0.30	0.70
淮　　河	0.80	0.20	0.80	0.26	0.74	0.29	0.71
黄　　河	0.90	0.25	0.75	0.30	0.70	0.35	0.65
长　　江	0.70	0.22	0.78	0.26	0.74	0.15	0.85
珠　　江	0.70	0.20	0.80	0.24	0.76	0.15	0.85
东南诸河	0.75	0.19	0.81	0.25	0.75	0.13	0.87
西南诸河	0.45	0.26	0.74	0.45	0.55	0.05	0.95
内陆河	0.75	0.26	0.74	0.30	0.70	0.30	0.70

根据上表的发展水平估计，2050 年时城市污废水排水总量在 2 000 亿立方米左右，处理总量在 1 500 亿立方米左右，回用总量在 300 亿立方米左右。处理后排放量在 1 200 亿立方米左右，这一部分水量可作为生态环境用水。分流域情况参见表 3—36。

表 3—36　2050 年污水处理回用量预测　　　　　单位：亿立方米

流域片	城市用水	用水消耗	城市排水	直接排放	处理总量	处理回用	处理排放
全　　国	2 528	532	1 995	495	1 500	300	1 200
松辽河	216	45	171	43	128	23	105
海滦河	236	45	191	29	163	49	114
淮　　河	365	73	292	76	216	63	153
黄　　河	149	37	112	34	78	27	51
长　　江	880	194	686	178	508	76	432
珠　　江	462	92	369	89	281	42	239

续表

流域片	城市用水	用水消耗	城市排水	直接排放	处理总量	处理回用	处理排放
东南诸河	160	30	130	32	97	13	85
西南诸河	14	4	10	5	6	0	5
内陆河	46	12	34	10	24	7	17

在北方缺水地区和城市化程度较高的东部地区，污水再生利用是提高附近地区农业灌溉保证率的有效措施。上表中 300 亿立方米的回用量中有 200 亿立方米可作为新增加供水，另 100 亿立方米回用量将置换目前供水量中的超标污水。在解决污水再生利用的经济机制和回用工程后，回用水平完全可以大幅度提高。

（三）地下水开发利用潜力

中国地下水总资源量 8 288 亿立方米，其中潜在利用价值较大的平原区地下水量 1 878 亿立方米，技术经济合理与生态环境无害意义上的可持续开采量大约在 1 300 亿立方米左右。目前已开采 1 000 亿立方米，还有一定的开发潜力。采取"以水定井、节水灌溉、统一规划、严格管理"的原则，可在松辽河、新疆、淮河、黄河下游两岸等地区再开采 300 亿立方米。预测结果参见表 3—37。

表 3—37 地下水开发利用潜力

流域片	1993年供水量（亿立方米）	1997年供水量（亿立方米）	2050年供水量（亿立方米）	需增供水量（亿立方米）	地下水资源量（亿立方米）	地下水开发程度
全 国	864	1 031	1 300	269	8 288	0.16
松辽河	142	266	330	64	625	0.53

续　表

流域片	1993年供水量（亿立方米）	1997年供水量（亿立方米）	2050年供水量（亿立方米）	需增加供水量（亿立方米）	地下水资源量（亿立方米）	地下水开发程度
海滦河	244	264	210	-54	265	0.79
淮　河	168	185	260	75	393	0.66
黄　河	129	134	140	6	406	0.34
长　江	74	73	100	27	2464	0.04
珠　江	35	41	50	9	1116	0.04
东南诸河	12	7	25	18	613	0.04
西南诸河	4	2	5	3	1544	0
内陆河	58	59	180	121	862	0.21

由于海滦河流域片目前地下水严重超采，应结合取水许可制度进行总量控制，在2050年保持在210亿立方米左右的开采量较为适宜。今后地下水开采发展较快地区，一是松辽河流域片，配合现代化农业基地建设；二是内陆河干旱半干旱地区，通过地表水地下水联合利用减少无效蒸发。

从地下水开采量与资源量的比值看，海滦河、淮河与山东半岛、松辽河均超过50%，地下水利用成为补偿调节与农业节水的重要手段。黄河流域地下水利用比例偏低，是由于黄土高原特殊构造不利于形成稳定的浅层地下水，而深层地下水用于农业成本较高，在经济上又不合理。南方地区，地下水利用的边际成本高于地表水，同时丘陵山地的含水层也不利用集中开采。

（四）地表水开发利用潜力

地表水开发利用潜力分为三部分：一是现有工程系统的挖潜

改造;二是结合完善防洪系统与开发水电建设一批新的综合利用工程,相应增加供水能力;三是兴建跨流域调水工程,解决水资源天然分布与生产力布局不相适应的情况。

1997年的供水量及水源结构见表3—38。其中地表水的蓄水、引水、提水和水窖工程的合计供水能力为5 201亿立方米,实际供水量4 413亿立方米。实际供水量与工程供水能力的差别,一是工程老化失修,二是缺乏配套工程,三是效益搬家无水可供,四是泥沙淤积库容减少,五是降水较大无需灌溉。

表3—38　1997年供水总量　　　　　　单位:亿立方米

流域片	地表水	地下水	调入水	回用水	海水利用	总供水
全　　国	4 413	1 031	153	26	0	5 623
松辽河	354	266		0		620
海滦河	112	264	56	1		434
淮　　河	383	185	96	4		667
黄　　河	269	134		2		405
长　　江	1 650	73	0	15		1 739
珠　　江	792	41		2		836
东南诸河	281	7		1		288
西南诸河	85	2		1		88
内陆河	488	59				547

1. 现有工程更新配套改造

在增加地表水供水能力的各项选择中,对已建工程更新、改造、配套、挖潜,要比新建水源工程投资省而见效快,并且不淹地、不移民,应予优先考虑。通过对现有蓄、引、提等水源工程的更新配套改造挖潜,可增加200亿立方米以上的实际供水量(见表3—39)。

表 3—39 现有工程更新配套改造可新增供水量　　单位：亿立方米

流域片	蓄水工程	引水工程	提水工程	洪水利用	合计
全　　国	38	72	33	72	215
松辽河	4	4	3	5	16
海滦河	4	2	1	3	10
淮　　河	7	12	12	7	37
黄　　河	1	4	3	2	10
长　　江	14	15	12	26	67
珠　　江	6	3	2	15	26
东南诸河	0	1	1	7	8
西南诸河	0	2	0	1	3
内陆河	3	31	0	5	39

2. 兴建跨流域调水工程

主要包括南水北调引江中线和东线工程，安徽引江济淮工程。2050 年以前还将兴建南水北调西线工程。实际调水量估计在 550 亿立方米左右，调水工程能力在 600 亿立方米左右。在一级流域片内部的工程，如松辽河片的东水西调和北水南调工程在表中均未列出，而计入到当地地表水供水工程中去。有些较小的跨流域调水工程，如具有悠久历史的长江—珠江间调水的灵渠，在 1997 和 2050 年也未计入（参见表 3—40）。

表 3—40 跨流域调水潜力　　单位：亿立方米

流域片	1993 年 调入量	1993 年 调出量	1997 年 调入量	1997 年 调出量	2050 年 调入量	2050 年 调出量
全　国	107.1	107.1	152.6	152.6	550.0	550.0
海滦河	60.7		56.4		150.0	
淮　河	42.4	2.7	95.9		200.0	
黄　河		73.4		105.0	200.0	30.0
长　江	2.7	31.0	0.4	47.7		520.0
珠　江	1.3					

3. 新建当地地表水利用工程

目前在建水库兴利库容全国有 200 亿立方米以上,拟建和规划建设供水工程的供水能力为 600 亿立方米。在建和拟建一批引水和提水工程,新增年供水能力可达 300 亿立方米左右。新建水源工程合计可增加约 1 100 亿立方米的供水能力(参见表 3—41)。

表 3—41 地表水开发利用潜力　　　　单位:亿立方米

流域片	1997供水能力	2050供水能力	新增供水能力 合计	更新改造	当地新建	跨流域调水	实供水量
全　国	5 201	6 918	1 717	215	1 112	397	5 600
松辽河	429	545	116	16	101	0	470
海滦河	193	299	106	10	2	94	163
淮　河	508	643	135	37	2	104	518
黄　河	345	560	215	10	5	200	197
长　江	1 895	2 690	795	67	729	0	2 445
珠　江	763	952	189	26	163	0	981
东南诸河	305	378	73	8	65	0	354
西南诸河	83	102	19	3	16	0	104
内陆河	680	749	69	39	30	0	368

(五) 开发替代水源

海水利用:在沿海地区可以利用海水替代一部分淡水作为工业冷却用水和非饮用水,至 2050 年计划利用海水相当于 50 亿立方米淡水。

微水利用:在干旱地区及山区,广泛发动群众兴修小型、微型水利工程和雨水集流工程,可增加蓄水量 50 亿立方米。

四、水资源供需长期态势

(一) 超长期供需平衡分析

达到供需基本平衡需要采取两类措施：一是在需求方的需水管理力度要足够大，限制大耗水工业在缺水地区的进一步发展，在产业结构调整中促进节水型产业结构的形成，调整水价抑制水资源需求的过度增长，分部门采用器具型节水措施降低用水定额。二是在供给方面的开发力度还要加大，加大雨水直接利用的程度，加大污水再生利用和海水利用的比例，在限制地下水超采的同时加大尚有潜力地区的开发程度，在挖掘已建地表水供水工程潜力的基础上继续加大开发程度，以至实施跨流域调水工程。

落实水资源需求管理各项措施的前提是，实行水资源统一管理，严格执行取水许可制度和水资源数量与质量的总量控制，逐步调整水价，形成节水的经济机制和监督机制。若上述措施得到完全落实，则2050年的总需求最低可降低到7 200亿立方米；若需求管理措施落实的程度一般，则总需求将达到8 000亿立方米。本次分析按平均情况考虑，按总需求水平7 600亿立方米来进行供水安排。

在大体达到供需平衡的条件下，满足需求7 600亿立方米意味着实际供水量也将达到7 600亿立方米。由于大范围内水文现象的丰枯不同步性，在中等干旱条件下，有些地区降水过少需水旺盛但无水可供，而有些地区降水较多有水可供但作物又不需水。因此，为保障水利工程能够满足用水需求，要求工程系统的供水能力要大于实际供水量。按此要求,2050年各类供水工程的预计供水能力如表3—42所示。

表3—42 1997年与2050年工程供水能力比较　　　单位:亿立方米

指标		地表水	地下水	调入水	回用水	海水利用	总供水
1997	供水总量	4 413	1 031	153	23	3	5 623
	供水能力	5 026	1 160	175	84	3	6 448
	利用效率	0.88	0.89	0.87	0.27	1.00	0.87
2050	供水总量	5 600	1 300	550	100	50	7 600
	供水能力	6 318	1 400	600	350	50	8 718
	利用效率	0.89	0.93	0.92	0.28	1.00	0.87

从上表看出,在总的工程供水能力增加2 270亿立方米的基础上,实际供水量可望增加2 000亿立方米,其新增供水的水源分布情况见表3—43。

表3—43 2050年新增供水量构成预测　　　单位:亿立方米

	地表水	地下水	调入水	回用水	置换水	海水	总供水
全　　国	1 187	269	397	276	-176	50	2 002
松 辽 河	116	64		23	-20	5	189
海 滦 河	51	-54	94	48	-22	9	124
淮　　河	135	75	104	59	-33	12	352
黄　　河	-72	6	200	26	-17	2	145
长　　江	795	27	0	61	-53	8	837
珠　　江	189	9		40	-24	9	222
东南诸河	73	18		12	-4	5	104
西南诸河	19	3		0	0		23
内 陆 河	-120	121		7	-2		6

上表均是国民经济用水的新增供水量。从上表可以看出,新增供水的水源结构有所改变。"置换水"一栏,是用处理后达标的回用水置换目前未处理污水直接灌溉的水量,尽管不增加新的供

水量,但有效提高了供水质量。

海滦河流域片,目前地下水超采和超标污水直接灌溉并存,在替换超标水的同时,还要减少地下水开采量,以便减少地质环境问题,实现水资源的可持续利用。

黄河流域,由于目前断流严重,生态环境用水被不得已挤占,因此在未来安排中适当减少当地水资源的开发利用程度,而用外流域调水和再生性水源来替代。

内陆河流域片,水资源开发利用总量增加很少,这是在内涵发展、控制灌溉面积、强化节水、调整水价等一系列条件下的结果。上述条件变化,将使需水总量有所增长。在2050年前大西线尚未通水到内陆河流域片腹地的假定下,西北地区水资源开发利用的基本模式是地表水、地下水联合利用。今后要适当增加地下水开发利用程度,减少地表水引水量,利用地下水作为调节水库,减少无效蒸发,提高灌溉供水保证率。要实现这一策略,水价改革和水资源统一管理的任务很重。

在上述供水设想下,各流域的水资源开发利用程度见表3—44。计算的方法是,统计每一流域的当地地表水和地下水供水,再加上从本流域调出的供水量作为分子,以本流域的水资源量作为分母。从全国平均看,水资源开发利用程度将从目前的20%增加到2050年的27%。其中海滦河片、淮河及山东半岛片均超过了80%,说明了实施跨流域调水的必要性。黄河超过了50%,但考虑到黄河高泥沙含量和地上行洪的特点,其生态环境用水应予以高度重视,结合南水北调工程为黄河补水应予专门研究。内陆河片与松辽河片均超过40%,说明整体上也已经开始出现生态环境问题,节约用水和提高水资源合理配置程度已成为当务之急。长江流域既是北方地区实现水资源合理配置的水源基地,又是今后大耗水工业的集中布局地区,本身的基础设施建设还有待加强,提前着手进行水资源使用权分配和颁布实行指导性节水定额很有必要。其他地区从节水、减少污水排放量的角度,也有大力实行节水的必要。

表 3—44　水资源开发利用程度

流域片	多年平均水资源量(亿立方米)	1997 年开发量 当地利用(亿立方米)	1997 年开发量 调出利用(亿立方米)	1997 年开发量 开发程度	2050 年开发量 当地利用(亿立方米)	2050 年开发量 调出利用(亿立方米)	2050 年开发量 开发程度
全　国	28 099	5 445	153	0.20	6 900	550	0.27
松辽河	1 929	620		0.32	800		0.41
海滦河	421	377		0.89	373		0.89
淮　河	961	568		0.59	778		0.81
黄　河	719	403	105	0.71	337	30	0.51
长　江	9 613	1 723	48	0.18	2 545	520	0.32
珠　江	4 708	834		0.18	1 031		0.22
东南诸河	2 592	288		0.11	379		0.15
西南诸河	5 853	86		0.01	109		0.02
内陆河	1 304	547		0.42	548		0.42

(二) 缺水地区分布

大范围实现供需基本平衡,局部地区缺水仍较严重。海滦流域片的海河南系为目前最为严重的缺水地区。2020 年以前,通过南水北调引江中线和东线工程相继实施,缺水局面将基本得到缓解。海滦河流域片水资源量 421 亿立方米,2050 年需水量在 550 亿立方米左右,说明节水是本地区应当长期坚持的首选措施。本区的农业用水增加量,主要通过污水处理回用和地表水地下水联合利用来解决。

黄河流域由于人均、单位面积农用地水资源量偏低,径流开发利用程度过高,今后一定时期内其断流现象还将继续加重,直至南水北调引江中线和东线通水后才能得到较大缓解。流域内关中平原、太原盆地及下游沿岸地区的缺水问题,要在黄河得到新水源补给后才能有效缓解。

长江流域的四川盆地、南阳盆地、衡邵丘陵区、吉太盆地、鄂北山区受地形条件限制,主要为工程型缺水,今后随资金条件的改善,其缺水状况将得到逐步缓解。

太湖流域是典型的东部沿海城市密集地区,缺水主要原因之一是污染型缺水。随着中国水环境保护治理的加强,东部地区污染型缺水可得到逐步缓解。

珠江流域红水河、北盘江、南盘江地区,西南诸河片的红河地区,由于田高水低,基本为工程型缺水,解决的难度较大。

内陆河片的塔里木盆地、准噶尔盆地、河西走廊、吐鲁番—哈密盆地、柴达木盆地等干旱地区缺水情况严重,其根本缓解有赖于远期大西线引水至内陆地区。

(三)供水工程投资估计

供水投资包括新建供水工程、更新改造工程和农业节水工程投资三类。各流域各类工程的单方水投资指标来源于统计资料,并结合最新情况进行了适当调整。投资分析中的价格一律采用1995年价格水平。

1. 新增供水工程

1993~2000年期间新增单方供水能力的水源工程投资为2.8

元/立方米；2001～2010年期间为3.8元/立方米；城镇供水设施投资为3.5元/立方米。在各类供水工程中新增单方供水能力投资最高的工程类型为外流域调水，为6.5元/立方米。以下依次为污水再生利用、当地地表水、地下水相应的单方投资，分别为4.0元/立方米、3.0元/立方米和1.1元/立方米。2000～2010年新增单方供水能力的投资依旧保持这一趋势，但污水再生利用单方投资增幅较缓，相对效益增加。

按上述单方新增供水投资指标计算，2000～2010年期间共需新建供水工程投资3 260亿元，年均投资326亿元。2001～2010年水工业投资共需要2 000亿元。

2. 已建工程配套挖潜改造

由于水利行业固定资产总额已达3 000亿元左右，而部分工程建设年代较早且老化失修严重。加大更新改造投资不仅必要，在经济上也更为合理。今后10年共需要投资500亿元，基本占水利固定资产投资总额的10%左右。

3. 农业灌溉节水

2001～2010年共需农业节水投资450亿元，平均单方节水投资为2.50元/立方米左右。单方节水投资最贵者为包括土地平整在内的综合田间节水，达3.72元/立方米，以下依次为喷微灌、渠道防渗、管道输水、地表地下水联合利用和水田综合节水措施。

4. 投资总需求

综合上述新建、更新改造和节水三类工程，2001～2010年共需4 200亿元，年均投资420亿元。从投资来源上看，10年时段的累积GDP将达到110万亿元，累积全社会固定资产投资为39万亿元。水利基本建设总投资预计达4 800亿元，其中供水投资累积达3 100亿元。综合投资的来源与供给，每年尚存一定缺口。

五、水资源可持续利用的政策环境建设

（一）以流域为基础的水资源统一管理

在中国政府的高度重视下，水资源管理体制改革已列入国家重要议事日程。全国人大常委会已将对现有《水法》的修改列入立法计划。1997年国务院颁布了《水利产业政策》，对水利投入和价格机制改革以及水利产业化作出了全面系统的规划。1998年政府机构改革，进一步明确水利部是主管水行政的国务院组成部门，并规定将过去由其他政府部门分别承担的地下水管理职能划归水利部，由水利部统一管理水资源(含空中水、地表水、地下水)，并同时加强了其对江河湖库水质和排污总量的监督性保护职责。

中国水行政管理体制向"一龙治水"方向的不断改革，使得政府对农村与城市、地表与地下、水量与水质、流域与区域的水资源宏观调控能力加强。宏观调控与市场经济相结合的水管理运行机制，是今后改革的主要方向。市场的资源配置作用是水资源可持续利用的基础，政府宏观调控作用是市场失效的重要补充，全社会广泛参与是保持水资源开发利用良性运行机制的关键。通过行政法规和地方性立法，将水资源管理的经济机制和运行机制纳入法制化轨道，是水资源统一管理成败的关键。

目前中国正处于推进水资源统一管理的起步阶段，政府的宏观调控作用亟待加强。重点是要进一步理顺流域水资源管理与行

政区水资源管理的关系,协调好水行政主管部门与相关部门的关系。在推进水管理的有关立法中,要进一步理顺水资源权属统一管理与开发利用产业管理的关系以及流域管理与行政区管理的关系。要建立以水资源所有权管理为中心的分级管理、监督到位、关系协调、运行有效的管理体制,对水资源的开发、利用、保护全过程进行动态调控和统一管理。

（二）水资源需求管理

在未来 50 年中,一方面要缓解水资源短缺和水环境污染压力,一方面要面对后备水资源不足、开发利用边际成本急剧上升和用水竞争导致的范围广泛的经济外部性等挑战,同时还要对发展进程中的新增资源环境需求提供保障。这一事实说明,在用工程手段继续扩大水资源供给的同时,必须要从需求方入手,合理调整产业结构,全面提高用水效率,用多种手段抑制水资源需求的过度增长。水资源需求管理是 21 世纪中国实现水资源可持续利用的必然选择,将逐步成为缓解中国水资源供需矛盾的主要手段。

加强水资源需求管理,要从工程主导型水利向资源管理主导型水利逐步转移。实施以控制水需求过度增长为主导的水资源管理战略,改革传统的以单纯依赖扩大供给为主的水资源管理战略;由单纯依靠工程措施满足需水要求,逐步转变为采取经济、法律、行政、技术等措施对水资源需求进行综合管理;处理好区域社会经济发展、水资源开发利用和生态环境保护三者之间的关系,处理好开源和节流的关系,在竞争性用水的基础上进行水资源的优化配置;积极开创全面实施需水管理的宏观与微观环境,在"一龙管水,多龙治水"的模式下积极实践,发挥政府、企业和公众三方面的积极性,努力探索一条符合中国特点的水资源可持续利用之路。

(三) 建立取水许可总量控制体系

有效的取水许可总量控制体系,是政府进行水资源需求管理的基本手段和科学基础。这一体系的技术支持包括:

规划环节。《水法》及国务院《水利产业政策》已经明确国民经济总体规划、城市规划及重大建设项目的布局必须要有防洪、供水和水资源保护的专项规划和论证。试点省(区、市)要提出本省(区、市)不同发展阶段的水资源综合承载能力,建立规划执行部门之间和地区之间的协调制度,制定相应技术规程。在这一有约束力的可操作制度下,进行生产力布局调整和限制高耗水产业过度发展。

评价制度。通过水资源公报、水资源管理年报、水环境公报、取水许可年审等手段,对管理分区进行水资源—开发利用—生态环境三位一体的综合动态评价。评价的重点是区域水资源—水环境承载能力和分行业用水—排污状况。以评价结果作为总量控制方案的滚动编制基础。

水资源使用权区域分配方法与制度。水资源使用权包括地表水、地下水、客水、外调水的一次资源量,以及与取用水相联系的水资源容量。需要研究水资源使用权分配和水环境容量分配的原则与方法,并建立以水资源使用权和生态环境容量为基础的径流调蓄和水量分配制度。

建立地下水可开采总量控制制度。确定采大于补的地区,提出压缩开采总量的有效监测方式,落实以地表水补源回灌的地点与监测手段。对城市自备井总结以往管理中的薄弱环节,加强监控和惩罚手段,同时建立地下水与地表水、农村与城市的联合调度机制。

主要控制性河段的污染物排放总量控制监督制度。通过功能区划分确定有关河段的安全纳污总量,并据此对有关区域的治污或排污情况进行监督。根据总量控制指标,确定每一排污口的排污定额,对排污进行定额管理。加强对城市和企业污水处理设施的运行的监督。

干旱期动态配水管理(即危机管理)制度,包括紧急状态的预警,紧急状态下的用水优先次序和调度方案。

信息系统。水资源需求管理涉及社会、经济、环境、水量、水质、效率、水价等方面的大量信息。利用信息系统对信息进行采集、汇总、分析、评价,并作为水资源使用权分配、水价制定和取水许可实施的基础工具。

(四) 建立水资源核算体系

水资源核算体系是可持续发展战略在资源领域的定量化手段,也是进行水价体系和水投资体系改革的基础,同时又是21世纪水资源管理的基本内容。随着近年来发展经济学、资源经济学和环境经济学的发展,以及计算机手段的普及,开展水资源核算体系的时机已渐成熟。

研究统计口径、指标体系和统计报表的设计;水资源核算卫星帐户与国民经济体系的接口;水利产业分类投入产出分析;单位需水量参数的分类分地区标准制定;一体化的水资源统计体系逐步纳入国民经济统计体系的实施办法等,为建立核算体系奠定基础。

取用水及耗排水定额标准化。以各类具体用水单位统计为基础,综合汇总成以行政区和流域分区为基础的各类取用水、耗水、排水现行定额,并根据其节水潜力和水供需平衡状况对未来各水平制定参照使用标准,并形成行业规范,每两年公布一次,并在规划与管理工作中执行。

通过各有关部门通力协作,进一步补充城市供水、城市节水、污水处理、生态环境用水和投资与效益方面的资料,可望于"十五"完成试点工作并制定出相应的技术规范。同时,对水资源与水环境会计工作可进行部门内试点。

(五) 加大水资源开发投资力度

建立多元化、多渠道、多层次水利投资体系,增加国家和各级政府的水利投入。供水工程建设思路为:立足当地水资源,实施地表水和地下水的统一开发和联合调度运用;对水资源贫乏地区应加强跨区域调水的研究和工程建设步伐,对已具备条件的项目尽快上马;对地下水资源比较丰富的地区,适当加大地下水开采力度,但应严格控制地下水的超采。重视现有水利工程的改造配套,挖掘供水潜力;沿海地区在淡水利用不能满足需水要求的情况下可增大海水利用量;干旱水源工程建设难度大或缺乏建设大中型水源工程条件的地区,应广泛发动当地群众兴修小型、微型水利工程;积极开展国际河流开发利用研究,实施国际河流的综合开发利用。

(六）加大污废水的资源化力度

目前中国实现达标排放的污废水量只占总量的23%,处理回用水量更为有限。现在社会各界对中国东部发达地区水污染制约作用的认识远为不足,治理力度和公众参与程度也很不够。照此发展,水污染有可能成为对国民经济制约最大的水问题。从可持续发展的角度看,今后将全面加强水资源保护,加大污废水的综合治理程度,一方面回用于国民经济,一方面处理后排放到天然水体中作为环境用水。重点是要解决回用的经济机制与管理制度问题。

* * *

水是社会经济发展和维护生态环境质量的不可替代的战略性基础资源,而中国属于世界上为数不多的贫水国家之一。在今后半个世纪的发展进程中,水资源问题将直接关系到中国的城市化进程、粮食安全、经济安全和生态环境质量,从而深刻影响到国家第三步战略目标的实现。

水资源对中国可持续发展的战略重要性体现在三个方面:以提高对旱涝灾害的抗御能力为中心的社会保障作用、以增加有效供水为中心的资源保障作用和以维护生态质量为中心的环境保障作用。国家发展模式的转变必然要求水利工作重心的逐步转移,转向以提高用水效率和减少水污染等为主内涵式发展,更加重视生态环境用水,更多依靠管理和经济手段达到资源合理配置和高效利用的目的。

中国水资源短缺表现在人均短缺、时空短缺和质量短缺三个方面;水资源供需矛盾表现在国民经济发展用水与生态环境保护用水的矛盾、城乡用水矛盾和地区与部门用水矛盾这三个层次上；短缺将长期存在，在 2020 年前后达到高峰，且在短时期内将难以扭转。

由于中国整体发展水平尚不高，基础设施条件尚不能满足发展需求，人口还要大量增加，城市化和工业化的任务还很重，因此加大供水能力建设和水环境防治设施建设的任务还很重，较长时期内中国水问题的根本解决还是要依靠工程建设。目前的首要任务是，在加强水利工程建设的同时，应努力改善管理体制与经济机制方面的薄弱环节，完善制度环境和政策环境，提高资源利用效率。

第四章

中国能源问题与可持续发展

第一节 中国能源发展的成绩与面临的问题

中国能源工业发展迅速,保障了世界上近20年来罕见的经济快速发展,并已取得举世瞩目的成绩。近年来,能源对中国国民经济发展的"瓶颈"制约虽然有了明显缓解,但是按照可持续发展对能源的要求,还面临不少问题和挑战。

一、巨大的成绩

1996年中国一次能源总产量为13.26亿吨标准煤,是世界第二大能源生产大国。其中,煤炭产量高达13.97亿吨,居世界第一位;原油产量达到1.57亿吨,为世界第五位;天然气产量为201亿立方米,居世界第二十位;水力发电量1 880亿千瓦时,居世界第四位;核电产量143亿千瓦时,居世界第十八位。

1996年中国发电总量达到10 800亿千瓦时,已超过日本,是世界上仅次于美国的第二电力生产大国。

在经济发展中,中国的广义节能工作已取得其他发展中国家少见的成就。1981~1996年,平均年能源消费弹性系数为0.5左右,基本实现了国民经济增长所需能源一半靠开发,一半靠节约的目标。1996年与1981年相比,单位国内生产总值(GDP)能耗下降了50%,年均GDP能耗节能率达到5.35%。

二、面临的问题

1. 人均能源资源相对不足

从能源资源储量上看,中国拥有比较丰富而多样的能源资源,但目前人均能源资源相对不足。中国人均煤炭探明储量仅为世界平均值的50%,人均石油可采储量仅为世界平均值的10%。

2. 能源资源勘探程度低,储采比偏小

至今,中国天然气资源探明程度不到10%,石油不到30%,水电发电量也仅占经济可开发电量的14.9%,煤炭资源探明程度也偏低。

截止1996年底,中国煤炭可采储量约为1 145亿吨,按1996年煤炭产量14亿吨计,储采比为82,即煤炭还可开采82年;石油剩余可采储量大约为22亿吨,储采比为14,即还可开采14年;天然气剩余可采资源量约7 000亿立方米,储采比为35,即还可开采35年(见图4—1)。根据国内外权威专家初步分析,中国待探明的天然气、石油、煤层气、煤炭等可采资源也较丰富。

据国外权威文献报道,全世界目前现已探明的油、气剩余可采储量为:石油尚可开采40年,天然气可开采70年,煤炭可采200多年。

据英国石油公司编制的《世界能源统计评论》(1998年6月)

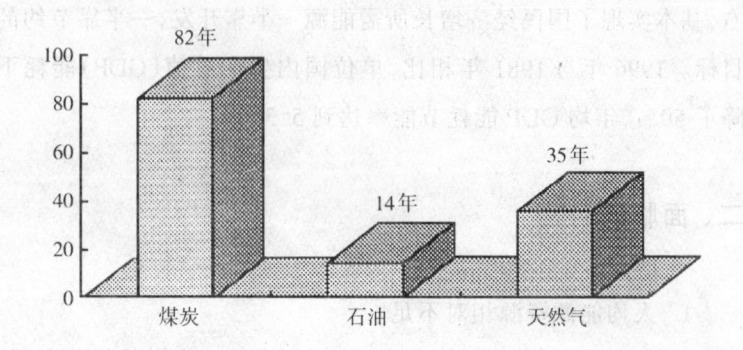

图 4—1　中国 1996 年煤炭、石油、天然气
已探明剩余储量的开采年限
（按 1996 年生产水平计算）

报道认为：以煤炭为主的少数国家，其煤炭储采比很高。波兰储采比为 209，南非为 255，印度为 212。年煤炭产量比较大的国家，其煤炭储采比也很高：美国储采比 244，澳大利亚为 327，加拿大为 110，前苏联与巴西均为 500 以上。

从上述数据对比来看，中国的能源资源储量是有限的。特别是优质的石油能源资源短缺，将成为中国未来能源供应的最突出问题。

3. 能源资源分布不均

中国煤炭资源的 64% 集中在华北地区，水电资源约 70% 集中在西南地区，而能源消费地主要分布在东部经济较发达地区，因而，"北煤南运"、"西煤东运"、"西电东送"的不合理格局尚要长期存在，并使能源输送环节中的建设投资增大，能源输送损失增多。

4. 以煤为主的能源结构面临日趋严峻的挑战

根据国内有关专家估算，中国煤炭、石油、天然气、水能的能源资源总量中,煤炭约占 90%。

煤炭一直是中国经济发展的重要物质基础,如果没有煤炭工业的大发展,中国近 50 年经济的发展和人民生活水平提高是很难想象的。70 年代以来,中国煤炭一直占一次能源消费的 75% 左右(见图 4—2)。这种能源结构特点,在全世界是很少见的。以燃煤为主的能源结构导致能源利用效率低、经济效益低下,并造成日趋严重的大气污染和生态破坏。

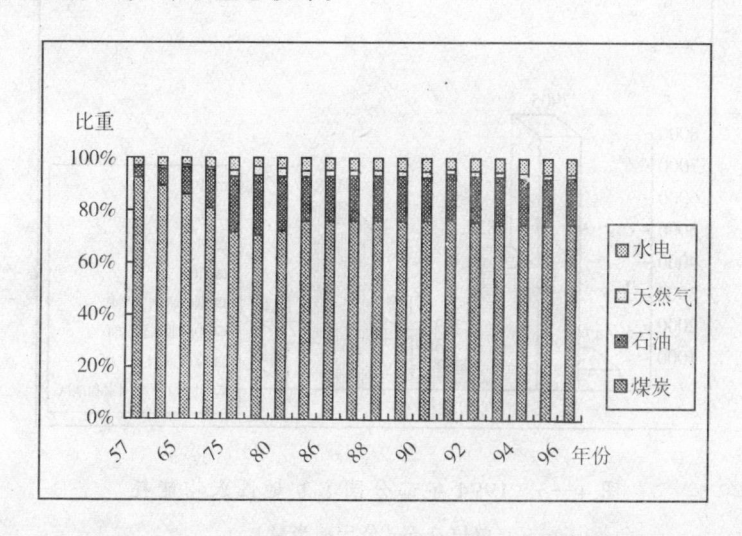

图 4—2 中国一次能源消费结构变化趋势

就产生单位热量的排放而言,燃煤排放的 SO_2、TSP、CO_2 等比燃油、燃天然气要高很多。并且,至今控制燃煤污染的许多技术尚不太成熟和适用,所需投资又十分庞大。

5. 人均能耗水平很低

虽然中国能源消费总量仅低于美国,居世界第二位,但人均耗能水平很低。1996年人均一次商品能源消耗只有1 135kgce(kgce表示千克标准煤,下同),仅为世界平均值的一半,是工业发达国家人均耗能水平的1/5左右。

6. 节能潜力巨大,节能难度加大

中国主要工农业产品的单位产品能耗比工业发达国家高30~80%,单位产值能耗是工业发达国家的4至6倍。

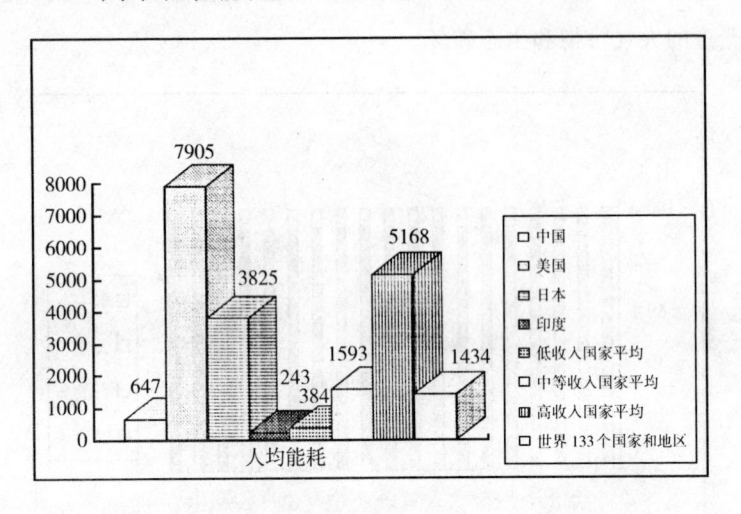

图中数据:
- 中国:647
- 美国:7905
- 日本:3825
- 印度:243
- 低收入国家平均:384
- 中等收入国家平均:1593
- 高收入国家平均:5168
- 世界133个国家和地区:1434

图4—3 1994年部分国家和地区人均能耗
单位:kgoe(公斤油当量)

产生如此大的差距,其重要原因之一是,许多发达国家是在近百年掠夺、占有和利用低廉的优质石油、天然气等资源的基础上,推进了工业化及其新技术发展,从而较早地实现了单位能耗低的目标。

发展中国家,由于经济发展时间短,设备及技术落后,能源浪费大,能源利用效率低,生产产品附加值小,致使单位产品与单位产值能耗高。

近20年来,中国广义节能工作取得巨大成效,单位产品能耗与单位产值能耗已有较大幅度下降。但种种分析表明,中国节能潜力巨大,但节能难度也在不断加大。

7. 广大农村生活用能主要依靠生物质能源

据农业部统计,中国农村生活用能的2/3依靠薪柴和秸杆,煤炭供应不足,优质油、气能源的供应严重短缺,1996年全国8亿多农村人口生活上用煤炭仅1亿吨,至今还有近7 000万人用不上电。

第二节　中国能源供需态势分析

改革开放以来,中国政府坚持"开发与节约并举,把节约放在首位"的能源发展方针,缓解了能源的"瓶颈"制约,促进和保障了国民经济持续、稳定和快速发展。

"八五"期间,中国能源工业发展较快,产量不断上升,能源消费速度快于能源生产增长。根据对能源生产与消费状况以及各项措施的分析,中国"九五"期间能源供求总量矛盾将继续趋缓。至2000、2010、2020年,由于石油需求增长较快,石油缺口会越来越大。能源部分品种结构矛盾也将日趋突出。今后确保石油供应将成为中国实施可持续发展战略所面临的重大而紧迫问题之一。

一、一次能源生产与消费水平

"八五"期间(1991～1995年),中国国内生产总值年均增长率为12%,一次能源生产总量年均增长率4.42%,能源生产弹性系数为0.368;同期,一次能源消费总量年均增长率5.85%,能源消费弹性系数为0.488。以上数据表明,中国能源消费增长速度比能源产量增长要高1.43个百分点,其能源消费弹性系数比能源生产弹性系数要大0.12。其主要原因是90年代以来,进口油不断增加,同时又消费大量库存煤炭。

1996年同1995年相比,中国国内生产总值增长了9.6%,而一次能源生产仅增长2.78%,能源生产弹性系数为0.29;一次能源消费增长5.92%,能源消费弹性系数为0.617。可见中国1996年能源生产增长率仍继续低于能源消费增长率。

1996年中国一次能源消费结构是:煤炭占74.8%,石油占17.99%,天然气占1.77%,水电与核电占5.44%。此消费结构同1990年相比,煤炭比重下降1.39个百分点,石油比重上升了1.36个百分点,天然气比重下降了0.28个百分点,水电(含核电)比重上升了0.31个百分点。这说明6年中能源消费结构的小幅度总体变化是朝着一次能源结构优质化方向发展的,有利于实施可持续发展战略。

1997年中国国内生产总值比1996年增长8.8%,一次能源生产总量比上年下降0.42%,能源生产弹性系数约为负的0.48。1997年能源消费比上年增长大约3.0%,能源消费弹性系数为0.34,比1996年小0.28。总之,1995年以来中国能源生产、能源消费呈低速增长态势,这是一种好的现象。当然,这期间,石油净进口增加、产品结构调整、国内部分工业生产企业停产或限产而使其能源需求总量减少是其重要原因。

在中国经济向工业化发展的初级阶段里,能源消费是以工业部门消费为主(见图4—4),其次是人民生活消费部门所占比重较大。从图中还可计算出,1985至1995年期间,中国工业部门能源消费年均增长率为6.73%,生活消费部门主要由于优质能源比重迅速上升,使本部门耗能总量年均增长率仅为1.69%。

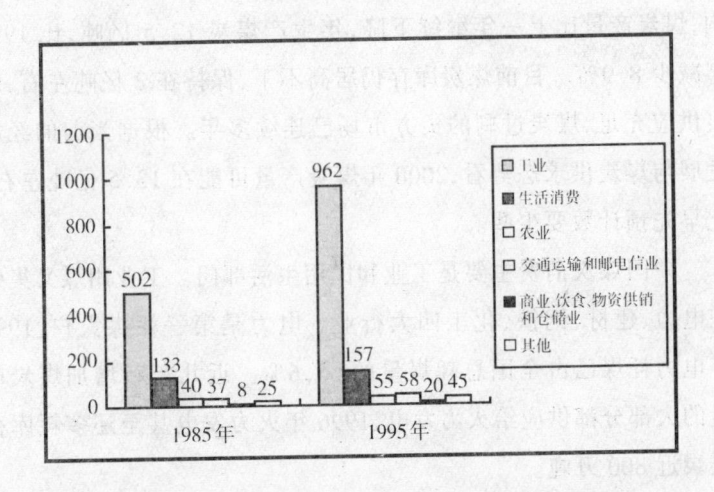

图4—4 中国1985~1995年分部门能源消费量
单位:百万吨标准煤

(一)煤炭生产与消费

近十多年来,由于实行中央、地方一起上、大中小煤矿并举的方针,煤炭工业发展很快,已形成国有重点煤矿、地方国营煤矿和乡镇煤矿共同发展的格局,煤炭供应能力大为提高。"八五"期间,中国煤炭年均增产5 617万吨,年均增长速度4.73%。1996年全国煤炭产量为13.967亿吨,比1995年增加了3 597万吨。在1996

年煤炭产量构成中,乡镇煤矿产约占 40%,已成为中国煤炭和一次能源供应的重要来源,也就是说,中国经济发展所需一次能源总量的 40% 是依靠乡镇煤矿。

1997 年,中国煤炭产量近 13.61 亿吨,比上一年减少 2.5%。1998 年由于受需求减少和亚洲金融危机等原因的直接和间接影响,煤炭产量比上一年继续下降,年生产煤炭 12.5 亿吨,比 1997 年减少 8.9%。目前煤炭库存仍居高不下,保持在 2 亿吨左右,煤炭供应充足,煤炭过剩的买方市场已连续多年。根据当前的经济发展与煤炭供求态势看,2000 年煤炭产量可能在 13.5 亿吨左右,比早先预计数要少些。

中国煤炭消费主要是工业和民用生活部门。工业用煤又集中在电力、建材、钢铁、化工四大行业。电力是第一耗煤大户,1996 年电力耗煤已占全国总耗煤量的 35.6%。近几年新增加煤炭产量的大部分都供应给火力发电,1996 年火力发电甚至还多耗库存煤炭近 800 万吨。

民用生活用煤包括城镇、农村居民两块。中国从 1986 年开始,城镇民用生活用煤总量停止增长。这主要是由于城市煤气、液化石油气的使用普及率提高,民用天然气的增加,居民生活用电大幅度增加,加之第三产业快速发展以及节煤与污染控制工作的加强。1996 年同 1987 年相比,中国民用生活用煤总量减少了近 0.64 亿吨,平均每年约减少 700 多万吨煤炭。

1996 年中国出口煤炭约 3 648 万吨,占煤炭产量的 2.61%。进口煤炭 321 万吨。1997、1998 年中国煤炭出口量仍在 3 000 万吨以上。

(二)石油、天然气生产与消费

80年代以前,中国一直限制石油消费,并实行以煤代油、多出口原油换汇的政策,国内石油消费增长低于原油产量增长(见图4—5)。改革开放以来,国内石油消费量不断增长,到1993年中国开始正式成为石油净进口国,引起了国内外的关注。

"八五"期间石油工业贯彻执行"稳定东部,发展西部"的总体战略方针和"油气并举、扩大开放"的方针,在继续加强大庆、胜利等主力油田稳产的同时,加强以塔里木为重点的西部地区的勘探开发,实现了东部老油田稳产,海上及西部油田增产的目标。

近10年来,中国油气产量稳定并有小幅度增长。"八五"期间年均增长1.6%(即年均增加产量235万吨)。1995年全国原油产量1.5亿吨,1996年原油产量达到1.573亿吨,增幅为4.67%。其中海上石油产量大幅度增长,由1990年127万吨,增加到1996年的1500万吨,年均增长50%;陆上石油产量1995年为1.4亿吨,1996年达到1.42亿吨。东部老油田产量基本稳定在1.22亿吨水平;新疆三大盆地石油产量有较大增长,1995年原油产量1340万吨,1996年达到1600万吨,这在相当程度上弥补了东部老油田产量的递减。1997年中国原油产量达到1.6亿吨,1998年产量为1.61亿吨。1996年至1998年的2年间,原油产量年均增加135万吨。

中国的天然气产量增长幅度较小,1990年为152亿立方米,1995年达到179亿立方米,年均增长2.3%。1996年天然气产量上升到201亿立方米,比1995年增长12.3%,其中陆上生产176亿立方米,海上生产25亿立方米。1997、1998年天然气产量分别

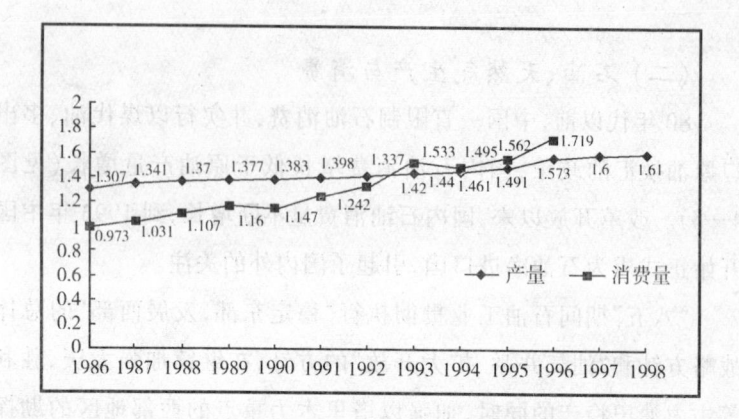

图 4—5　中国原油产量与石油消费量增长趋势
单位:亿吨

为 223.1 亿立方米、223.2 亿立方米。

以上情况表明,1996 年是中国 90 年代中油、气产量增加最多的一年。石油、天然气是其它能源难以替代的优质能源,在能源消费中占有重要地位。随着中国经济的快速发展,人民生活用能优质化的要求不断提高,汽车工业飞速发展以及环境污染达标措施的实施,都无不依赖于油、气消费的增加。而国内油气产量受到已探明剩余储量的限制,增幅较小。

国内石油消费量已由 1990 年的 1.149 亿吨,上升到 1996 年的 1.7 亿吨,年均消费增长率为 7%。中国已成为除美国、日本之后的第三耗油大国。国内石油市场供应一直比较紧张,缺口越来越大,进口石油数量增加迅速。中国从 1993 年开始,已成为石油净进口国,1996 年已成为原油净进口国。1996 年石油净进口多达 1 393.4 万多吨,1997 年石油净进口量比 1996 年增加近 1.5 倍,达到 2 900 万吨(见图 4—6)。

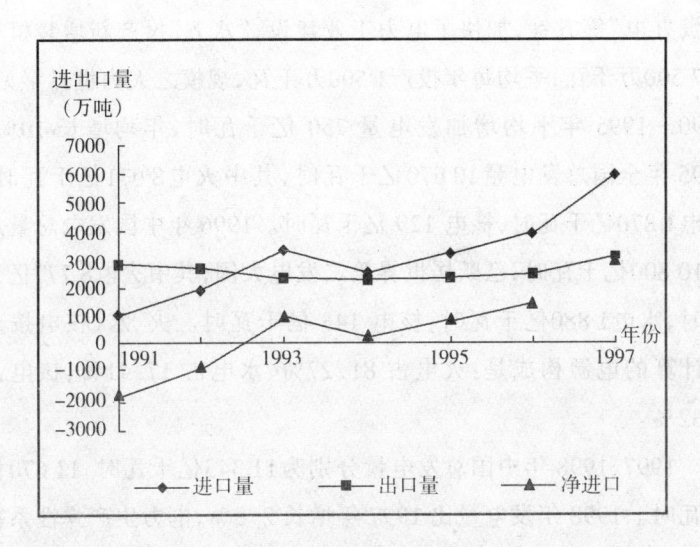

图 4—6　中国 1991~1997 年石油（包括原油、油品）
进出口量变化趋势

石油消费的主要用户是工业和交通运输业，其耗油量占总消费量的 80% 左右。由于汽车工业的快速发展，使交通运输用油年均增长率在 9% 以上。生活用油年均增长率达到 17% 以上，商业和服务业耗油年均增长率在 30% 以上。

国内天然气消耗受其产量和运输的严重制约。天然气消费主要集中在四川、黑龙江、辽宁、山东等天然气生产地。1996 年化肥化工生产用天然气占 45%，工业燃料用气占 39%，民用消耗占 16%。1996 年全国天然气产量首次突破 200 亿立方米，主要用户仍是上述三大部门。

（三）电力生产与消费

由于实行"因地制宜，水火并举，适当发展核电"和"多家办电、集资办电"等方针,加快了电力工业建设,"八五"投产新增装机容量7 500万千瓦,平均每年投产1 500万千瓦,规模之大为世界罕见。1990~1995 年平均增加发电量 750 亿千瓦时,年均增长 10%。1995 年全国总发电量10 070亿千瓦时,其中火电8 071亿千瓦时,水电1 870亿千瓦时,核电 129 亿千瓦时。1996 年中国发电总量达到10 800亿千瓦时,已跃居世界第二发电大国,其中火电8 777亿千瓦时,水电1 880亿千瓦时,核电 143 亿千瓦时。火、水、核电按产量计算的电源构成是:火电占 81.27%、水电占 17.41%、核电占 1.32%。

1997、1998 年中国总发电量分别为11 343亿千瓦时、11 670亿千瓦时。1998 年发电量比 1997 年增长 2.8%,电力生产弹性系数仅为 0.359,是近几年来最小的一年。

1991~1996 年,电力消费一直呈快速增长,年均增长 9.8%,两大主要耗电部门包括:一是工业耗电占总电量的 75%,第二为居民生活用电,用电比重达 11%,而且生活用电年均增长在 16%以上。

1991~1997 年,随着国民经济结构的调整和电力工业的快速发展,电力供需矛盾明显趋于缓和,严重缺电局面得到缓解,少数地方出现了电力供大于求的情况,1998 年"电力相对过剩"现象比较普遍。对此现象,多数专家认为:目前电力供求缓和是一种低用电水平下的缓和,而并不是源于电力工业已超前发展。1997 年全国人均装机容量才 0.21 千瓦,居世界各国中的第 85 位。中国城镇人均生活用电水平低,广大农村用电水平更低。全国人均生活用电才 80 千瓦时,美国为3 800多千瓦时。中国人均总用电水平才 900 千瓦时,仅相当于世界各国平均水平的 1/3。大部分电网出现的电力供需平衡,是一种暂时的平衡,一种发电设备利用小时很高的未达到高水平供电质量和供电可靠性的平衡。有的专家认为:首先应承认目前"电相对过剩"现象是事实。主要原因是由于国内工业结构调整,国内一些工业企业限产,不少污染重、能耗高的五小企业被关闭。据工业耗电统计,1995年工业耗电8 499亿千瓦时(占全国总耗电量的84.4%),下降到1996年7 275亿千瓦时(占当年全国总耗电量的67.36%),工业耗电总量减少1 223亿千瓦时,其中采掘业、制造业等耗电比1995年下降了14%。当然,开展节电、提高能源利用效率工作,也是电耗量增长幅度减少的一个原因。今后随着经济的快速发展和人均生活用电水平的提高,将会出现电力供求的新的不平衡。

二、中国的能源需求

历史上,不少国家的经济发展与能源消费的关系是遵循一定的规律的。发达国家在工业化初期的能源消费弹性系数一般均大于1,在工业化逐渐形成后出现了能源消费弹性系数小于1的时期,也有少数工业发达国家能源消费弹性系数小于0.5,如美国1980年至1996年期间能源消费弹性系数为0.43。在中国则有所不同,80年代以来处于工业化初级阶段的能源消费弹性都小于1,甚至17年平均为0.5。当然如果计入生物质燃料消耗,则能源消费弹性系数约为0.62,也小于1。如果再计入年净进口高耗能产品的载能量,能源消费弹性系数还要增大,但仍小于1。

对中国未来能源需求,尽管有许多重要的不确定因素,但是国内外有关组织及专家都在不断进行此项研究工作。研究结果都表明,随着经济的继续发展,中国能源需求将不断增加,能源供应总量不足将长期存在,其中优质能源短缺尤为突出。

(一) 能源需求预测结果

前几年国内有三个单位对中国 2000 年、2010 年能源需求进行预测。1994 年国家计委能源研究所研究组采用 MEDEE-S 模型和部门分析法对一次能源品种进行了预测(见表 4—1)。1995 年中国能源战略研究小组采用部门分析法也进行了预测。上述两单位预测 2000 年一次能源需求总量很相近(14.8 亿多吨),但预测的煤炭、石油、天然气、核电需求量及构成差异较大,能源所研究组在预测中,强调了节能作用、控制燃煤污染、增加油、气供应等因素,能源消费弹性系数可以降到 0.5 以下。中国能源战略研究小组,强调石油、天然气生产与供应的限制,把煤炭需求量预测得较大。

对 2010 年的能源需求预测,两单位预测的一次能源总量相差 3.7%,能源所研究小组认为 2000 年到 2010 年能源消费弹性系数保持在 0.5 左右,比较符合中国前 16 年发展趋势和世界发展中国家的经验及基本规律。

按照中国政府 1996 年 3 月制定的《关于国民经济和社会发展"九五"计划和 2010 年远景目标纲要》规定的目标,国家计委交能司在"九五"规划中,按 GDP 年均增长 8~9%,单位 GDP 能耗年均下降 4.4~5.0%的方案,预测到 2000 年能源需求量为 14.7~15.4 亿吨标准煤(见表 4—1)。2000~2010 年,按 GDP 年均增长 7.2%,单位 GDP 能耗年均下降 3.7~4.0%的方案,2010 年能源需求量将超过 20 亿吨标准煤。

表 4—1 中国 2000、2010、2050 年能源需求量及构成预测

年份	预测单位	一次能源 需求量	比重	煤炭 需求量	比重	石油 需求量	比重	天然气 需求量	比重	水电 需求量	比重	核电 需求量	比重
		亿吨标准煤	%	亿吨	%	亿吨	%	亿立方米	%	亿千瓦时	%	亿千瓦时	%
2000年	能源所(1994年)	14.81	100	14.50	69.9	2.10	20.2	423	3.8	2412	5.7	169.5	0.4
	中国能源战略研究小组(1995年)	14.85	100	15.81	76	1.58	15.2	280	2.5	2462.5	5.8	212.5	0.5
	国家计委"九五"规划(1996年)	15.05											
2010年	能源所	23.82	100	22.15	66.4	3.34	20	1021	5.7	4980.5	6.9	649.5	0.9
	中国能源战略研究小组	24.7	100										
	国家计委"九五"规划	20 多											
2050年	中国能源战略研究小组	34.79~44.09	100	26.26~33.28	53.9	5.24~7.34	21.5~23.8	1491~1890	5.7	6610~8671	8.1~7.5	13452~13374	11.6~9.1

资料来源：国家计委能源所：《中国中长期能源发展战略问题》；国家计委交通能源司：《中国能源政策介绍》；中国能源战略研究课题组：《中国能源战略研究》

注：一律取预测高低值的中间值。

由于中国人口众多，上述预测结果按人均计算，2000 年人均约为 1.2 吨标准煤，未达到目前发展中国家平均水平，2010 年约为 1.4 吨标准煤，仅达到目前 OECD 国家平均水平 6.7 吨标准煤的 1/5。

如果 2010 年人均耗能 3 吨标准煤,达到韩国和台湾省水平,则中国一次能源总需求高达 40 亿吨标准煤以上。这个需求目标,无论从国内生产能力还是从国际市场供应的可能性来看,都是无法想象的,也是不可能的。

对中国今后煤炭、石油、天然气、水电、核电的发展趋势及供需平衡分析看:经过努力,煤炭是可以做到基本满足需求。实现水电、核电的发展目标,需要大量的投资和时间。从国内外各单位预测结果看,今后优质能源石油、天然气的供需缺口是越来越大,这将是中国能源可持续发展所面临的最突出的问题。

三、能源供求态势分析及存在的问题

(一)近期能源供求总态势继续趋缓,未来能源供应不足长期存在

近期能源供求总的态势趋向缓和。但是,能源供应在品种上、时段上、地区上的供求矛盾仍然存在,一些困难及问题也依然存在。根据目前的趋势与进行的努力,2000 年不可能出现全面的能源紧缺。2000、2010 及 2020 年石油、天然气优质能源供应短缺将仍是中国能源供需平衡的最突出矛盾。

近期供求关系缓和的主要原因有:① 煤炭产量较稳定,但煤炭国内需求增长乏力;② 原油及成品油净进口量不断增加,液化石油气进口猛增;③ 高耗能产品进口增加,比如 1995 年仅因进口高耗能载体钢材而少耗煤炭近 3 000 多万吨;④ 产业结构变化,单位产值能耗低的第三产业比重不断上升;⑤ 电力等能源建设一直

保持强劲势头。

(二) 近期煤炭供求缓和是主基调

近六年来,中国主要能源煤炭已满足了国民经济发展的需要,未出现供求短缺的局面,煤炭买方市场继续发展,"九五"期间煤炭供求态势仍将趋缓。

预计2000年,煤炭需求量为14.5亿吨左右。煤炭仍将是发电、建材、钢铁、合成氨生产的主要能源。2000年煤炭出口将从目前3600万吨增加到4000万吨,城镇居民生活用煤将继续呈减少趋势,广大农村煤炭需求量将呈增长趋势。

煤炭工业发展也存在许多困难和问题。目前可供开发利用的煤炭精查储量不足,精查储量的2/3已被生产矿井和在建矿井占用,尚未开发仅占1/3,如扣除交通不便、开采条件差等处的精查储量,余下可供建设重点煤矿精查储量只有220多亿吨。按将来重点煤矿一年开采6亿吨煤计算,尚可开采37年。今后要作好煤炭地质勘探工作,增加精查储量。另外,乡镇煤矿存在资源严重浪费、破坏生态环境等问题也是面临的重大问题,当前关闭一批不合法、布局不合理的乡镇煤矿势在必行。

(三) 石油供求矛盾日渐突出

经济发展的全球化,是当今时代的特点。中国将不断增强综合国力,逐步走向世界石油市场,分享世界石油资源。

由于中国采取增加石油进口等措施,平衡国内供需矛盾使国内油品市场供求基本平衡。当前成品油市场汽油平稳,柴油供大于求,燃料油、液化石油气供不应求。

根据有关专家预测,2000年国内石油消费为2.05亿吨,而国内生产量约为1.65亿吨左右,需要进口石油4 000万吨左右。"九五"及以后,国内石油供求矛盾日渐突出,大量进口石油已成定局。根据部分专家分析,2010年国内石油缺口量近1亿吨,2020年将缺口高达1.5亿吨,其石油潜在的态势十分严峻。尽管如此,届时国内石油自给率仍将达到50%以上。

目前国内已探明剩余石油可采储量严重不足,后备资源接替困难。对此,应继续坚持稳定东部、开发西部、油气并举、扩大开放、增加储备的方针。

据国内外部分专家预测,国际油价在今后10多年内会趋于低价状态,中国可利用这一机遇,扩大进口。对国内生产成本很高的油田应关停一批,以有利于国内石油长远战略储备。

到1997年为止,中国已在国外签订开发石油合同多项,2000年在国外石油开采能力可达到2 800万吨,可取得份额原油1200万吨。今后要大力开发国内、国外两种资源,充分利用国内、国外两个市场,采取多元化和全球化战略,千方百计保障石油安全、稳定供应,实现能源可持续发展。

(四)天然气总的趋势是供不应求

近几年,中国天然气探明储量增幅很大,出现喜人之势,但是勘探程度仍然很低,与原油产量相比,油气比仅为1:0.1,远远低于世界水平。而且由于天然气价格还没有理顺,也影响天然气工业的开发与利用。如少数城市虽然引进了天然气,但天然气价格调整及用户排序工作还没跟上去。无论从世界能源发展趋势看,还是从根本上改变中国大气污染状况考虑,改变中国天然气发展长期滞后状态,千方百计增加天然气供应,应是能源可持续发展的优先方略。

(五)近几年电力供求将继续趋缓,电力尚需加快发展

"八五"期间,电力工业快速发展,全国电力供应已有根本改善,但缺电局面还没有完全缓解。至今全国还有无电县11个,无电乡649个,无电村24 800个,无电户1 400万户,无电人口7 200万人。

《中国"九五"计划和2010年远景目标纲要》中指出:"能源建设要以电力为中心,以煤炭为基础,加快石油天然气资源的勘探和开发,积极发展新能源"。"九五"期间计划每年新增发电装机容量1 600万千瓦,发电量年均增长7%左右。2000年全国发电装机总容量2.9亿千瓦,发电量1.4万亿千瓦时(其中水电约2 200亿千瓦时、占16%,火电约11 650亿千瓦时、占83%,核电约150亿千瓦时、占1%)。由于人均用电水平基数很低,未来缺电局面将长期存在,所以今后中国电力工业仍要加快发展。

火电:目前,火电在快速发展的同时,应执行可持续发展与环境保护的十大对策,既提高电力供应质量又真正落实脱硫等环保措施,特别对位于酸雨污染、SO_2污染严重的地区,火电厂必须在建大机组的同时上脱硫等设备。

水电:到1996年底,全国已建成装机容量100万千瓦以上的大型水电站十座。举世瞩目的长江三峡工程和黄河小浪底水力枢

纽工程等,已获得惊人的进展。

由于资金不足和现行的一些财税信贷等经济政策没有理顺,影响了办水电的积极性。水电发展遇到严重困难,一些在建项目推迟进度,计划新开工项目未能按期开工建设,水电在建规模逐年缩小,水电发展缓慢。近来,应按《电力法》尽快实行同网同质同价,使水电增强还款能力,形成滚动发展机制,确保水电开发在全国能源可持续发展中的战略地位。

核电:中国核电发展已有良好开端。经济较发达的东部沿海地区已建成运行的核电站有3座。目前正在建设和2000年以前准备建设的核电机组有8台计640万千瓦。这对改善东部地区电力供应状况和减轻环境污染均有重要的战略意义。目前资金不足、设备国产化程度低以及核废料处理问题,仍是发展核电的突出问题。而且,今后适当发展核电的方针是对的。

其它:中国风力发电、地热发电等新能源发电已有可喜的进展,这对解决边远地区电力供应问题有着重要的实际意义。今后,加快风力发电,对改善电源构成、实现能源可持续发展战略具有重大意义。

第三节　中国可持续发展能源对策

中国可持续发展能源对策概括为可持续发展节能对策,可持续发展新能源与可再生能源对策,可持续发展洁净煤对策。

一、可持续发展节能对策

国内外经济发展已证明:节约能源与提高能源效率是实现可持续发展最重要的战略之一。节能与提高能源效率即表示用较少的能源消耗来获取较多的产值和服务,在相同量产值和服务的情况下,污染物排放减少。

此外,节约能源也是提高市场竞争能力的重要措施之一。中国若在今后的 30~50 年内赶上中等发达国家的现代化水平,就必须有中等发达国家的经济运行效率和相应的能源利用效率。这就要求中国经济发展应该从产业政策、装备制造、工艺路线选择和企业管理诸方面综合考虑包括提高能源效率在内的经济运行总体效率的问题。

(一) 目前节能工作存在的问题

1. 能源节约难以与能源开发平等竞争

在实际经济活动中,往往重开发、轻节约,导致能源开发利用的经济效益较差,节能优先的战略没有真正落实。

2. 缺乏统一目标,节能的盲目性很大

随着经济体制的深入改革,节能主体逐渐由国家转移到企业,国家以宏观调控为主。但在执行过程中,节能市场机制没有形成,原来的节能管理机制受到严重削弱。

3. 节能缺乏有效的经济政策

能源价格是影响节能的主要因素之一。在西方国家,能源市场价格是调节能源开发利用的有效经济杠杆。中国虽然在能源价格调整方面做了巨大的努力,但到目前为止,能源价格体系还不完全合理。

税收政策也影响到企业节能的积极性。按现有税收还贷方式计算,企业获得的节能效益大约一半以上必须上交国库,余下的部分才能偿还贷款。这样,企业财务核算后的节能项目投资回收期比节能项目直接还贷期延长一倍以上。投资回收期延长影响了企业节能的积极性,使一些经济效益较好的节能项目不能得以在企业推广。

节能投资短缺是节能工作面临的又一个主要问题。据估计,当前节能投资大约短缺 50%。在节能投资问题上企业的主体地位没有建立,资金筹集十分困难;其次,国家节能投资的使用不够规范,没有完全放在节能项目的示范与推广上。

4. 节能服务进入市场还有许多障碍

80 年代以来,中国成立了相当数量的节能服务中心和监测中心,在国家和地方的支持下,开展了各种形式的节能示范项目。不少节能项目取得了明显的经济效益。近几年的事实说明,中国存在巨大的节能潜在市场。但是节能服务进入市场仍然存在资金障碍、信息障碍、人才障碍和新机制运营风险等问题。

(二)实现可持续发展节能对策

1. 引入新机制,使节能工作适应市场经济的规律

(1)开展综合资源规划工作

综合资源规划(IRP)是 70 年代美国在电力需求方面管理

(DSM)的基础上发展起来的一种资源规划方法,现已风靡世界。在美国,已有30多家电力公司采用这一方法,使负荷增长减少20～40%,而节电投资仅为新建电厂的1/10～1/2。中国已引进这一方法,并在深圳等城市进行试点研究。

IRP的要旨是把能源的开发和节约以及环境都当作资源,使开发和节约作为平等的竞争者参与规划,经过优选确定最佳方案,从而使节能充分发挥其自身的优势。

IRP与传统规划方法的区别在于:传统方法侧重于供应,由电力部门进行规划,根据电价和系统可靠性选择资源;IRP由电力公司、用户和专家共同规划,资源选择有多项准则,包括投资需求、能源服务成本、减小风险、电源多样化、环境质量等。IRP的供应方面的资源除电力公司的电厂外,还包括用户自备电厂、新能源发电以及发、输、配电效率的提高。需求方面的资源包括提高终端利用效率和负荷管理,后者通过分时电价、直接负荷控制、用户自愿减少需求等措施,削减尖峰负荷。

实施IRP,做到节能优先,实现经济、能源与环境协调发展,无疑是一项重大的创新。但由于它涉及电力公司、参与的用户、非参与者、能源服务公司等各方面的利益,需要克服一系列的障碍,才能顺利推广。

从正在进行的试点可行性研究看,中国要实行IRP还存在不少障碍和问题,其中许多是体制和政策方面的问题,有待在深化改革过程中逐步加以解决。

(2) 进行节能服务公司(ESCO)示范

国外节能服务公司的发展很快,经过20余年的发展已成为新兴的产业。在加拿大,由于70年代末石油危机和对环境保护意识的加强,很多能源专家对能源用户的能源效率进行了分析,分析认为,全社会的节能潜力很大。加拿大联邦政府和地方政府对此十分重视,在他们支持下,魁北克省政府与电力公司合作成立了第一个ESCO。成立后的ESCO具有广阔的市场,其原因是客户缺乏节能技术的信息,特别是有关项目财务效果的信息;客户缺乏资金,需要ESCO帮助解决资金困难;部分客户因缺乏能源专业管理人员,导致节能技术的引入成本高,他们需要具有专业管理经验的ESCO帮助;部分客户能源费用占总成本的比重小,对节能不重视,但可以宣传说服,使客户明白节能投资在经济上是合理的;对于一些工业企业,节能动力来自政府制定的法规对排污的限制。这些企业不希望因超标排放而增加惩罚性开支。

基于以上原因,ESCO帮助客户融资,并向客户提供能源效率审计、设计、施工、能源监测、维修、管理等一条龙服务,客户乐意接受他们的服务。

在美国,联邦政府和各州政府都支持ESCO的发展,把这种支持作为促进节能和保护环境的重要政策措施。从1992年开始,美国实行节能效益分享,遍及美国的许多ESCO向客户提供节能服务。乔森控制公司下属的ESCO是美国著名的ESCO之一,该公司的经营内容包括能源审计;节能改造方案及设计;帮助项目融资;施工、安装及调试;运行改进、维修和保养;节能及效益保证与客户分享节能效益。

随着中国经济改革的深入,市场经济体制的逐步形成,节能体制也将面临着改革。在新形势下,节能工作如何推动,各地现有的节能服务中心何去何从,是近年来一直困扰中国节能工作的难题。为了借鉴和学习国外 ESCO 的成功经验,引入节能新机制,推动具有中国特色的节能产业的形成。国家经贸委在世界银行和全球环境基金(GEF)的支持下,目前正在实施"世界银行/GEF 中国节能促进项目"。该项目首先支持成立三个示范性的节能技术服务公司(EMC),类似国外的 ESCO 运作方式(即合同能源管理),向客户提供节能技术服务。EMC 将在市场竞争中生存、发展。在示范的同时,要求现有各级地方节能服务中心要逐步脱离对国家的依赖,改变经营体制,积极摸索开展节能技术的商业化经营的道路,使原有的节能服务中心焕发全新的生机。通过示范,也希望吸引各种潜在的投资者进行 ESCO 商业性投资,促进中国节能产业的形成和发展。

(3)实施绿色照明工程

绿色照明工程是使照明系统实现高效、舒适、有益环境的一项跨世纪工程。根据全成本与全效益的理论,国家经贸委中国绿色照明办公室与山东省经贸委对山东省潍坊市推广运用节能灯进行了全面调查。调查结果表明,一只节能灯使用一年节约电费达 62 元,如果将每只节能灯 26 元售价减去,净节约电费为 36 元。节能灯使用具有可避免峰荷容量的功能。经计算,每只节能灯一年内得到的效益为 116 元。如果将其环境效益考虑进去,可达 225 元。

但是,推广运用节能灯目前的最大障碍是节能灯质量不稳定。推广应用节能灯旨在通过使用高效先进的照明器具达到节约能源的目的。所以,不能为此目的而付出比节电效益双倍甚至多倍的经济代价。为此,国家有关部门应尽快组织国内科研单位、高等院校和生产厂家进行攻关。主要是改进节能灯镇流器和灯管的质量,保证节能灯的实际使用寿命达到2 000小时以上,损坏率不超过5%。

2. 改革节能投资体制,全面促进节能

节能需要一定的资金投入。目前中国节能基建投资约占全国基建投资的0.7~1.0%,节能技改投资约占全国更新改造投资的3.3~4.0%。根据中国的实际情况和世界各国的经验,在今后15年间,中国节能基建投资占全国基建投资的比重一般应保持在1.5~2.0%之间,节能技改投资应占全国更新改造投资的6~7%。为此必须:

(1)尽快建立现代企业制度,增强企业的节能投资能力。当前最重要的是使企业具有充分的经营自主权和成为节能项目的投资主体。除了垄断性项目外,一般竞争性项目都应由企业自主投资,使企业成为自我约束、自我发展、自负盈亏、自担风险的投资主体。

(2)建立和完善资本市场。一般情况下,节能项目要实行资金有偿使用,实行国家指导和公平竞争下的市场定价。市场行为必须规范化,使市场充分反映资金的价值和供求情况,通过市场融资,形成出资人对节能项目的硬约束。

(3)多元融资,加快节能项目的建设。经济效益比较好的节能项目,要首先将积累的资金再用于节能项目,逐渐做到节能项目滚动建设;国家计划内的节能基建资金和技改资金要保证用于节能项目,并及时回收再贷,不断扩大节能项目建设的规模和范围;提高各类企业节能融资的水平。国家开发银行应增加节能项目的政策性投资和贷款。在有条件的情况下,要优先安排一批有能力的企业在国内发行节能股票和债券,吸引私人储蓄资金等。

(4)深化能源价格改革,调动各类企业节能的积极性。目前,首先要完全放开煤价,逐渐在全国形成比较统一的稳定的煤炭价格,在此基础上,逐渐与国际煤价靠拢。其次要采取步骤,有计划地放开油价,尽快使油价与国际接轨;电力要尽快取消价格双轨制,实行同网、同质、同价;同时要使能源与其它生产资料的比价合理化。

3.先进实用的技术设备是节能的关键

工业发达国家的产业大都是技术密集性产业,高度的现代化、自动化和机械化,产生低投入、高产出的经济效果,单位能源消费量所产生的经济效益比中国高出 1 倍到数倍。中国的技术水平大约落后于工业发达国家 15~20 年,在能源的开发利用中,能源效率远远低于世界工业发达国家。

努力发展尖端用能新技术和节能型新设备,主要包括直流高压输电技术,粉煤灰、煤矸石、洗中煤综合利用技术,电力系统资源综合规划技术,先进的高温和低温材料,先进的表面涂层和润滑剂,建筑物节能技术,高参数发电机组,先进的蓄电池、燃料电池、高效照明器具等。

4.优化经济结构,提高能源利用效率

一般说来,重工业行业和产品,如化工、冶金、有色、建材、造纸、玻璃、能源等行业产品的能源密度较大,附加产值相对较低,今后应根据国民经济发展和人民生活的需要,尽可能地控制发展规模和发展新的节能产品。而机械、电子、纺织、食品等行业产品的能源密度较小,附加产值较大,今后应根据国内外的市场情况,加快发展速度,尽快形成规模效益。如此优化经济结构的结果,是要力争在下个世纪中叶,使中国的万元国内生产总值能源消费量从 4.01 吨标准煤(1995 年)下降到 0.86 吨标准煤(2050 年),年均节能率实现 2.76%。

5. 加强节能管理,建立和完善节能经济政策和法规体系

节能是一项综合性工作,涉及到社会、经济、文化、技术的方方面面,要想大幅度地提高能源利用效率,必须全面加强节能管理,建立和完善节能经济政策和法规体系。

(1)加强节能管理。建立适应市场经济的节能管理机构;加强主要耗能产品和主要耗能企业的能源消耗定额管理,对高耗能工艺和设备要限期进行技术改造;制定国家节能标准,如节能基础标准、节能管理标准、主要耗能产品能耗标准、用能设备效率标准和节能工程建设标准等;加强节能宣传、教育和培训工作,提高人员的素质与节能意识;大力开展节能研究、信息交流与对外合作交流。

(2)建立和完善节能经济政策,利用经济杠杆促进节能。完善节能投资政策,规定在全国固定资产投资中,节能投资占到一定的比例,对节能基建、技改、科研项目和推广的节能产品,进行部分贴息贷款;制定节能优惠经济政策,包括优惠信贷、减免税收、加速折旧等,支持部分节能效益好、社会效益好、还贷能力差的节能项目,引导和鼓励企业节能行为;对节能科研项目和节能示范项目给予必要的财政支持;征收能源资源税和能源资源补尝费,使能源资源价值化。

(3)建立和完善节能法规体系,加强节能法制建设。当前要贯彻落实《中华人民共和国节约能源法》,以推进全社会节能;要制定

实行各种节能制度,主要有节能标准化制度,节能产品认证制度,高耗能产品淘汰制度,节能监测制度,重点用能单位管理制度,节能宣传、教育与培训制度;制定各种节能技术规定,努力提高热能利用效率,积极开发节油和代油技术。

二、能源优质化及发展新能源、可再生能源对策

能源优质化与发展新能源、可再生能源是世界能源发展的大趋势。中国一次能源消费结构中,煤炭的比重过高,带来了运输紧张、环境污染严重、能源工业及相关产业效率低等问题。发展新能源,调整能源结构,不仅应结合本国的实际情况,不能简单与发达国家相比,而且我们必须尽最大努力改善能源结构,增加优质能源所占比重。

(一)大力发展石油与天然气工业

石油与天然气工业的发展在中国一次能源优质化方面将起到决定性的作用。

世界上几乎所有的产油国近年来在天然气的开发上都有显著的突破,甚至一些非主要产油国(如德国、印度)天然气生产都达到了和中国相当的水平。中国天然气生产发展较慢的主要原因目前已不是资源的限制。德国1993年天然气产量为177亿立方米,其探明储量只有3 000亿立方米(储采比仅19.5);加拿大探明储量2.7万亿立方米,产气高达1 564亿立方米(储采比21.2);英国产气量1993年已达631亿立方米,探明储量只有6 000亿立方米(储

采比仅 9.7);中国目前年产气仅 201 亿立方米,剩余探明储量约 7 000 多亿立方米,储采比高达 35 以上。显然,具有提高产量的潜力。

如果中国天然气生产在较短时间内达到 1 000 亿立方米以上(远期达到 2 000～3 000 亿立方米),可节约原煤 2～3 亿吨,既可明显减轻大气污染,又可改善能源结构。

为实现上述目标,首先应全方位开放石油、天然气市场,要充分利用国际石油、天然气资源,根据比较成本最低的原则,确定国内外油气资源开发利用的合理比例,积极参与国际石油、天然气的开发,以争取建立多个有中国参与的国际石油天然气供应来源。同时,对进入国际石油、天然气开发市场的风险性和各种困难及限制条件应有充分的认识和研究。

在国内石油和天然气资源的利用方面,鼓励各地方各部门开发天然气和石油,包括经营下游加工、销售、分配系统,以形成宏观调控的竞争的油气开发、加工、销售新体制。

目前应打破石油、天然气行业上下游分离的行政性分割,从国际上的经验来看,无论是从资金积累,承担勘探开发风险,还是增强石油、天然气公司竞争性等方面考虑,都是上下游共同经营为好。

(二)进行政策支持,适当发展核电

国际原子能机构统计对比了 80 年代一些国家核电和火电的运行情况,得出的结论表明,核电与火电相比是有竞争力的,"造价较低的核电站比同一国家的火电站发电成本低 20%,造价较高的核电站比同一国家的火电站发电成本高5%"。总的来讲,现役核电站已经站稳了脚跟。随着经验的积累,核电站的运行性能得到了不断改善。目前,核电站平均负荷因子达到70.2%,有1/4的核电站负荷因子超过了80%。各国还在努力改进管理,延长核电站寿期,进一步提高核电站的经济效益。国际能源组织对2000年以后投产的核电成本作了预测,结果表明比同期投产的煤电低30%左右。

从国内情况看,秦山一期工程造价是同期同规模煤电机组的1.4倍,大亚湾核电站造价更高一些。秦山核电站在实行还本付息电价并合理浮动的条件下,投资回报率不低于煤电项目。大亚湾核电站是全套引进的中法合资项目,预计在20年合营期内,中方可得净利润20多亿美元。合营期结束后,由于还贷、折旧都已完成,发电成本将大大下降。总之,国产的核电机组与进口设备的煤电厂相比有竞争力,引进的核电站也具有自我发展的能力。

中国核电发展速度较慢,需进行一定的经验总结和思考。法国、日本、韩国等都是通过引进两台机组,同时引进制造技术,很快实现国产化,这样可以大大降低核电站的工程造价,加速核电的发展。世界上没有一个大国是连续不断地依靠向国外购买核电机组来发展本国核电事业的。现在中国的技术水平、机械制造水平远远超过法国当年引进核电技术时的水平,与韩国现在的水平相比也不差,所以,应该通过引进并消化国外的技术,尽快实现国产化,从而批量生产核电设备,在沿海地区成规模地建设核电。

核电具有高新技术和资金密集的特点,绝非某一个部门能推动其发展,所以需要中央和地方政府以及社会各界共同给予扶持

和支持。当前需要的政策支持有:

1. 建立正式的资金渠道。建议国家在每年电力建设投资中，专门拿出一部分，比如 5～10%，作为国家用于核电建设的资本金及投资，建立正式的资金渠道。

2. 建立核电发展基金。国家从每千瓦时用电中征收 2 分钱作为中央电力建设基金，可否将其 10% 作为核电发展基金。另外，可参照三峡电力基金的作法，建议对"九五"期间开工项目直接受益地区的工业用电，每千瓦时征收 5 厘钱，其中 40% 返还地方，作为地方购买核发电用电权或股本金，60% 作为中央核电发电基金。

3. 进口环节给予零税率或退税政策。鉴于中国核电刚刚起步，受国内工业装备能力和工艺水平限制，某些关键机械设备、电子产品和材料，尚须进口，只得承受出口信贷利率负担，若再征收进口环节税，又使其造价有较大增加，严重影响这一新型产业发展，所以对进口环节税给予零税率或退税政策。

4. 大力协同，相互支持。发展核电不仅需要中央的支持，需要核工业、电力、机电行业等部门的密切配合，也需要地方政府和公众的支持。希望能制订有关政策促进核电事业发展，能源领域部门应关心支持核电，使中国核电产业迅速发展，在能源工业和国民经济中发挥更大的作用。

(三)重视煤层气的勘探开发与利用

煤层气是一种巨大的洁净的能源资源。中国是世界煤炭生产大国，目前煤炭保有储量为 1 万多亿吨，煤层气资源量较大且分布相对集中的地区有鄂尔多斯盆地、华北区、吐—哈盆地、准噶尔盆地、川南黔北含煤区、六盘水含煤区、伊宁盆地、四川盆地、三江—穆棱河盆地、萍乐区和湘中南等地区。据初步估测,埋深2 000米以内的浅煤层气资源量达30~35万亿立方米,开发潜力巨大。中国煤矿井下瓦斯抽放已有数十年历史,有比较成熟的技术和经验。目前约有110个矿井抽放瓦斯,抽放量为5.43亿立方米。辽宁抚顺和山西阳泉矿区瓦斯抽放量一直居全国之首,四川松藻、天府、南桐、中梁山和芙蓉、贵州六枝、河南焦作和辽宁铁法矿区,近年来瓦斯抽放发展较快。目前,在安徽、山西等地区已同美国等合作勘探开发煤层气。

煤层气勘探开发是发展煤层气的基础。根据中国煤田地质条件的特点,应深入进行煤层气资源地质评价和选区的研究,应扩大评价和选区范围,如华北东部、晋陕地区、川云贵地区等。

在考虑煤层气开发优选区时,除了资源条件以外,还要考虑基础设施条件、技术条件和市场条件。研究表明,中国煤层气开发优选区有铁法、淮南、松藻、开滦、鹤壁、平顶山、晋城、淮北、河东和阳泉等矿区。

中国煤层气钻井和采气试验中有不少关键技术问题尚待解决。这些技术应尽快组织科研单位予以攻关研究。例如:由于钻井洗液使用不当,污染了煤层;煤层顶板太软,完井后出现坍塌,造成堵塞;压裂技术不成熟,没有压开煤层或造缝太短;采气过程中抽气太快,引起堵砂或堵煤粉等。

(四) 提高风力发电设备的国产化水平

70年代以来,中国小型风力发电机得到了广泛应用,目前拥有总量已超过14万台,使中国成为世界上小型风力发电机应用数量最多的国家。在此基础上,中国大型风力田的开发也已经从试点示范开始进入商业化应用的阶段,到1996年底,全国风力发电机225台,总装机容量56.5兆瓦。

中国的风能资源丰富,从新疆、内蒙古到东北是一条风带,沿海又是一条风带,另外还有不少风口地区。如能一次风力发电立项规模达到1 000台,可以先引进200台,同时引进生产技术进行合作生产,这样中国就能自己生产大功率的风力发电设备。

中国开始研究风力发电技术装备的时间并不比国外晚,经过近20年的努力,大型风机制造技术仍处于科研攻关阶段。在这方面应该学习国外的经验,尽可能加强科研和企业界的联系,尽量缩短风力发电技术从科研到市场化的过程。90年代初期,美国能源部委托其国家可再生能源实验室和ZOND风力发电公司联合研制Z—40型风机,到1993年就拿出样机,1994年试验,1995年即投入国内和国际市场。在这方面的经验值得中国借鉴。

(五)进一步利用地热能

中国的高温热储区主要分布在西藏南部、云南西部、福建、广东、台湾等地,中、低温地热遍及全国各地,仅自然露头就有3 000多处。全国地热发电装机达28.6兆瓦,其中西藏羊八井地热电站装机25兆瓦。中、低温热水直接利用,如采暖、地热温室等地热资源,主要集中在天津、北京、河北和福州市等地区,年利用量相当于40万吨标准煤。农业上利用地热860多处,种植养殖面积1 800多公顷。

近年来，中国加强了对高温地热地区的勘探工作，先后在西藏自治区当雄县羊八井地热田北区深部资源进行了开发性勘探，1996年10月完成了1459米的钻探，证明在该地区蕴藏有很大潜力的高焓地热资源。另外在云南腾冲热海热田也完成了首期深部地质勘探设计的招标工作。

（六）开拓太阳能市场

中国有2/3以上地区的年日照在2 000小时以上，年均辐射量约为5.9×10^6千焦尔/平方米，主要分布在青藏高原、内蒙古、宁夏、甘肃北部、山西、河北西北部、新疆南部、东北以及陕甘宁部分地区。中国在光电产品的应用方面发展较快，在解决无电地区供电、微波通讯、电视差转、航标、气象测报和户用电源等方面起到了重要的作用。到1996年，太阳能光伏电池安装利用总量达7 000千瓦，每年生产晶体硅太阳能光伏电池的转换效率可达14%。已建成的最大光伏电站在西藏的阿里地区，容量25千瓦，是迄今世界上海拔最高的太阳能光伏电站。但目前中国光电产品的生产数量和质量远不能满足需求，每年都需从国外进口。国内硅太阳电池专业生产厂家虽有一定规模，但基本上是引进80年代初期的技术装备，且存在设备不配套的问题，难以发挥生产能力，致使国内生产成本高于国外产品。近年来国内对太阳能光伏电池的需求量不断增加，产品供不应求，市场缺口较大。光电转换技术是国际上开发利用新能源和可再生能源的重要领域之一，许多国家都为此投入大量资金，而目前中国与国际先进水平的差距较大。

中国在太阳能热利用和产业发展方面已经取得较大进展，已推广使用的各种热水器达 500 万平方米,使用数量和生产能力均居世界首位。特别值得一提的是高效率的真空管太阳能热水器发展迅速,产品质量已达到国际先进水平,部分产品已进入国际市场。另外,被动式太阳房、太阳能农用温室等的应用,也在不断扩大。

1994 年公布的"中国 21 世纪议程"把可再生能源技术的发展列为中国 21 世纪行动的优先领域。为促进中国可再生能源技术的发展,1995 年 11 月国家科委、国家计委和国家经贸委联合发布了《1996~2010 年新能源和可再生能源发展纲要》。"九五"计划和 2010 年发展规划也把发展可再生能源技术作为中国能源发展战略的重要组成部分。为了实施"九五"计划和 2010 年发展规划,有关部门和地方政府都制定了比较详细的可再生能源发展计划和远景目标。可以预测,新能源与可再生能源的发展,必将对中国可持续发展发挥重要作用。

三、可持续发展洁净煤对策

中国是一个以煤为主要能源的国家,即使再过半个世纪,煤炭在中国一次能源中的比例可能仍在 50% 以上。这样,煤炭的洁净使用及发展洁净煤技术在未来中国可持续发展中将占有举足轻重的地位。中国是发展中国家,未来面临经济建设的任务很重,不可能拿出超出国力允许的资金用于环境治理。为此,发展洁净煤技术应遵循技术上的可行性与经济的合理性原则。

(一)发展煤炭洗选加工

煤炭洗选加工是煤炭工业一个高技术含量、高附加值的行业,具有明显的社会效益、环保效益和企业经济效益。每入洗 1 亿吨原煤可就地排除煤矸石 2 000 万吨,相应节省大量运力;各工业部门燃用洗选后的动力煤可节煤 10%,经过洗煤,可降低 60~70% 的灰分和脱除 50~70% 的无机硫。另外,煤矿企业通过洗选加工,提高质量,改变产品结构,还可以增加企业经济效益。所以,发展煤炭洗选势在必行。

1. 中国目前煤炭洗选状况

中国洗选厂入洗能力现已达到 3.2 亿吨,入洗煤量达 2.6 亿吨。但由于原煤产量很大,入洗比例仅 22%,在世界几个主要产煤国家中是最低的。中国选煤厂主要是选炼焦用煤,入洗量约 1.6 亿吨。动力用煤约 8 亿吨,仅入洗了 1 亿吨,其它均用原煤。即使在这种情况下,中国现有洗煤厂的能力却有 6 000 万吨尚未利用,其中主要是动力煤选煤厂,有的建成以后就没有生产,主要原因是用户宁可用原煤,不愿意用洗后优质、高发热量的动力煤。

当前制约动力煤炭洗选发展的有四个问题。认识上,环保与节能意识不强,认为炼焦煤必须洗选,动力煤则不必洗选;价格上,洗后煤价普遍比原煤高,一般增加 50% 左右;技术上,过去大多数电厂是按高灰份煤设计的,必须经过改装才能采用优质动力煤;运输上,往往受动力和流向的制约。除此之外,投资不足也影响洗选煤的发展,特别是地方煤矿和乡镇矿没有建设洗煤厂的资金渠道,地方国有矿入洗比例为 15%,而产量达 5 亿多吨的乡镇煤矿,入洗比例只有 2%。

2．发展煤炭洗选加工对策

"九五"及 2010 年煤炭洗选加工发展规划提出,到 2000 年全国原煤产量达到 13.5 亿吨左右,入洗能力将达到 5.0～5.5 亿吨,入洗量达到 4.2 亿吨,入洗比例达到 30%。其中,新开工选煤厂 160 处,增加能力 1.8 亿吨,现有选煤厂技术改造 100 处,增加能力 0.2 亿吨。今后新建矿井必须同时建设配套选煤厂,没有选煤厂的矿井要分期分批补建选煤厂;现有的老选煤厂要进行技术改造,搞好环节配套,特别先要安排南方高硫矿高灰份煤炭的洗选。此外,按照行业统一规划,将加快地方国有煤矿,乡镇煤矿洗选加工的发展,对主要产煤县应集中安排建设一批选煤厂。

(二) 必须限制高硫煤开采与使用

目前,中国高硫煤(硫分大于 3%)和中高硫煤(硫分 2～3%)总产量约 1.5 亿吨,其中西南地区的产量达 7 869 万吨,占全国产量的 52.3%;高硫煤的产量约 9 000 万吨,其中西南地区的高硫煤产量达 7 338 万吨。从全国 SO_2 污染状况看,也尤以西南地区最严重。

将高硫煤强制进行洗选或限产,是治理西南等地区严重 SO_2 污染的重要举措。将高硫煤 5 000 万吨入洗,使其硫分由 3% 以上降至 1.5% 左右,可减排 SO_2 约 100 余万吨。将全国每年生产的 9 000 万吨高硫煤减产 5 000 万吨,则可减排 SO_2 约 250 万吨。目前中国对高硫煤源的治理工作比较薄弱,一是高硫煤入洗比例太低,只有 12%;二是受铁路运力的制约,难以把低硫煤运至西南地区去缓冲高硫煤的污染;三是限制高硫煤开采和强制高硫煤洗选的政策不到位,执法不严,至今高硫煤地区的乡镇矿仍在发展。

为了迅速改变高硫煤严重污染状况,必须采取有力的政策措施:

1. 高硫煤必须进行洗选,对洗煤厂的建设,国家要给予政策上的扶持;对不进行洗选的,要从近期开始加收排污费。

2. 严格限制高硫煤的开采,"九五"期间不再批准建设生产高硫煤的煤矿,对已有的生产高硫煤的煤矿,要采取坚决的限产措施,其中洗选性较差的含有机硫为主的高硫煤矿应予关闭;硫分含量超过4%又不进行洗选的煤矿也要关闭,到2010年凡生产高硫煤又未建洗选厂的煤矿一律关闭。

如果对高硫煤实现限产和强制洗选,杜绝硫分高的原煤在市场上销售能真正落实,中国高硫煤地区 SO_2 污染将会显著地降低。

(三)进一步推广使用民用型煤与工业型煤

在洁净煤技术中,型煤属于有效的技术之一,其投产少,建厂周期短,见效快,节能、环保效益显著。

目前,中国城镇和农村居民生活用煤量约1.2亿吨,其中城镇居民生活用煤约1亿吨,虽然民用型煤已有较好的发展,产量达5000吨左右,大中城市民用型煤普及率约60%,但城镇中仍有较多的居民使用散煤,而农村地区燃煤几乎全部为散煤。为此,应加大发展民用型煤的步伐。

中国现有工业锅炉43万余台,工业窑炉16万余台,如此庞大的工业燃烧设备,如全部采用安装脱硫设备的治理方式来减排

SO_2,显然是不现实的,而发展工业型煤是减少硫污染以及烟尘污染的有效措施。

中国工业锅炉、窑炉使用工业型煤刚刚起步,尚处在示范阶段,全国总产量不到50万吨,而这种型煤的市场需求潜力为2亿吨以上。

加强工业型煤的推广使用,当前应从以下几方面入手:

1. 工业型煤的推广应用应明确归口管理部门,采取与推广民用型煤相类似的措施,制订发展工业型煤的规划和各项政策,加强推广应用的宏观管理等,以调动部门、地方、企业等方面的积极性,使之有计划、有步骤地加快发展。

2. 多方筹资,加大资金投入。对建立工业型煤厂,应从政策和资金上给予扶持和鼓励。资金来源可采取多种途径的筹集方式,如国家财政拨款,地方和企业集资以及利用一部分排污收费等。为了加快工业型煤的推广应用,国家应建立工业型煤发展基金,在国家技改和基建投资中设立工业型煤专项资金。

3. 要严格贯彻《大气污染防治法》及排污收费制度,要制订一些法规细则,限制炉窑原煤散烧,对烧原煤造成的污染,坚决予以禁止。在推广的步骤上,要有重点,近期应在双控区的城市加快工业型煤的推广进度。

4. 依靠科学技术,推动工业型煤的发展。要继续加强型煤技术的开发研究,并将"七五"、"八五"取得的科技成果尽快地推广应用,对已建成的3个型煤示范厂,要迅速投入正常生产,发挥示范作用。今后工业型煤技术研究重点应朝着高效、洁净燃烧及多功能方向发展,要以开发新一代工业型煤技术和设备为重点,加快型煤技术的发展。

(四) 大型火电厂烟气脱硫设备势在必行

烟气脱硫技术(FGD)是控制电站 SO_2 污染的有效方法,工业发达国家已经大量应用。FGD 可分为湿法、干法二类,湿法的特点是脱硫效率高,可达 95％ 以上,产出的副产品可制成建筑材料;但湿法的投资、运行费用高,投资占电站总投资的 20％,运行成本占发电成本的 10％。湿法脱硫工艺在国外应用较广,占 FGD 脱硫总容量的 80％ 以上。在干法脱硫工艺中,传统的干法脱硫具有系统简单、投资费用低、占地面积小等优点,但其脱硫效率低(一般为 50％ 左右),影响了它的推广应用;旋转喷雾干式脱硫工艺占 FGD 脱硫总容量的 10％ 以上,脱硫效率 85~95％。

目前,国外几种成熟的脱硫工艺,已在中国四川白马电厂、四川珞璜电厂、山东黄岛电厂、山西太原第一热电厂、四川成都热电厂、南京下关电厂进行试验或示范。

因此,中国燃煤烟气脱硫技术的引进、研究和开发已有了一定的基础,对国际上现有烟气脱硫技术的一些主要类型都进行了研究和装置试验,少数引进国外的脱硫工艺已在可靠、有效地运行。由于进行了大量的前期工作,中国燃煤电厂开展烟气脱硫的技术条件已基本成熟。

燃煤电厂脱硫势必导致电力生产成本的提高,机组安装湿式烟气脱硫后的单位发电成本将增加 0.02~0.03 元/千瓦时,安装干式烟气脱硫后的单位发电成本将增加 0.01~0.02 元/千瓦时。但脱硫对电力成本的影响不大,如将增加的成本通过提高电价方式转移给消费者,不会给工业和人民生活带来较大影响。因此,燃煤电厂实行烟气脱硫在经济上也是可以承受的。

在中国 SO_2 污染、酸雨污染控制区内,建设大型火力发电厂同时上脱硫设备,既能大幅度提高能源利用效率,又能集中解决脱硫脱氮问题,可见建大型火电厂并上脱硫设备是势在必行的。

洁净煤技术可分为传统洁净煤技术与高科技洁净煤技术。传统洁净煤技术包括煤炭洗选、民用型煤、煤炭气化等;高科技洁净煤技术包括煤炭液化、循环流化床、煤气化联合循环发电、增压硫化床联合循环发电等。传统的洁净煤技术应用和推广并不存在技术上的障碍,关键是应解决政策与体制方面的问题。高科技的清洁煤技术在中国尚处在示范与研究开发阶段。发达国家在技术方面已基本完成了工业化实验和示范阶段,但是,与石油和天然气等相对清洁的能源相比,在商业化的进程中还存在比较成本方面的障碍,广泛应用还受到石油与天然气市场价格方面的制约。由于比较成本因素,中国应用高科技的清洁煤技术提高能源效率和减少污染的代价比进口石油和天然气要大的多。因此,中国实施清洁煤技术战略的基点应该放在已经商业化的技术的开发和应用上面,而高科技清洁煤技术只能作为一种技术储备进行必要的研究和开发。

第五章

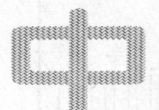

中国自然灾害与减灾态势分析

第一节 中国自然灾害态势分析

一、中国是世界上自然灾害最严重的国家之一

（一）据初步统计，中国70%以上的人口、80%以上的工农业和80%以上的城市均受到多种灾害的严重威胁。1949年以来，因灾害死亡的人口50余万，直接经济损失达25 000多亿元（折算为1990年物价水平，下同），平均约占GNP的3~6%，占平均财政收入的30%，比美国和日本高数10倍（表5—1）。

表5—1 美、日、中三国灾损比例比较

灾损比例＼国别	美国	日本	中国
直接经济损失/GNP	0.27%	0.5%	6%左右※
直接经济损失/财政收入	0.78%	—	30%左右※

※1949年以来灾损比例年度变化很大

（二）随着减灾事业的开展，中国因灾死亡人数近年已大幅度减少，但与世界其它国家相比仍较严重，据1990~1995年对109个国家因自然灾害死亡人口的统计，中国年均死亡6 772人，居世界第五位（图5—1），从多到少依次排序为：孟加拉、索马里、伊朗、印度、中国、菲律宾、尼泊尔、阿富汗、巴基斯坦、印度尼西亚（以下略）。

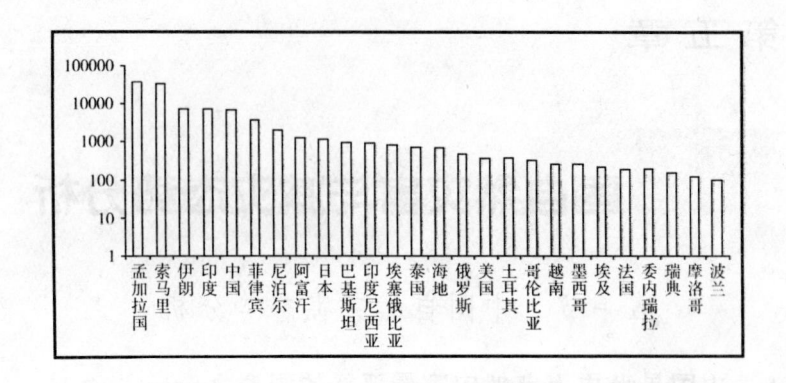

图 5—1 1990～1995 年世界各国(地区)灾害年均死亡人数排序图

二、中国自然灾害种类多、频率高、强度大、影响面广

在气象、洪水、海洋、地质、地震、农、林七大类 24 种自然灾害中,直接经济损失最大的是气象灾害和洪涝灾害,约占总损失的一半以上;死亡人口最多、对社会危害和震撼力最大的是地震,约占总死亡人口的一半以上(图5—2)。

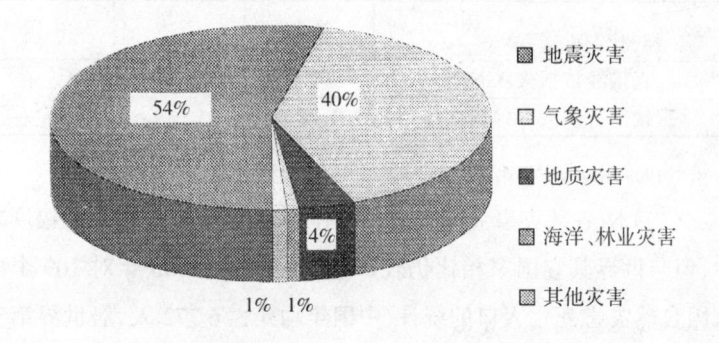

图 5—2 中国各种自然灾害人口死亡的比例图

三、自然灾害直接损失严重且在持续增长

(一)从1950年到1996年,由自然灾害所造成的旱涝风雹灾害,年均直接经济损失约为500亿元左右(折算为1990年物价水平,下同),损失额虽逐年不等,但总的趋势是持续增长的(图5—3)。从历年变化看(图5—4),1959年至1963年是一个灾损高峰,自70年代以来,总趋势直线上升,特别是90年代以来上升趋势迅猛。

(二)据统计分析,中国农业遭受干旱、洪涝、风灾、雹灾等气象灾害的受灾率,50~60年代平均为33%,70~80年代增至41%,90年代前半期已达53%。80年代以后的地质灾害频次比50~60年代增加了约10倍,海岸带受灾程度增加了几十倍(图5—5)。

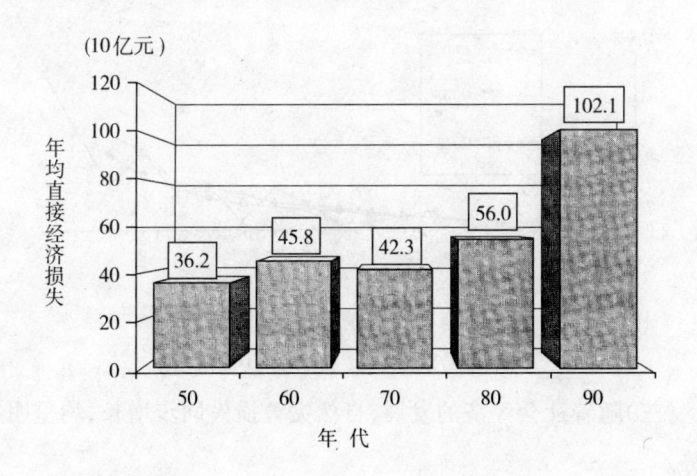

图5—3 旱涝风雹灾害直接经济损失每10年平均变化图

256 第五章 中国自然灾害与减灾态势分析

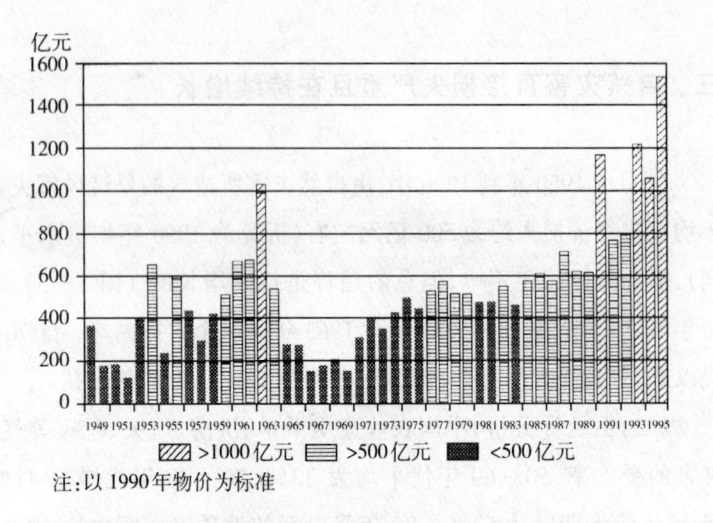

注：以1990年物价为标准

图5—4 旱涝风雹灾害直接经济损失逐年变化图

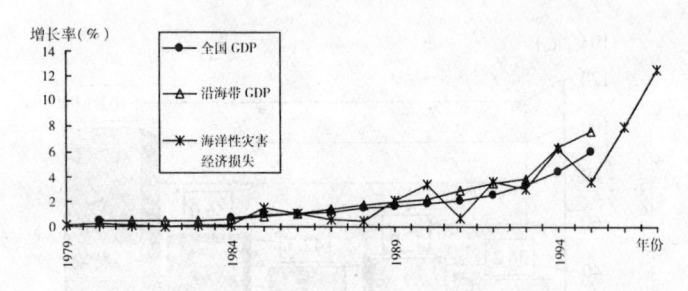

图5—5 中国海岸带自然灾害经济损失与沿海带经济
(GDP)增长比较(1979~1997)

(三)随着社会经济的发展，自然灾害损失同步增长，均呈明显长势。

建国以来随着社会经济的发展，工农业总产值与财政收入增长明显(图5—6)。所以，同一地区在60年代和90年代遭受同等强度的自然灾害时,90年代的灾损值必然大大超过60年代的灾损值。这是造成自然灾损值与经济发展同步增长的一个主要因素。

其次是经济发展过程中对自然环境的破坏和对已建防灾工程的维护不当,特别是防灾投入的严重不足,也是造成灾损值增长的一个重要因素。

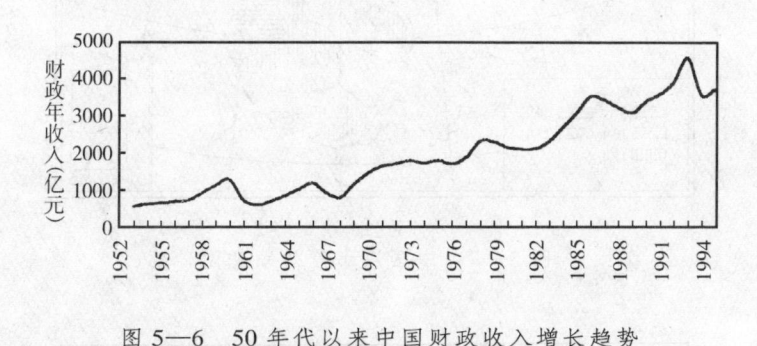

图5—6 50年代以来中国财政收入增长趋势

四、自然灾害严重的地区是中国人口密度大、经济发达的地区

（一）洪涝灾害

洪涝灾害主要威胁中国东部江河中下游、盆地和平原(图5—7、图5—8),有73.8万平方公里的地区处于江河洪水的威胁之下,这里集中了全国60%的工农业产值和40%的人口。1949年以来,洪涝受灾面积年均0.09亿公顷,1991年达到0.25亿公顷,直接经济损失达800亿元,1998年达2 000多亿元。

258　第五章　中国自然灾害与减灾态势分析

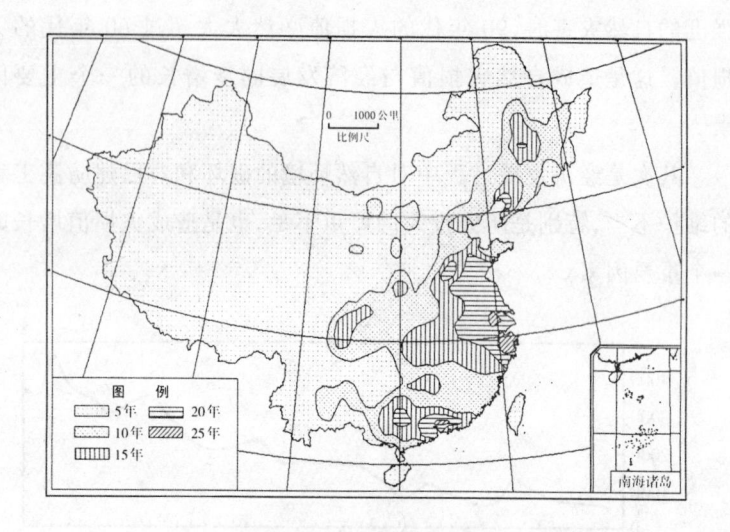

图 5—7　中国洪水等效频度图

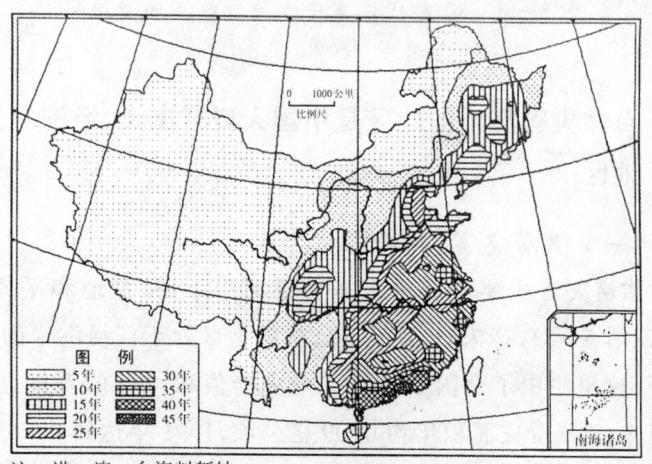

注：港、澳、台资料暂缺

图 5—8　中国雨涝等效频度图

(二) 干旱

干旱是中国影响面最广的灾害,受灾最严重的地区为华北平原(黄淮海地区)、黄土高原东部、广东与福建南部、云南及四川南部,次为吉林、黑龙江南部和湘、赣南部(图 5—9)。1949 年以来年均受灾面积达 0.2 亿公顷,损失粮食 611.5 亿公斤。严重的干旱还影响到工业生产、城乡供水、人民生活和生态环境,已成为社会和经济可持续发展的严重制约因素。目前已有 70 多个城市,因过量开采地下水造成程度不等的地面沉降,直接危及建筑物的安全,而且这种趋势仍在发展之中。造成这种问题的根源在于水资源的不合理使用。

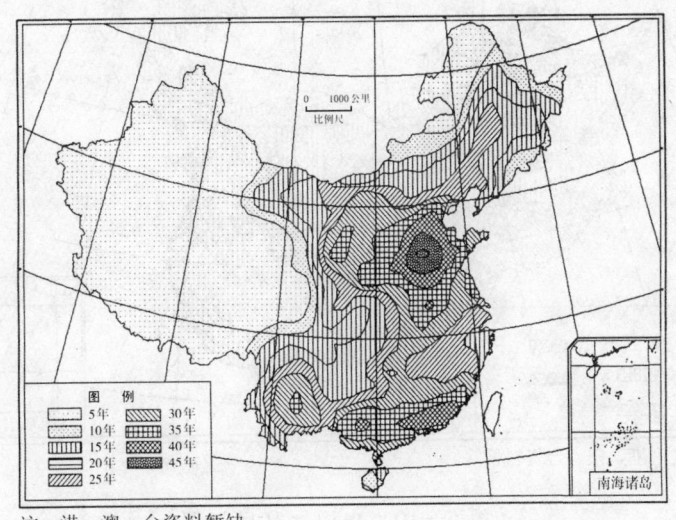

注:港、澳、台资料暂缺

图 5—9 中国干旱等效频度图

(三) 地震

中国是世界上大陆地震最多的国家,1949 年以来死于地震的人数达28万人,倒塌房屋700余万间,现在全国基本烈度Ⅶ度及以上的地区占国土面积的32.5%,有46%的城市和许多重大工业设施、矿区、水利工程都面临地震的严重威胁。中国地震虽然大多发生在西部地区(图5—10),但损失最严重的仍然是东部人口密集、经济发达地区。地震灾害突发性强,集中危害十分严重,一次唐山7.8级地震即造成24万余人死亡,直接经济损失100亿元以上,其间接损失更为严重。

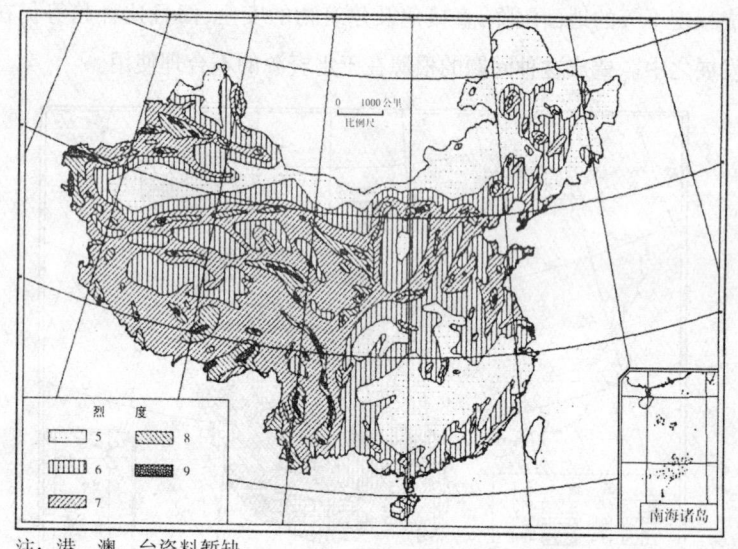

注:港、澳、台资料暂缺

图5—10 中国地震区划图

(四)热带气旋及风暴潮

高强度的热带气旋(即台风)及由此引起的狂风、暴雨、风暴潮等灾害对中国人口密集、经济最发达的沿海地带构成了严重威胁。

中国是世界上台风登陆数量最多的国家之一,每年平均7个。80年代以来年均受灾面积4 500万亩,直接经济损失30亿元以上。例如,9216号台风使193人死亡,毁坏海堤1 170多公里,农田受灾面积2 900万亩,直接经济损失90多亿元;9711号台风死亡和失踪254人,直接经济损失达500亿元。

(五)农作物病虫害

中国农业生物灾害种类繁多。据统计,在中国农业生产上造成过严重危害的病虫草鼠害就有1 648种,其中病害724种,害虫838种,恶性杂草64种,害鼠22种。其影响最严重的是中国东部农业区。中国每年因农作物生物灾害损失粮食达200亿斤,损失棉花400万担,并且降低了水果、蔬菜、油料和其它经济作物的产量和质量,常年给国家造成年均100亿元以上的经济损失。

五、自然灾害是出现贫困区的基本原因之一

中国的贫困区集中出现在中国中部。这里是地质灾害最严重的地带,也是中国水土流失灾害、土地荒漠化灾害、干旱灾害严重的地区,由此造成的自然环境恶化和生态脆弱是出现贫困的基本原因之一。

六、洪涝灾损与人为致灾因素在同步增长

中国近半个世纪以来防洪建设成就卓著,控制洪水的能力显

著提高。但是,1994年至1998年中国水灾的年均损失急剧攀升,已达2 000亿元。水灾不断增长的事实说明,为了经济的持续发展,需要从多方面寻找水灾日趋严重化的原因。

水灾多是超常量降雨所致,是自然成因。从气象、水文等自然条件来看,虽然水灾的年际变化较大,但从一个时段来看,各条江河自然态洪水都有相对稳定的量级和发生规律。然而,近来为什么水灾损失几倍、几十倍地增长呢?我们认为人为致灾因素的增长是一个重要的原因,目前中国存在的主要问题是:

(1)不适当的国土开发和经济布局以及防洪管理体制的不完善;

(2)在社会发展中滥伐森林、滥垦耕地,造成水土流失、生态破坏,增强了洪水强度;

(3)盲目围垦湖泊和沿江滩地;

(4)水利工程缺乏长远的全局的规划,相互影响防洪效能的发挥,造成洪水隐患;

(5)水利投资下降,图5—11为1950~1996年受灾面积与水利基建投资图,可以看出80年代以来旱涝的严重与投资的减少是有很大关系的。

多方预测资料显示,现在已进入一个由干旱向多雨转化的时期,预计21世纪初洪涝灾害将有所增加。因此,强化减灾的非工程措施,减少人为致灾因素,与增加水利基建投资都是十分重要的。

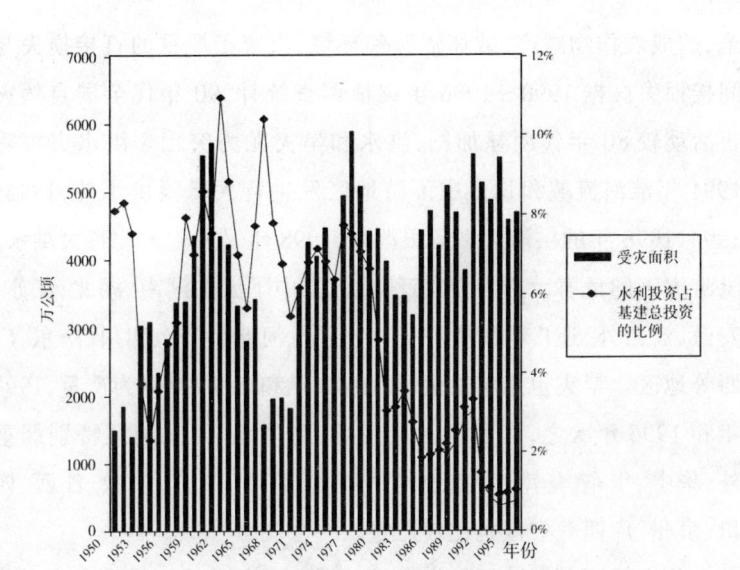

图 5—11　1950~1996 年水灾受灾面积、水利基建投资曲线图

第二节　中国自然灾害对经济与社会影响的态势分析

如第一节之三所述,中国自然灾害直接经济损失严重且在持续增长,进入 90 年代达到最为严重的程度,其对经济与社会影响的态势可概括为以下几点:

一、自然灾害对社会经济影响严重

自然灾害除直接导致人员伤亡外,还破坏房屋、耕地及工程设

施,造成农作物减产,破坏资源和环境,造成了严重的直接损失与间接损失。据1990~1996年灾情调查统计,90年代全国自然灾害活动较80年代明显加剧,洪水和旱灾尤为突出。洪水灾害除1991年淮河流域和长江中下游地区发生特大暴雨洪水外,1993、1994、1996年的洪涝灾害也很严重,1998年又发生南北特大洪水。洪涝灾害的危害范围十分广泛,除江淮中下游的湖南、湖北、江苏、安徽、江西外,还广泛发生在吉林、辽宁、河北、河南、四川、广东、广西等地区。旱灾也连年发生,以1992年和1994年最为严重,1991年和1995年次之,其发生区域广泛,除华北、西北地区特别严重外,华中、华东、华南、西南地区的湖北、湖南、江苏、安徽、江西、四川、贵州、广西等省区也比较严重。

除水旱这两种区域性灾害外,近年来,各种地区性灾害也十分强烈,台风、风雹、冷冻害、沙尘暴等灾害是近50年来最频繁时段之一。台风灾害主要发生在浙江、福建、广东、上海、江苏沿海地区,每年都造成比较严重的损失。其中1994年8月发生在浙江温州地区的台风灾害最为严重,造成1 000余人死亡,倒塌房屋20余万间,农作物受灾面积30余万公顷,直接经济损失达170亿元。1997年全国台风损失达500亿元。风雹灾害连年发生,每年受灾农作物330万公顷以上,1990~1993年尤其严重,受灾农作物近700万公顷,达历史最高水平,广泛发生在河北、山东、河南、内蒙古、甘肃、四川、江苏、湖南等省区。冷冻灾害成灾规模也达历史最高水平,每年受灾农作物200万公顷以上,以1993年最严重,受灾面积超过466万公顷,1995年和1992年次之,受灾面积为330万公顷,其主要发生在吉林、黑龙江、辽宁以及湖北、湖南、江苏等地区。发生在青海、西藏、新疆、内蒙古地区的雪灾也很严重,特别是在1993年、1994年、1996年都造成严重损失。

西北地区的沙尘暴日趋严重,其发生的频度和强度均达历史最高水平。特别是1993年4月中旬到5月上旬,新疆、甘肃、宁夏、内蒙古部分地区遭受特大沙尘暴袭击,造成严重损失。此外,四川、云南、湖北、陕西、甘肃、河北等部分地区发生滑坡、泥石流,造成一定损失;华北、长江流域以及东北、华南、西南的部分地区发生小麦条锈病、白粉病、水稻纹枯病、棉铃虫等农作物病虫害,以1990年最严重,农业生产受到一定影响。

从地震灾害活动情况看,自上世纪末期以来,中国大陆及邻近地区已经经历了4个地震活跃期(1897~1912年、1920~1934年、1944~1957年、1966~1976年)和4个地震平静期(1913~1919年、1935~1943年、1958~1965年、1977~1987年)。从1988年开始进入最新地震活跃期,至今仍在继续。

1990~1996年为最新地震活跃期的前半段,该期间虽然还没有像前几个活跃期那样发生震级特别高,破坏损失特别巨大的地震灾害,但震级5~7级,一次经济损失上亿元人民币的地震灾害十分频繁。据统计,1990~1996年,中国大陆及邻近地区发生6级和6级以上地震26次,平均每年约4次,其中7级和7级以上地震4次,破坏性地震97次,累计造成598人死亡,约74 000人受伤,倒塌房屋19万间,破坏房屋753万间,直接经济损失76.5亿元,平均每年直接损失10亿元。地震活动频度和破坏损失明显高于80年代和其它相对平静期。地震活动主要发生在中国西部区域,以云南、青海、西藏、四川、新疆、甘肃的部分地区最严重;中国东部的河北、山西、江苏、山东、福建的部分地区中小地震活动频繁,虽然地震级别不高,但由于人口和社会财产密集,所以也造成比较严重的破坏和损失。

二、巨灾威胁严重存在

所谓巨灾是指对人民生命财产和社会经济造成巨大破坏的自然灾害事件。它的基本特点是:灾害活动比较突然,灾害规模或强度巨大,远超过一般防灾工程的抵御能力;灾害的破坏范围特别大,造成的损失和影响特别严重。一般受灾人口达几千万或一亿以上,受灾范围达一省或几省、十几个省(市、自治区),造成上千或数万人死亡,上百万间房屋和大量工程设施、交通设施、通信设施破坏,甚至造成城市毁灭,经济损失数十亿甚至数百上千亿元以上,农业、工业、交通运输等产业活动和人民生活受到严重破坏,区域或全国社会经济受到比较强烈冲击,并对今后一年或数年的发展产生一定影响。

中国巨灾风险主要来自特大洪水、大面积持续性严重旱灾和发生在城镇密集、经济发达地区的强烈台风、特大风暴潮和大地震。巨灾对国家经济发展和社会稳定产生冲击,是全国民众时刻关注的重大问题。

1991年、1998年大洪水是典型的巨灾,未来时期,黄河、淮河是否会发生洪水?北方地区是否会发生大面积干旱?城市或人口高密度区是否会发生破坏性地震?这些都是减灾与经济建设中不可忽视的重要问题。

三、经济损失在增加,死亡人口在减少

90年代年均受灾人口、受灾农作物、直接经济损失数量均超过历史其它时期,达1949年以来最高水平,但死亡人口、倒塌房屋和相对经济损失低于历史时期。

为了进一步评价1990～1996年中国自然灾害及其对人民生命财产和社会经济的破坏程度,根据灾情统计资料,计算得出各种自然灾害所造成的受灾人口(包括受灾人口、成灾人口、受伤人口、死亡人口)、受灾农作物(包括受灾农作物、成灾农作物、绝收农作物)、损毁房屋(包括损坏房屋、倒塌房屋)、灾害直接经济损失的年平均值,并与早期各项损失进行对比,计算结果可以看出,90年代以来中国自然灾害的突出特点是成灾范围广,破坏损失严重。全国年均受灾人口和受灾农作物比值分别达到29.3%和51.5%,其中灾害严重的1991年和1994年受灾人口分别占全国人口的36.2和37.8%,受灾农作物分别为全国耕地的60.0%和58.0%。1990～1998年年均直接经济损失1 000亿元(按1990可比价计),分别相当于同期国内生产总值和国家财政收入的1.4%和29.4%。其中1991、1994、1996年灾情严重,直接经济损失分别为1 216亿元、1 876亿元、2 882亿元(当年价),分别相当于同年国内生产总值的5.62%、4.01%、4.20%,相当同年国家财政收入的38.6%、36.0%、38.9%。

上述灾情特征是自然条件和社会经济条件变化的综合反映。90年代以来,一方面多种自然灾害活动进入新的多发期,再加上大规模资源开发和工程建设等人为活动对自然环境的破坏不断加剧,

导致自然灾害活动增强,社会承受的灾害压力越来越大,各种受灾对象尤其是对自然灾害特别敏感和脆弱的广大农村人口和农业生产(包括种植业、养殖业、牧业、林业、渔业),所受到的破坏更加严重,造成受灾人口、受害农作物面积显著增加;另一方面,近年来中国经济和科学技术不断发展,灾害预测预报水平和房屋等工程设施抗灾能力不断提高,所以因灾死亡人口和倒塌房屋有所减少。与此同时,由于社会财富和工农业产值(或 GDP)不断增长,尽管自然灾害直接经济损失数额高于历史任何时期,但灾害的相对损失(灾害经济损失与工农业产值或 GDP 的比值)则低于历史任何时期。

四、不同地区单类与综合受灾程度有明显差异

为了便于分析对比区域社会经济受灾程度,根据各单元单类受灾程度距平百分比(单元灾情平均值与全国总平均值的百分比)和综合受灾程度距平百分比,对受灾人口、损毁房屋、受灾农作物、人均经济损失、直接经济损失与国民生产总值比和综合受灾程度等指标值在全国范围的分布状况进行了分析比较,并将这六项评价指标均划分为 5 级:微度受灾——大约相当于全国平均水平的 50% 以下;轻度受灾——大约相当于全国平均水平的 50~80%;中度受灾——大约相当于全国平均水平的 80~120% 或 80~110%;重度受灾——大约相当于全国平均水平的 110~130% 或 120~150%、120~200%;特重度受灾——大约相当于全国平均水平的 1.3~2.0 倍以上(表 5—2),以省(市、自治区)为单元,各单类和综合受灾程度的分布等级列于表 5—3。

第二节 中国自然灾害对经济与社会影响的态势分析 269

表 5—2 省(市、自治区)受灾程度等级划分

项目 等级	受灾人口 (%)	人均损毁 房屋 (%)	受灾 农作物 (%)	人均经济 损失 (%)	经济损失 与GDP (%)	综合受灾 程度 (%)
微度受灾	<50	<50	<50	<50	<50	<50
轻度受灾	50～80	50～80	50～80	50～80	50～80	50～80
中度受灾	80～110	80～120	80～120	80～120	80～120	80～120
重度受灾	110～130	120～150	120～140	120～150	120～200	120～140
特重度受灾	>130	>150	>140	>150	>200	>140

表 5—3 省(市、自治区)受灾程度表

项目 等级	受灾人口	人均损毁 房屋	受灾 农作物	人均经济 损失	经济损失 与GDP	综合受灾 程度
特重度	海南 湖南 湖北 安徽	湖南 浙江 福建	湖南 湖北 海南	湖南 吉林 海南 江西 广西 辽宁	湖南 江西 贵州 广西 安徽	湖南 江西 海南 广西 安徽
重度	贵州 陕西 云南 山西 江西 四川 山东	广西 云南 海南	广东 浙江 贵州 福建 陕西 江西	福建 浙江 安徽 广东	吉林 西藏 青海 海南	浙江 贵州 吉林 福建
中度	河北 广西 浙江 河南 福建 甘肃 江苏	四川 江西 吉林 安徽 广东 贵州 湖北 内蒙古	江苏 安徽 广西 吉林 山西 四川 山东 河南 甘肃	青海 河北 江苏 湖北 贵州	河北 陕西 湖北 福建 内蒙古 辽宁 云南 甘肃 宁夏 山西 河南 浙江	湖北 广东 山西 云南 河北 四川 陕西 辽宁 江苏 内蒙古 山东
轻度	宁夏 内蒙古 吉林 广东 青海 辽宁 黑龙江	辽宁 河北 山东 黑龙江 江苏	青海 河北 辽宁 云南 宁夏 内蒙古 天津 黑龙江 北京	西藏 内蒙古 黑龙江 山东 陕西 新疆 山西 云南 宁夏 河南	四川 广东 黑龙江 山东 江苏 新疆	青海 河南 甘肃 西藏 黑龙江 宁夏
微度	西藏 新疆 北京 天津 上海	山西 河南 陕西 甘肃 天津 北京 青海 西藏 宁夏 上海 新疆	西藏 新疆 上海	四川 甘肃 天津 北京 上海	天津 北京 上海	新疆 天津 北京 上海

可以看出，中国社会经济受自然灾害危害程度的区域变化比较大：

特重度和重度危害区主要集中在华中、华南地区，综合受灾指数和多数单项指标均是以湖南为中心向广西、海南、湖北、安徽以及贵州、江西和浙江、福建扩展，形成东北、西南方向的危害最为严重的区域。与80年代的灾害形势相比，显然重灾区有向南偏移的趋势。其次分布在东北吉林中部以及黑龙江南部和辽宁的部分地区。这些地区之所以危害程度最高，其基本原因是自然灾害种类多、强度大、减灾能力较差。这些地区不但是中国洪涝灾害最严重的地区，而且旱灾、低温冷害、风雹、病害以及沿海地区的台风、风暴潮等灾害的威胁也十分严重。从社会经济条件看，这些地区以农业生产为主，人均产值和人均收入不高，与此同时，多数地区防洪标准比较低，水利工程的保障程度不够，防洪、防潮、抗旱以及抵御寒潮、风雹的能力都不高。在这种情况下，自然灾害造成的破坏损失不但绝对数量较大，而且相对值也高。以湖南省为例，其受灾人口和受灾农作物比率分别相当于全国平均水平的1.4倍和1.6倍，损毁房屋和人均经济损失，直接经济损失与国民生产总值比率分别相当于全国平均水平的3.7倍、2.1倍和3.0倍，综合受灾程度指数相当于全国平均的2.4倍。

中度危害区主要分布在华北的内蒙古中部、河北、山西、陕西、山东、江苏、河南，东北的辽宁，西南的四川东部、云南，以及湖北、广东等地区。上述诸地区大致分为三种情况：一是广大的华北地区，主要为旱灾，其次为洪涝、风雹、雪灾和地震等灾害，灾害活动比较强烈，但逊于华南和东南沿海地区。产业活动以农业、牧业生产为主,生态环境差,抗灾能力低,受自然灾害危害比较明显。二是西南的川滇地区,主要受洪涝、地震、泥石流、滑坡等灾害危害,抗灾能力低,受自然灾害危害比较明显。三是广东、山东、辽宁三省,这些地区自然灾害种类多,除洪涝、台风、风暴潮灾害外,还受旱灾、泥石流等灾害威胁。自然灾害类型多、活动频繁、影响区域大。但这些地区社会经济比较发达,虽然以农业生产为主,但工业生产占的比重较高,综合抗灾能力比较强,所以尽管灾害活动强烈,但社会经济的受灾程度属于中等。

轻度危害区主要分布在中国大陆西部宁夏、甘肃、青海、西藏和东北的黑龙江地区。这些地区相对沿海地区自然灾害种类比较少,主要为旱灾、风灾、雪灾、霜灾,其活动强度和破坏程度都比较低,所以,尽管这些地区社会经济不够发达,工业产值比重低,农业和牧业生产抗灾能力差,但社会经济的灾害程度仍比较低。

微度灾害区主要包括两个区域。一是北京—天津、上海、广州地区,这三个地区是以特大城市为中心分别在渤海湾、长江三角洲、珠江三角洲形成的城镇群。这些地区自然灾害种类多,活动强度大,但社会经济高度发达,工业生产以及第三产业在国民经济中占绝对优势,而且防灾工程有效程度高,综合减灾能力强,所以社会经济受灾程度特别低。二是新疆地区,其自然灾害比较微弱,主要有风灾、雪灾、沙尘暴、地震灾害等,一般影响区域比较小,所以尽管以农牧业生产为主,综合减灾能力一般,但社会经济受灾程度微弱。

第三节　自然灾害发展趋势和风险初估

自然灾害发展趋势预测是一个世界性的难题，但是根据中国大量历史资料的统计分析和多种致灾因子的综合研究，对自然灾害的发展趋势和风险仍可作出一个宏观的估计，这是制定减灾对策的重要参考依据。

一、21 世纪初中国将面临新的灾害严重时期

自然灾害的发展是非稳态的，由于受大气环流、厄尔尼诺、拉尼娜、海温、气温、太阳活动、地球自转、地壳变动等具有多种周期性变化的致灾因素的综合影响，自然灾害的态势呈复杂的似周期性的波浪变化。对主要气象灾害(图 5—12)的分析可以看出，中国受灾率高的有三个时段即 1959～1963 年、1976～1978 年、1991～1994 年，受灾率达 55% 以上；受灾率低的时段为 1950～1952 年、1967～1970 年、1981～1984 年，受灾率为 15～35%。根据受灾率变化曲线的初步外延，并结合太阳活动、地球自转、气温变化和气候变化的布鲁克纳周期及 10 年、20 年周期综合分析，初步认为 2007～2011 年可能为一新的灾害多发期，如不采取更有效的减灾措施，灾害最严重的年头受灾率可达 60%，平均年直接经济损失可达 2 500 亿元，甚至更多。

第三节 自然灾害发展趋势和风险初估 273

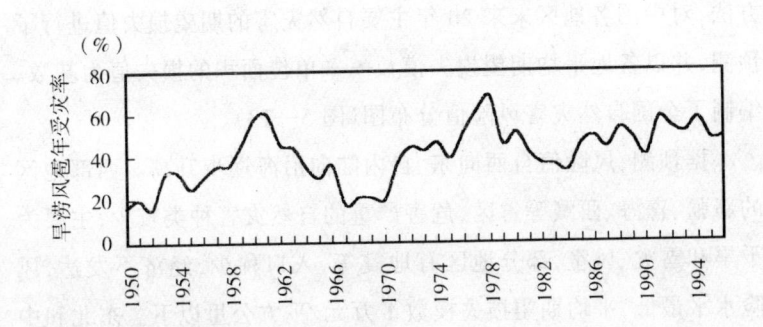

图 5—12 1949 年以来旱涝风雹灾害年均受灾率变化图

二、未来 20 年自然灾害风险评估

(一) 为了制定减灾规划和社会经济发展计划,我们采用多种

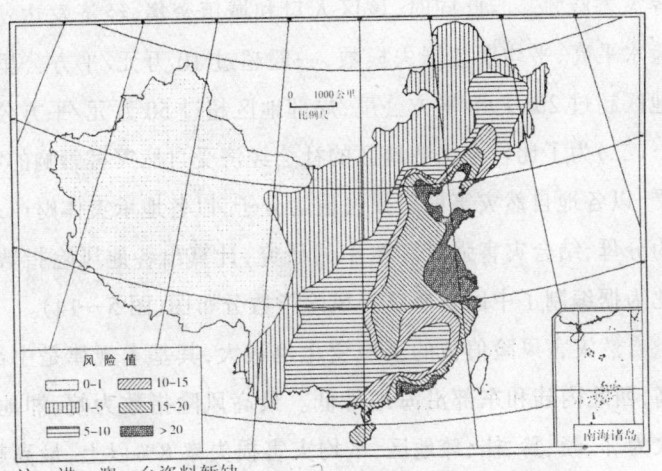

图 5—13 中国自然灾害风险值分布图

方法,对中国各地区未来20年主要自然灾害的期望损失值进行了预测,并以各地平均期望损失模数——单位面积的损失值为基数,编制了全国自然灾害风险值分布图(图5—13)。

据预测,风险值自西向东、自内陆向沿海逐步升高。西部地区的新疆、青海、西藏等省区,危害严重的自然灾害种类较少,主要为干旱和雪灾、风雹,部分地区有地震等,人口稀少,经济不发达,风险水平最低,平均期望损失模数1万元/平方公里以下。东北和中部地区的黑、吉、蒙、晋、陕、甘、宁、川、滇、黔、桂等省区,灾害种类较多,主要有干旱、洪涝、风雹、低温、冷害、雪灾、地震、崩塌、滑坡、泥石流等,经济欠发达,灾害风险水平低,平均期望损失模数一般为1~10万元/平方公里。东部沿海地区,不但有严重的洪涝灾害,而且不少地区还遭受台风、干旱、低温、冷害以及地震、塌陷、滑坡等灾害威胁。与此同时,该区人口和城镇密集,经济发达,灾害风险水平高,平均期望损失模数,一般超过10万元/平方公里,部分地区超过20万元/平方公里,局部地区超过50万元/平方公里。

(二)为了比较全国各地区的社会经济受自然灾害影响的相对水平,以各地自然灾害期望损失值为分子,以各地承灾体财产总价值为分母,结合灾害强度和概率的研究,计算出各地风险指数,并以此为据编制了中国自然灾害风险指数分布图(图5—14)。

自然灾害风险值数的区域变化也很大,其基本规律是中部地区高,西北内陆和东部沿海地带低。最高风险指数为皖、湘地区,其次为鄂、赣、黔、桂、琼地区,平均灾害损失率8%以上,最高超过10%。中等风险指数区主要分布在黑、吉、蒙、晋、陕、甘、宁、川、滇、藏地区,平均灾害风险指数一般在4~8%。低风险区主要分布在西部地区的新、青和东部沿海地带,平均风险指数一般在 4%以下,其中京、津、沪等地区在 1%以下。风险指数和灾害强度的关系是灾变强度愈大,风险指数越大,灾变强度愈小,风险指数越小。风险指数和区域社会经济状况的依存关系是农业生产发达地区一般灾害风险指数大;城市化程度高,第二、第三产业发达地区和荒漠地区风险指数小。

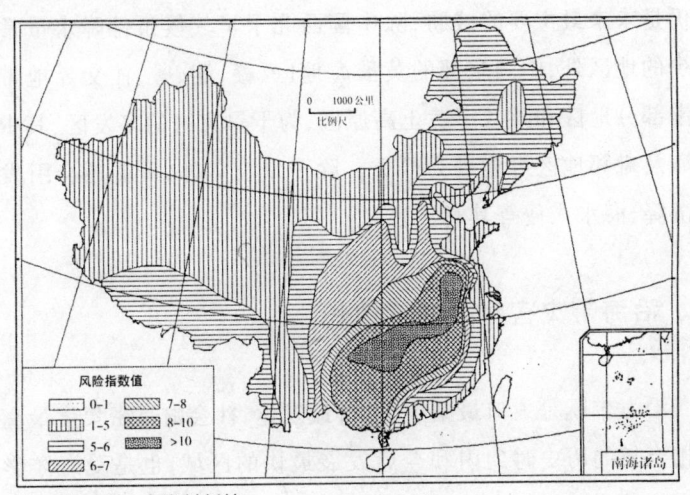

图 5—14 中国自然灾害风险指数分布图

三、水旱灾害仍是主要的威胁

根据许多专家多种预测方法所获得的综合结果认为,现在已进入降水量长周期变化中从干旱向平均降水量增多的转化时期,如不加强防洪涝措施,未来洪涝灾害的平均水平将有所提高。主要的易洪涝区是东南沿海、长江中下游、淮河流域及东北地区。长江、黄河、海河、辽河等河流的"悬河"段是易发生洪水巨灾的地段。由于多种因素导致的降水量较短周期的变化,使在总的趋势中降水量呈起伏变化,一些专家认为在20世纪与21世纪之交和2010年以后是洪涝灾害相对增多的时期。不过由于中国平均降水量偏少,降水时空分布不均和随着工农业的发展,用水量日益增多,干旱仍是未来最主要的威胁,除中国西北干旱气候条件降水量常年偏少的地区外,中国东部的黄淮海地区、赣、湘、粤、桂交界地带及云南部分地区和陕甘宁黄土高原区,为干旱灾害的多发区,其中黄淮海及毗邻地区可能最为严重。除干旱灾害外,可能还会引发地面沉降、海水入侵等其它灾害。

四、沿海带灾害将大幅度增长

沿海带既是人口最集中、经济最发达、社会财富密集度最高以及相当长的历史时期内和今后发展最快的区域,也是受海洋影响最直接的区域,对各类自然变异反应都相对比较脆弱,致使那些起因于海洋的灾害,包括热带气旋、风暴潮、风暴海浪、海冰、海雾、赤潮(以及其它生物灾害)等突发性较强的灾害,以及海岸侵蚀、海湾淤积、海水入侵、海平面上升、沿海土地盐渍化等缓发性灾害等十分严重。随着经济的发展,海洋灾害经济损失在成倍增长(表5—4)。

综合分析各种海洋性灾害的自然危险性和经济损失:50年代平均每年不足1亿元,60年代为每年1~2亿元,70年代5~6亿元,80年代每年十几亿至数十亿元,1989年损失沿海省市区50~60亿元,内陆省市区10~20亿元。1990年海洋性灾害的经济损失增加到92亿元左右,1992年102亿元,1997年超过500亿元。这些损失的80~90%发生在沿海带。沿海带在全部自然灾害经济损失中的比例,在80年代和90年代初,已达到大约10%左右,近年已大大超过这一比例。

表5—4 中国沿海经济与灾害损失(亿元,当年价)

年份	沿海经济(GDP) 沿海省	沿海带★	海洋产业产值	海洋灾害经济损失	风暴台风 总数	登陆次数	主要风暴潮灾害 严重风暴潮及次数	年经济损失/死亡人口
1986	4 674.25	2 138.96	226.62	27.8	30	6	1次特大,8616台风风暴潮;8609次之	8.6亿元/57人
1987	5 530.60	2 927.34	284.88	15.3	24	5		
1988	6 970.67	3 848.78	379.59	13.9	27	8		
1989	7 839.09	4 195.74	384.75	57.6	32	10	8908及8923台风风暴潮	24.3亿元/205人
1990	8 532.33	4 698.67	443.98	92.7	30	10	9018台风风暴潮	
1991	10 132.39	6 166.25	531.21	20	31	7	1次	
1992	12 958.71	7 439.26	755.78	102	33	9	1次特大,9216台风风暴潮	92亿元/193人
1993	15 139.98	8 150.98	978.78	84	32	8		
1994	25 338.89	13 682.59	1 707.3	174	39	13	9417台风风暴潮	135.2亿元/1216人
1995	32 220.51	16 459.77	2 291.6	100	24	13		

注:★沿海带GDP统计中,上海、天津为全市资料(即不仅限于沿海区、县)

据气象专家预测,未来20年登陆中国的热带气旋年平均7.1个,其中可能损失严重的台风年平均3.3个,均比前50年平均数高,加之沿海带经济的迅猛发展,估计沿海带的年均损失将在20

万元/平方公里以上,是中国自然灾害损失最高密集区。

五、地震的严重威胁依然存在

大量统计资料表明,中国大陆地震活动表现为明显的分期性。本世纪1902～1912年、1920～1934年、1945～1957年、1969～1978年、1988至下世纪初为地震活跃幕(图5—15)。2010年前,可能还有个别的7级及少量的6级地震发生,地震多数估计发生在西部地区,但损失重的地区主要在东部。据地震专家对未来1～3年的预测研究,初步列出西部八个,东部四个为主要监视区。

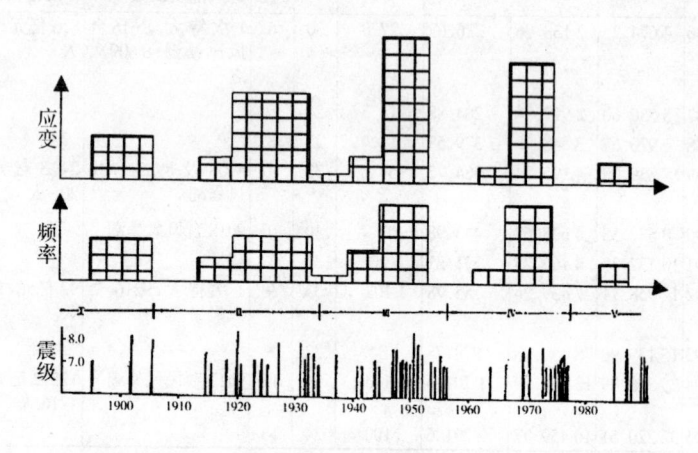

图5—15 中国大陆及邻区浅源大震时序图

六、面临农业生物灾害的新挑战

1949年以来,中国曾经历了四个农业生物灾害频发高峰期,即 1949~1956 年、1958~1964 年、1970~1977 年、1985~1990 年,现在正处于第五个频发高峰期,中国农业的发展正面临生物灾害的新挑战。

(一) 次要的有害生物上升为主要灾害

水稻褐飞虱、白背飞虱、稻纵卷叶螟等害虫在 60 年代以前属于偶发性的种类,其分布与为害损失有限,在众多的水稻病虫中处于次要地位。但 60 年代以后,这些害虫逐步上升为常发性的主要害虫,多次在中国南方主产稻区暴发成灾。麦类白粉病和稻、麦、玉米等粮食作物纹枯病过去虽偶有报道,自 70 年代以来,逐年加重,严重制约了三大粮食作物单位面积产量的继续提高。

(二) 少数已被控制的致灾生物种类再度回升

东亚飞蝗 60 年代已被控制,但由于监测不力,放松防治,1985 年秋在天津北大港出现了自 50 年代以来的第一次起飞。最近新的蝗患区不断出现。小麦吸浆虫在 50 年代末已基本得到控制,但 1989 年以后明显回升,而且其发生为害呈逐年加重的趋势。曾一度控制为害的北方棉区棉铃虫急剧回升,加重了对黄河流域棉区的危害。

(三) 重大流行性病害的病原菌生理小种变异频繁

水稻、小麦等主要农作物的一些重大流行性病害的病原菌致病型变异频繁,新的毒力小种不断产生,使一些优良的抗病品种丧失了抗性,引起病害再度猖獗成灾。

（四）新的致灾病虫时有发生

如四川等西南玉米产区，新出现的玉米纹枯病的流行与危害逐年加重，已迅速上升为该区玉米生产中的主要灾害。

（五）农田草害、鼠害问题越来越严重

自80年代以来，农业劳动力随着农村经济的发展逐渐向城市或乡镇企业转移，一些农田疏于管理，草荒鼠患问题愈来愈严重。

（六）有害生物的抗药性逐年增强

据有关部门对31种主要致灾害虫和病原菌对57种常用农药的抗性动态监测，发现已有13种害虫、2种病原菌分别对1~5种农药产生了程度不同的抗性，致使农药用量和防治成本不断增加，而防治效果却逐渐下降，使一些主要农药、甚至80年代才投入使用的农药新品种或新剂型迅速地被淘汰。如棉铃虫聚酯类农药产生了40~160倍的抗性，成为1990年北方棉区棉铃虫特大暴发、普遍成灾的重要原因。北方棉蚜的抗药性更是惊人，在部分地区达到3~4万倍。

目前已有少数害虫种类在部分地区因抗药性的急剧增加而处于无药可治的危险状态。近年来，部分农田害草也相继出现了抗药性。

此外，由于长期受研究经费和条件所限，直接影响了对一些重大的农业生物灾害的暴发成因和灾变规律及其对环境、生态影响的研究和整体预报能力。而且减灾手段普遍落后，在病虫草鼠害

暴发和流行时,还得靠人海战术。农药的有效利用率仅20%左右,盲目用药的现象十分严重,大量的化学农药进入农田土壤和自然水域,尤其是一些高残留的农药在自然界的积累,加重了对农业生态环境和农副产品的污染。如甲胺磷等剧毒农药在一些大中城市的蔬菜基地的检出率高达70%。1992年,全国因农药中毒伤亡人数已超过10万之众。乱用滥用化学农药,不但在农业生产过程中污染人类赖以生存的生态环境,而且直接危及亿万农民及城镇居民的安全,祸及社会上千万个家庭。因此,有效地控制病虫草鼠等有害生物和最大程度地减轻农业生物灾害,不仅是农业可持续发展的需要,也是人类社会可持续发展的需要。

第四节 减灾态势分析和对策

一、建国50年来减灾工作的成绩与问题

(一) 主要成绩

新中国成立以后,政府高度重视减灾事业,在各方面进行了大量工作,有效地保护了人民生命财产安全,减少了灾害损失,取得了举世瞩目的巨大成就。不但促进了人民的安定生活和社会经济发展,而且创造了较丰富的减灾理论与经验,建立以行业或部门为主体的减灾专业队伍和条块结合的管理系统,形成了比较系统的减灾工作方针和指导思想。

几十年来围绕防洪、防潮、抗旱、除涝、治碱,进行了多方面的工程建设。截止1996年,全国共修建各种堤防24.8万公里,保护人口4亿以上,保护耕地3 269万公顷;修建各类水库84 905座,

总库容4 571亿立方米,其中大型水库394座,中型水库2 618座,举世瞩目的长江三峡水库和黄河小浪底工程开始兴建,进展顺利;开辟蓄洪区100多处,总计分蓄洪能力达1 200亿立方米;建成机电井251万眼,排灌站46万多处,机电排灌能力6 400多万千瓦;建成万亩以上灌区5 608处;全国灌溉面积5 038万公顷,除涝面积2 028万公顷,治碱面积551万公顷,旱涝保收面积3 719万公顷,初步治理水土流失面积6 932万公顷。加强了水情、旱情监测工作,全国建成水文站3 450个,水位站263个,雨量站6 273个,地下水观测井13 648处。这些建设大大提高了中国抗御洪涝和干旱的能力,使这些灾害活动的频次、强度及危害程度有所减缓,提高了多灾区的安全程度,促进了农业生产的发展。

在减轻气象灾害方面,几十年来,以气象科学现代化为动力,不断提高气象灾害的监测预报水平和防御能力,有效地减轻了各种气象灾害的危害程度。至1993年全国共建成2 487个地面气象观测站、122个探空站、237部天气雷达,形成了覆盖全国大部分地区的自动化通讯网络和气象警报服务系统以及由大气探测、通信、天气预报警报、资料加工、气象服务系统组成的综合气象业务体系。伴随气象事业的不断发展,天气预报和灾害性天气监测的准确性和时效性不断提高,覆盖面越来越广,有力地促进了气象灾害防御能力的不断提高。

在减轻地震灾害方面,不断加强地震监测预报工作,全国设有各级地震台459个,地下水观测井236眼,组成19个地震观测台网,形成了比较完整的监测预报系统。与此同时,不断提高地震灾害的工程防御能力,编制了全国地震烈度区划图和震害预测图,制定了行政法规和技术法规,对全国Ⅵ度以上地区的工程建筑,实施综合性震害防御,并争取在近年内使全国大中城市达到能抗御6级地震的能力。

在防治农林病虫害和森林火灾方面,全国已布置近2 000个区域性病虫测报站,初步建立了农业生物灾害预测预防和防治体系;建立健全了各级森林防火机构,制定颁发了《森林防火条例》,在全国重点林区已建成防火站334处,修建防火专用公路27 720公里,营造防火林带69 000公里,建立火险天气预测预报站112处。

在防治海洋灾害方面,目前已建设水位站近300个,标准化验潮站104个,初步形成了由海洋监测、通讯、预报警报、海上救助组成的海洋灾害监测救护系统。

自70年代开始,中国加强对滑坡、泥石流、崩塌以及地面沉降、地面塌陷、地裂缝等地质灾害的勘查防治工作,在进行全国地质灾害灾情调查的基础上,对包括长江链子崖危岩体、黄腊石滑坡等在内的几十处严重威胁城镇、铁路、公路、航道、矿山的地质灾害进行了专门勘查和综合防治,减轻了灾害威胁。与此同时,结合山区资源开发,进行了部分流域的生态环境和地质灾害防治,取得了初步成效。

在加强对各种自然灾害防治的同时,为了改善区域环境,从根本上削弱自然灾害的活动基础,几十年来坚持进行国土整治和生态环境保护与治理工作。全国建立了25片国家级水土流失重点治理区,实施了七大流域水土保持工程,在1万多条水土流失严重的小流域开展了山水田林综合治理工作,全国累计治理水土流失面积 6 930 万公顷。从 1978 年起，先后确立了包括三北防护林、长江中上游防护林、沿海防护林、平原农田防护林、淮河太湖流域防护林、珠江流域防护林、辽河流域防护林、黄河中游防护林和太行山绿化工程、防治沙漠化工程的十大林业生态工程，规划造林总面积 1.2 亿公顷，这些工程取得了不同程度的进展，一些地区的生态环境得到改善。草地建设也得到发展，到 1994 年底，累计完成人工种草 563.8 万公顷。

此外，到 1995 年底，全国建成自然保护区 799 处，面积 7 185 万公顷，其中国家级自然保护区 99 处，加入国际与生物圈保护区网的 10 处。还建立了国家级海洋自然保护区 14 处；设立风景名胜区 512 处，总面积 960 万公顷；建立森林公园 710 处。中国已有 612 种国家级珍稀濒危动植物被列为重点保护对象，建动物园和公园动物展区 175 个，各种野生动物繁殖中心 227 个，已有 60 多种珍稀濒危动物人工繁殖成功。建立大型植物园 60 多个，野生植物引种保存基地 255 个。

在灾害管理方面，经过几十年的实践逐步形成了由各级政府负责、专业主管部门配合、条块结合的管理系统。管理内容不断丰富，除灾害预测、监测、预报、评估、防治、救援、重建外，还特别加强了减灾规划以及减灾宣传、教育、法规等方面工作。虽然这些工作还不够充分完善，但为减灾发挥了重要的作用。

新中国成立以来，不断得到加强的各方面减灾工作有效地保护了人民生命财产安全，明显地减少了灾害损失，促进了经济发展和社会稳定。几十年来，虽然各种自然灾害不断，且大灾、巨灾也频繁发生，但除个别时期（如 60 年代初期）因叠加其它原因出现全国性灾难外,基本上没有发生大范围饥荒以及由此而引起的千百万人流离失所和严重的社会动乱。不断发展的防灾、抗灾体系和及时有效的救灾、援建工作,使灾后人民生活得到基本保障,生产得到恢复,保障了社会稳定。从经济发展看,虽然一直受自然灾害影响而发生波动,但随着减灾事业的发展,自然灾害的相对影响程度越来越小,社会经济从总体上保持持续增长势头。这种特点在80年代以来表现得尤其突出。据灾情统计资料,50年代和60年代,国家经济基础薄弱,减灾能力低,社会经济不但受灾严重,而且各项灾情指标和社会经济指标随自然灾害的轻重变化发生大幅度波动,在一些大灾年,农业产值、工业产值、财政收入等指标增长速率明显下降,有时甚至出现零增长或负增长。而改革开放以来,伴随减灾事业和整个社会经济的发展,社会经济对自然灾害的承受能力明显增强。近十几年来,农业产值、工业产值、其它产业产值以及国民生产总值、财政收入、城乡居民收入等,虽然受自然灾害影响而发生波动,但波动幅度明显减小,社会经济基本保持了持续、快速、稳定增长的势头。这种形势归功于国家正确的发展减灾事业,提高综合减灾能力的方针政策。目前已取得的减灾工作的成绩为今后减灾事业的进一步发展奠定了基础。

(二) 主要问题

1. 社会综合减灾能力比较低

中国幅员辽阔,自然条件复杂;与此同时,中国人口众多,人均水资源、土地资源、森林及生物资源等严重不足。长期以来,广泛地过度开发资源和其它不合理的社会经济活动,导致许多地区生态环境变化。脆弱的自然环境和人为因素,使中国自然灾害不但种类繁多,而且分布广泛,活动频繁,危害深远。

中国是社会经济欠发达的发展中国家,虽然近 20 年来社会经济以前所未有的速度持续增长,但经济实力和科技水平还十分有限,特别是人均水平不但远远落后于发达国家,而且低于世界平均水平。

基于上述情况,虽然中国始终把防灾救灾放在十分重要地位,竭尽全力进行减灾工作,但由于缺乏充分的基础,所以从总体上仍处于较低水平,不但落后于发达国家,而且也远不能适应中国社会经济发展的需要。

几十年来,中国坚持不懈地进行大江大河治理和洪涝灾害的防治工作,但目前达到的防洪标准远低于发达国家。例如,美国本土(不包括阿拉斯加和夏威夷)河流的年径流量约 1.7 万亿立方米,已建水库总库容达 1 万亿立方米,可控制河流径流量的 60%;中国河流年径流量约 2.7 亿立方米,已建水库总库容 4 571 亿立方米,仅占河流年径流量的 17%。美国大部分地区达到很高防洪标准,哥伦比亚河和康温狄格河以历史上发生过的最大洪水作为防洪标准;密西西比河达到 150~500 年一遇标准,超过历史上实际发生过的最大洪水水平;在其它河流的城市和重要经济区达到 100 年一遇标准;一般农田保护区采用 50 年一遇标准。在日本,特别重要的河川流域达到 200 年一遇标准;重要的河川流域达到 100 年一遇标准;一般河川流域采用 50 年一遇标准。其它多数发达国家多采用历史上最大洪水或 100 年一遇防洪标准。

中国防洪标准远低于发达国家,黄河、长江、淮河、海河、辽河、松花江、珠江七大江河及重要支流的防洪标准一般为 10～20 年一遇，最高达 50 年一遇，部分河段或地区则只有 3～5 年一遇标准，还有的地区甚至基本没有设防。在这种情况下，洪水仍然是威胁中国许多地区人民生命财产安全的首患。近年来，多数河流洪灾仍然十分频繁，只有黄河因水库蓄积、加高加固堤防，以及流域持续干旱，大量利用水资源，径流大幅度减少而没有出现大的洪水灾害，但随着黄河中下游河底不断淤高，相当长的河段已经成为地上悬河，其巨大隐患时刻威胁中下游区域的安全。

再看城市防洪现状。据 1993 年调查，当时全国建制城市 570 个，有防洪责任的 472 个，占城市总数的 82%。达到 50 年和 50 年以上防洪标准的城市有 93 个，占应防洪城市的 20%；达到 20 年一遇标准的有 248 个，占应防洪城市的 53%；防洪标准 5～20 年一遇的有 92 个，占应防洪城市的 19%；其余 39 个城市低于 5 年一遇标准，占应防洪城市的 8%。与这些城市的实际洪水相比，只有大约 30% 能够满足防洪需要，其余 70% 未达到应有的标准，即使在由原水利电力部、城乡建设环境保护部和国家计委确定的 30 个重点防洪城市，也只有少数达到 50 年或 100 年一遇标准，多数也只达 10～20 年一遇标准。

中国是传统的农业大国，虽然农业生产水平不断提高，但抗灾能力仍然较低，水、旱等自然灾害的危害一直十分严重。全国灌溉面积和旱涝保收面积仅占耕地面积的 53% 和 39%；在一些旱涝灾害严重、水利设施薄弱的地区，灌溉面积和旱涝保收面积分别低于 35% 和 25%。

中国主要工程设施的抗灾能力也有待进一步提高。以城乡房屋为例,城镇住房中以钢筋混凝土砖木结构房屋为主,所占比例一般可达90%以上。虽然具有较强抗灾能力的房屋类型所占比例不断提高,但建筑施工质量问题严重。据原建设部对河北、辽宁、湖北、安徽、四川、陕西6省城市抽查结果,结构工程和装饰工程的合格率分别为81.9%和55.6%,明显低于国家规定标准,所以其实际抗灾能力不同程度地低于设计抗灾能力。广大农村住房抗灾能力更低。经济较发达地区以混凝土砖木结构房屋为主,其比例可达70%左右,一般地区占50%左右,经济落后地区低于50%,最低只有10~20%,其余均为砖石结构、草木结构、土结构等简易结构房屋,抗震、防水、防风、防火性能差,极易遭受灾害破坏。

此外,中国减灾科技能力、管理水平以及民众的减灾意识与知识水平比较低,加上社会经济尚不发达,生产总值、人均产值、政府财政收入、城乡居民收入都比较低,农业人口和农业产值比重大,救灾能力比较差,所以综合减灾能力比较低。

由于中国自然环境脆弱,总体减灾能力比较低,所以灾害的危害程度比较高。如前所述,中国因自然灾害造成的每年平均死亡人数在世界109个国家或地区中居第5位,年均死亡率居第28位,不但高于多数发达国家,而且高于许多发展中国家。近年来,每年自然灾害直接经济损失相当于国内生产总值的3~6%,相当于财政收入的25~40%,虽然较50年代和60年代大幅度降低,但仍远高于发达国家——相当于美国、日本等国家的几十倍,甚至近百倍。

中国现有减灾能力不但明显低于发达国家,而且也很不适应中国社会经济发展需要。近20年来,中国社会经济持续快速发展,但在这一进程中,广泛而又频繁的自然灾害每年都要造成近万人死亡和千亿元以上的直接经济损失,不但对经济发展和社会稳定造成直接危害,而且加剧了资源破坏和环境恶化,对人民生活和社会经济造成深远影响。因此,自然灾害迄今仍然是阻碍中国社会经济发展的重要的直接因素之一。

2. 综合减灾能力地区间不平衡

为了进行区域对比,将省(市、区)单项和综合减灾能力划分为5个等级(表5—5)。从表5—5可以看出,中国不同区域的单项减灾与综合减灾能力相差悬殊。在省际之间,减灾能力指数最高的省份相当于最低省份的3~15倍,而在地、县际之间则达到数十倍甚至上百倍。基本规律是西部和北部内陆地区低,东部和东南沿海地区高;农村、牧区、林区低,城市地区高。根据减灾能力变化和社会经济发展水平,大致可分为三个区域:

表5—5 省(市、区)减灾能力等级划分表

	工程防灾能力	恢复重建能力	基础抗灾能力	综合减灾能力
强	>1.5	>2.0	>2.0	>1.8
较强	1.1~1.5	1.1~2.0	1.1~2.0	1.1~1.8
中等	0.9~1.1	0.8~1.1	0.9~1.1	0.9~1.1
较弱	0.7~0.9	0.6~0.8	0.7~0.9	0.7~0.9
弱	<0.7	<0.6	<0.7	<0.7

东部沿海区域,包括辽宁、河北、北京、天津、山东、江苏、上海、浙江、福建、广东。这些地区社会经济发达,城市化水平高,防洪、防涝、抗旱、抗震工程能力比较强,人均国民生产总值、人均收入、人均保额高,农业产值比率小,单项减灾和综合减灾能力均高于全

国平均水平,单项与综合减灾指数大于 1.0。其中京津、沪宁、穗港及其所处的渤海湾沿岸、长江三角洲、珠江三角洲地区,城镇密集,社会经济更加发达,减灾能力最高,相当于全国平均水平的 2 倍以上,最高达 5 倍以上。

中部区域,包括黑龙江、内蒙古东部、山西、陕西、宁夏、甘肃东部、河南、安徽、江西、湖南、湖北、四川东部、云南东部、广西、海南。该区域的大部分地区社会经济发展水平不高,以农业、牧业、林业生产为主,二、三产业不发达,减灾能力除部分地区和一些大中城市较高外,低于全国平均水平。单项和综合减灾指数一般为 0.7~1.0,从西向东逐渐升高。

西部地区,除黑龙江北部、内蒙古北部外,还包括甘肃西部、四川西部、云南西部和新疆、青海、西藏地区。该区域社会经济比较落后,大部分地区一、二、三产业都不发达,减灾能力明显低于全国平均水平,除新疆中部地区单项和综合减灾指数达 0.7~1.0 外,其余都低于 0.7,部分地区低于 0.5。

综合上述可以看出,中国区域减灾能力与社会经济的发达程度和城市化水平呈正相关关系:城市化水平越高,社会经济越发达,不但抗灾基础能力越强,而且工程防灾能力、救灾重建能力也越高,所以综合减灾能力越强。因此促进社会发展,推动城市化进程,是提高全国社会经济减灾能力的根本途径。

3. 减灾投入不足,减灾能力增长滞后于经济增长速度

社会发展中"加正"(经济建设)与"减负"(减少损失)都是重要的。为了保证社会经济的持续发展,一方面发展生产增加收入固然是重要的,但另一方面防灾减灾,减少损失也是重要的。50 年

来的经验已经说明,新中国成立初期,由于防灾能力极低,经受不住灾害的侵袭,所以一旦灾害发生,特别是灾害严重时期,工农业总产值,尤其是财政收入迅速降低。据计算,在50年代受灾率1%的损失额达到20亿元,50年代以后,由于中国的防灾体系初具规模,所以尽管经历70年代中期、80年代中期较严重的灾害时期,且经济密度大幅度增加,但受灾率1%的损失额一般在10～15亿元以下。然而至90年代,灾害的损失大幅度上升,受灾率1%的损失额达20～30亿元以上。1994年以后,工农业生产总值与财政收入增长率降低,这不能不引起社会的高度重视。这一时期由于国家方针政策正确,经济建设(加正)的成绩是显著的,但减灾(减负)却不尽人意。灾害损失增加的原因,自然灾害严重是重要的一方面,另一方面减灾投入减少,许多防灾工程年久失修,防灾体系不健全,也是一个重要的原因。

新中国成立以来,用于减灾的财政投入、物资投入以及科技投入是巨大的,这些投入为有效地减少灾害损失提供了重要保障。但与中国严重的自然灾害灾情以及不断发展的减灾需求相比,既有的减灾投入明显不足。

以水利基建投资为例,1950～1995年,全国水利基建总投资1 214亿元,占同期全国基建总投资的2.92%。分时段分析水利基建投资与基建总投资比例变化情况:"一五"期间为4.1%。"二五"到"五五"期间为6.7～8.0%;"六五"下降到2.7%;"七五"、"八五"进一步下降到2%左右。这种情况和社会经济发展很不协调。近20年来,中国国民生产总值和基建投资以年均10%以上的平均速率持续增长,但水利基建投资增加缓慢,在基建投资中的比例明显低于前30年水平,而且呈连续负增长趋势。50年代来中国水利基建投资有二个高潮(图5—16),一是1958～1960年,年均达60亿,占财政收入的5.4%;另一次在1976～1979年,年均达67亿,占财政收入的3.4%。这二次投资高潮,恰巧为中国第一、第二多灾时期,对防灾减灾起了重要的作用。70年代与80年代灾害直接经济损失平稳,与水利基建投资的增长是有很大关系的。

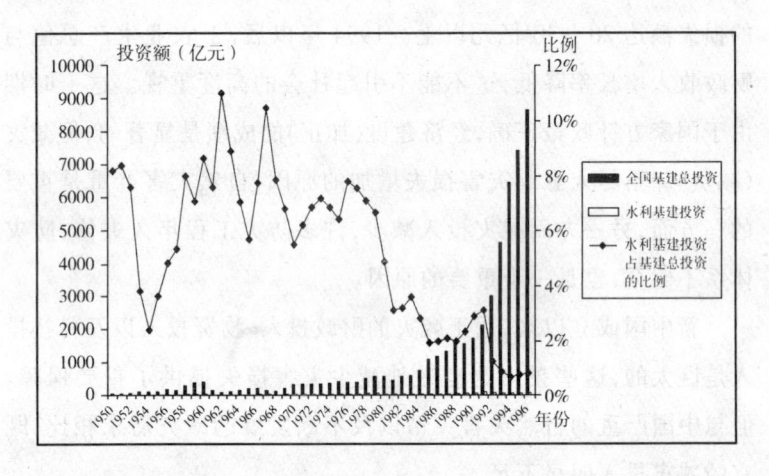

图5—16 国家基建总投资、水利基建投资及比值曲线

水利基建投入也有三次大幅度降低,一是1953～1955年,平均投入只有7.4亿元,占财政收入的1.2%;二是1961～1964年,平均投入只有17.6亿元,占财政收入的2.5%;第三次是1980年以后,平均34亿多,只占财政收入的1.3%,90年代以来,自然灾害损失大幅度增大与此是有极大关系的。

水利投入相对不足,抑制了水利工程建设发展和减灾效能的充分发挥。据调查,目前中国水利工程除了能力不足外,还严重老化。由于年久失修和过去某些年代(大跃进时期)修建的水库工程质量低劣,所以水库隐患严重。据初步调查评估,在全国8万多座水库中,有工程质量问题和标准不足的约占40%;有81座水库在1986年和1992年被列为全国重点病险水库,目前已加固完成31座,其余有待保险加固;在近400座大型水库中,还有大约60座带病运行。例如,作为引滦水源的大黑汀水库主坝基础廊道淤积严重,因资金缺乏,清淤进展缓慢,长此下去,严重危及大坝安全,不但影响正常引水,而且可能造成严重水患。江河湖海堤防工程,除了标准偏低外,还存在大量险工险段,全国70%灌区的工程系统损坏老化,效能持续下降,每年减少灌溉面积300多万亩。

水利基建投资不足,直接影响了减灾效能的提高。据统计,全国有效灌溉面积在70年代末达到4500万公顷,此后增长非常缓慢,至1995年才达到4900万公顷,年平均增长率不到0.5%。除涝面积、治理水土流失面积也都没有显著增长。与此相对应的是,全国农作物受灾面积和成灾面积在70年代最少,此后呈不断增加趋势,这与近年减灾效能相对下降有密切关系。

中国灾后的救助能力也很低。以1996年为例,该年灾害直接经济损失2 882亿元,但政府救济费37.41亿元,社会捐助27.5亿元,农村扶贫周转金9.8亿元,保险赔款33亿元,后四项相加108亿元,只相当灾害损失的1/27。

4. 巨灾风险比较严重,防御大灾能力低

目前,中国大部分地区减灾能力限于防御多发的、常规性的中小型灾害,对大灾防御能力明显不足,所以巨灾风险仍然比较严重。

中国危害特别严重的大灾主要是大地震和特大洪水,其次是大范围的持续性严重干旱、强台风、特大风暴潮以及森林火灾、牧区特大雪灾、大面积冷冻害与病虫害。中国大灾危险区分布广泛,除广大内陆地区外,在人口和城镇密集、经济发达、社会财富高度集中的东部沿海和大江、大河中下游地区的大灾威胁尤为突出,一旦发生特大灾害,将造成十分巨大的损失,对经济发展和社会稳定造成严重影响。

5. 过度资源开发和不合理经济活动加剧了环境灾害,阻碍了减灾事业的发展

几十年来,中国一方面坚持不懈地进行生态环境治理与防灾抗灾,另一方面伴随人口增长和社会经济发展,在许多地区过度开发或掠夺式开发利用水资源、土地资源、森林资源、草地资源以及一些不合理的工程建设,因此不但加剧了水土流失、土地沙漠化,以及泥石流、大风、沙尘暴等环境灾害,而且引发了日益严重的地面沉降、海水入侵等灾害。

据有关研究成果,中国水土流失历史悠久,在其发展历程中,有几个急剧发展时期,其中近几十年是发展最快的时期。统计资料表明,1985 年全国发生水土流失的耕地面积 12 920 万公顷,至今 10 余年时间,虽然治理了 6 932 万公顷,但水土流失面积不但没有减少,反而增加到 18 266 万公顷。中国沙漠化的发展与之相类似:据不同时期的航片资料分析,50 年代末中国沙漠化耕地面积 1 370 万公顷,至 80 年代增加到 1 760 万公顷,平均每年扩展速度超过 10 万公顷。

水资源危机和水环境灾害的威胁不断加剧,目前中国人均水资源只有2 300立方米,不足世界平均水平的1/4,且分布十分不均。全国有9个省区人均水资源低于500立方米,按国际通用的标准属于"水荒"省份。全国有近400个城市水资源严重不足,全年缺水60亿立方米以上,农业生产每年缺水300亿立方米以上。长期超强度开发利用水资源以及日益严重的污染,使江河湖泊等地表水不断萎缩,许多地区地下水位大幅度下降,水质恶化。例如,号称"千湖之省"的湖北,1949年时有大小湖泊1 066个,几十年来不断萎缩干涸,所余不足300个,而且水域面积和水深也在不断减小,继续向消亡趋势发展。包括七大江河在内的主要江河的径流量和入海水量普遍减少。近年来黄河连年断流,且断流长度和时间不断增加,1997年共计断流13次,累计226天,最大断流长度近2 000公里。目前中国每年地下水开采量达900多亿立方米,约占全国总供水量的17%,主要集中在华北以及东北、西北地区。长期超强度开采地下水,使这些地区的80%以上城镇地下水位大幅度下降,进而在黄淮海平原等地区形成大面积的区域性地下水漏斗。全国主要江河湖泊以及部分近海海域遭到污染,部分水域水质严重恶化。水环境恶化除了导致可利用水资源进一步减少,加剧水资源危机外,还促使多种灾害的发生和发展。超强度开采地下水,使中国60多个城市发生地面沉降,并在下辽河平原、黄淮海平原、长江三角洲、汾渭河谷平原等地区形成大范围的地面沉降区,其中上海、天津市区的最大沉降量均达2.6米左右。与此同时,还有近70个城市、60多个大中型矿山、30多个铁路车站因过量开采地下水发生地面塌陷,在辽东半岛、山东半岛等地区的29

个县市,因地下水位严重下降,发生海水入侵,累计面积达1 400多平方公里。

水土流失、土地沙漠化以及地面沉降、海水入侵等环境灾害,虽然不像地震、洪水那样猛烈,一般不会造成人员死伤,但它们具有顽固的持久效应,并对其它突发性灾害具有强烈的诱发推动作用。如水土流失除直接破坏土地资源外,还大大加剧了洪水灾害和泥石流灾害;土地沙漠化除直接破坏土地资源和生物资源外,还加剧了风灾、沙尘暴灾害;地面沉降除直接破坏工程设施外,还加剧了洪涝和风暴潮灾害;海水入侵破坏淡水资源,进一步导致生物资源的破坏。

在自然状态下,资源的再生过程和环境的良化过程非常缓慢,所以各种环境灾害的危害程度和治理难度往往超过多数突发性灾害。过度的资源开发和其它不合理的经济活动,增加了减灾困难,在很大程度上抵销了减灾效果,使减灾措施常常事倍功半,甚至停滞不前。

6. 减灾管理不适应社会主义市场经济和减灾发展的需要

伴随减灾实践的不断深入,中国逐步形成了政府统一领导、部门专业负责,中央与地方条块结合的减灾管理系统。这种管理系统是在计划经济基础上形成的,它虽然有效地领导和组织了防灾、抗灾、救灾与重建工作,为减少灾害破坏损失、促进社会经济发展发挥了重要作用,但面对不断发展的减灾需要和社会主义市场经济的要求,存在严重的缺陷和不足。主要表现在以下两个方面:

第一,减灾系统不完善,综合减灾薄弱。

如前所述,现代减灾是一项内容十分广泛的系统工程,它除了直接性的防灾、抗灾、救灾措施外,还包括灾害研究减灾教育、法规建设等措施。此外,为了从根本上削弱灾害活动基础,减轻灾害损失,广义的减灾系统还包括环境保护与国土整治。然而,在传统的减灾管理中,特别重视应急性救灾,而防灾管理相对不足,减灾教育与法规管理则更加薄弱。多年来,中国虽然一直把预防为主作为一项重要的减灾方针,但防御各种灾害的能力普遍偏低。在水利工程方面,防洪标准只能抗御多发性常规洪水,且病险工程大量存在。在防震工程方面,大量房屋和工程设施(包括一部分新建工程)没有达到规定的设防标准,一些城镇、企业工程选址,不进行认真勘查,忽视潜在的灾害威胁,以至受到滑坡、地面塌陷等灾害的严重危害。由于缺乏必要的社会减灾教育,许多政府部门和民众缺乏应有的减灾意识和必要的减灾知识,或者对灾害麻痹大意,或者轻信地震误传,盲目避灾,造成不应有的损失。

长期以来,中国减灾法规基本上属于空白,近年虽然制定了《防洪法》、《防震减灾法》、《水土保持法》和《环境保护法》等法规,但减灾的法制管理还是刚刚起步。长期以来依靠行政手段实施减灾管理,缺乏充分的权威性和科学性,影响了减灾效果。例如,分滞洪区管理是防洪的重要内容,但出于暂时的局部利益,这些分滞洪区普遍被侵占。黄河、长江、淮河、海河的蓄滞洪区共有85处,其地势低洼,历史上地广人稀,大多是洪水经常泛滥和滞留蓄积的场所。然而,由于缺乏长远规划和强有力的管理,这些蓄滞洪区被盲目围垦,甚至兴建村庄、企业,严重阻碍行滞洪区的有效运用,给洪水调度增加了很大困难。据初步调查,在上述4大江河的85处蓄滞洪区内,已垦植耕地200多万公顷,居住人口600多万,兴建

23 000 多个自然村,分属于 10 余个省区市的 186 个县市。又如,武汉市附近有杜家台、民湖、张渡湖、白漂湖、西凉湖、东西湖 6 个蓄洪区,1954 年长江特大洪水时发挥了有效的滞洪效能,对降低武汉市区水位起到了重要作用。但几十年来,除杜家台外,其它蓄洪区均被围垦。据 1988 年统计,6 个蓄洪区内居住人口 143 万,耕种土地 16 万公顷,拥有固定资产约 41 亿元,其防洪作用大大削弱。

在环境保护与治理方面缺乏应有的力度,有时在实行局部性治理的同时,又带来了新的环境破坏作用。几十年来,中国森林资源几经严重破坏,近年来尽管大力植树造林,但森林覆盖率仍只有 13.39％。对水土流失和土地沙漠化虽然也坚持不懈地进行治理,但面积有增无减。此外,还有草场退化,环境污染等日趋严重。所有这些都为减灾增添了新的严重障碍。

上述表明,自然灾害与自然界和人类社会具有广泛的联系,过去以救灾和工程预防为主体的传统减灾模式远不能适应现代减灾的需要。

第二,传统减灾管理还有一个弊病是单纯强调减灾的政府行为,忽视减灾的社会化和产业化特点。

在长期计划经济体制下,中国把减灾作为一项纯粹的公益性事业,由政府包揽防灾、救灾、重建等一切工作。这种体制虽然高度体现政府对人民的充分关心和负责精神,并且可以集中人力、物力、财力实施减灾工程,但同时也造成严重的弊病。最突出的是造就了地方、企业和民众的依赖思想,难以发挥各方面的减灾积极性,难以形成广泛的社会化减灾行动。这种机制除了导致社会减灾意识薄弱外,还造成减灾能力严重不足。中国地域辽阔,灾害频发,单纯依靠政府投入,使日益沉重的减灾工作显得越来越捉襟见肘和力不从心。此外,单纯的政府行为往往忽视了减灾的经济效益和产业性质,抑制了中国减灾产业的形成与发展。

传统的减灾管理体制不但不利于减灾能力的提高,而且有悖于社会主义市场经济规律。它是近年来减灾投入不足,减灾能力增长缓慢并严重滞后于社会经济发展的重要原因。改革传统的减灾体制,根据减灾事业的社会主义市场经济特点,推动减灾社会化和产业化是发展中国减灾事业的根本保障。

二、减灾面临的严峻形势

据预测,在今后相当长一段时期,中国自然灾害活动可能趋于更加严重。由于减灾能力难以在短时期内大幅度提高,减灾任务将繁重而又艰巨,因此,需面对各种灾害,调动各方面的力量进行综合减灾。

(一)自然灾害活动趋于严重

如前所述,自90年代开始,中国进入新的灾害多发期。近年来,气候异常加剧,中小地震频繁,气象、海洋灾害活动趋于严重,这种势头将延入下世纪初期。在这一背景下,加上人为环境破坏,将进一步加重灾害威胁。基本特点如下:

· 灾害种类增加,活动频次和强度加大;

· 灾害的辐射作用增强,群发性灾害趋于严重;

- 环境型灾害及其对突发性灾害的促进作用进一步加强,灾害的长期效应更为突出,对人类影响更为深远,特别是水资源危机和水环境灾害将急剧发展,对人民生活和社会经济造成更加严重威胁;
- 人类社会发展的致灾作用增强;
- 在常规性灾害活动多发的同时,存在比较严重的大灾或巨灾风险。

(二)社会经济发展对减灾的要求越来越高

随着中国人口的进一步增长和社会经济发展,城市化程度不断提高,资源开发、工程建设的规模进一步扩大,对减灾的要求越来越高:

- 要求全面提高减灾水平,实现人民生活安定和社会稳定;
- 要求确保城市、交通干线、重要工程、大型企业安全;
- 要求全面提高农业抗灾能力,稳定和提高粮食及牧、渔产品产量,满足社会需求;
- 加强贫困地区减灾工作,加快脱贫步伐;
- 要求加强环境保护与治理,提高环境质量,减轻灾害,保障可持续发展。

(三)减灾事业进一步发展,但减灾能力难以迅速大幅度提高

经过几十年努力,中国在自然灾害监测、预报、防灾、抗灾、救援、重建以及减灾管理、灾害教育等方面都取得了巨大成就,为进

一步减灾提供了必要的基础。但中国社会经济比较落后,减灾工程能力、减灾科技水平、减灾管理远不能适应发展需要。今后时期,虽然随着社会经济发展,综合减灾水平将得到进一步提高,但目前存在的主要问题和矛盾如:减灾投入不足、防灾工程老化、防灾标准低、减灾系统不完善、环境恶化严重、减灾管理薄弱、减灾体制不适应减灾发展等,都需要经过相当长的时间,伴随社会经济的深入改革和全面发展才能逐步解决。因此,在短期内中国综合减灾能力难以大幅度提高。在这种情况下必须将各类自然灾害作为一个整体进行综合研究,并针对各类自然灾害对社会经济的综合影响,制定综合性的减灾对策,推动社会减灾系统工程建设,优化减灾措施,以期取得最大的减灾效益。

三、全社会协调行动,推动减灾系统工程建设

减轻自然灾害是一项系统工程,包括监测、预报、评估、防灾、抗灾、救灾、援建、立法、保险、教育、规划等措施,是一项需要全社会参与的协调行动。为了推动减灾系统工程建设,取得最优化的减灾效能与效益,最重要的是加强灾害综合管理;为了发挥从中央各部门到地方各级政府的作用和明确职能,需要推进自然灾害分级管理;要制定自然灾害标准,将防灾、救灾等减灾措施尽快纳入规范化管理。减灾系统工程的框架如图5—17。

监测:七个减灾专业管理部门已分别建设七大类,约35种共3万个专业监测站点,还有农业、林业、地震等民间监视点约数万个。今后应在此基础上建立综合监测网络和信息系统,提高监测

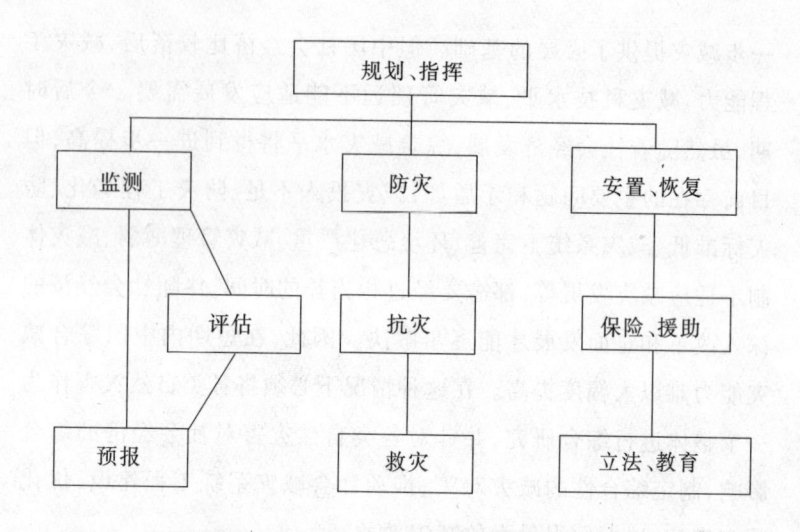

图 5—17 减灾系统工作框图

的综合效益。

预报：七个减灾部门各设有本灾类的研究和预测、预报系统。今后应在加强预报信息交流的基础上，探索多因子多灾种综合预报的途径。

评估：应在统一标准体系的前提下，建立综合的和各专业减灾部门的评估系统，并逐步扩展，为生产企业、保险公司、政府部门服务。

防灾：主要加强防灾工程性与非工程性措施，有针对性的提高防灾标准，提高全社会的防灾能力，进行防灾新技术、新设施、新产品研制，建立综合防灾体系，按国家基建投资比例增加防灾投入。

抗灾：主要是加强水利工程、生命线工程等的灾时保护，抗御灾害侵袭。另外，进行人工降雨和消雹、农林作物灾害防治等抗灾措施和建立社会综合抗灾管理系统。

救灾:建立政府组织下的军、警、医疗和社会救灾组织,提高全面的自救互救意识和能力。

重建:制定灾后重建的规划、方案和恢复生产、恢复社会秩序的措施和预案。今后中国应从传统的恢复型重建走向发展型重建。

保险、援助:大力开展灾害保险,争取国际援助和加强国内互助,建立减灾基金,使减灾成为一项社会行为。

立法、教育:在建立分灾类的法规的基础上,制定综合性的减灾基本法、救助法。进行全民特别是领导干部的灾害知识教育,提高全社会的减灾意识。

规划、指挥:建立减灾管理与灾害科学研究的管理或协调机构,编制各种类型的灾害区划与减灾区划图。按灾类和不同分区,开展减灾规划和减灾预案的制定,建立分部门、分地区和综合性的减灾管理系统,并作为政府的一项职能和业绩考核的内容。

社会可持续发展是一个庞大的系统工程,减灾系统工程是其中的一个子系统。大量事实说明,自然灾害对人口、资源、环境造成损伤和破坏;另一方面人口膨胀、资源过量开发、环境恶化,必然加大自然灾害强度和频度,它们是一个相互联系的互馈系统。因此,减灾必须与社会和经济可持续发展的其它方面结合起来,作为一个统一的系统,全面规划、统筹安排,将减灾纳入社会经济发展指标体系。

四、灾情和国情的地区差异性大,需实行减灾分区管理

由于减灾是一项系统工程,目前国家财力还有限,所以在短期内还不可能在各个地区全面部署、实施完全充分的系统减灾措施,只能根据各个地区社会经济状况、灾害风险程度和实际减灾能力,有重点、分层次地实施减灾工作。

根据上述原则,以自然灾害综合风险和社会经济发展状况为基础,将全国大致分为 4 种类型地区,制定不同的减灾目标和对策。

第一是城市减灾。主要指超大城市、特大城市、大城市和部分灾害风险巨大的中小城市。如北京、天津、上海、广州、沈阳、武汉、大连、宁波、香港、盘锦等,是减灾的第一重点。其人口、财产高度密集,灾害风险指数一般较小,但风险值大,灾害形成的严重损失不仅对本市社会经济造成直接破坏,而且对地区和区域甚至全国社会经济发展产生一定影响。这些城市经济发达,环境意识和防灾要求较高,减灾基础比较充分。根据上述特点,应结合城市发展和区域规划,部署和实施全面减灾,可争取用 10 年左右的时间建立较完善的减灾系统工程,包括环境保护与治理、灾害监测预报系统、防灾抗灾工程体系、抗灾救灾指挥系统及建立必要的减灾法规等,大幅度提高防灾抗灾标准——全部达到抗御 50 年以上一遇的灾害标准,并有相当一部分城市达到能抗御 100 年以上一遇的灾害标准,使风险指数相对损失降低到 0.4% 以下,一部分城市降到 0.1% 以下。

第二是东部沿海地区。即从北部的辽东湾沿海到南部的北部湾沿海地区,是减灾的第二重点。该地区的特点是人口、财产密集,自然灾害不但种类多,而且频繁而强烈,灾害风险指数不太大,但风险值较大。一旦发生严重自然灾害,对本地区、本区域乃至全国社会经济将造成明显影响。该地区社会经济比较发达,已有减灾工程具有一定基础。该地区应以企业减灾和农业减灾为主,重点防御洪水、台风和地震灾害。结合地区经济发展,以落实刚刚颁布的《防洪法》、《防震减灾法》为核心,全面加强江河湖海的防洪、防潮和防震工作,逐步建立有效的减灾系统,争取大部分地区达到能抗御50年以上一遇的防灾标准,使自然灾害风险指数降低到2%,部分地区降低到1%以下。

第三是中部地区。主要包括东北、华北、华中、华南地区。该区的特点是地区自然灾害强度虽然一般不如沿海地区强烈,但灾害种类多;经济发达程度虽然逊于沿海地区,但人口和财产密度也比较高;而且在经济结构中,主要以农业生产为主,社会经济的承灾能力差,自然灾害风险特别是风险指数高。该地区已有防灾工程虽具有一定的减灾能力,但基础比较薄弱。今后时期该地区的开发力度可能明显加大,因此环境压力和灾害的潜在危险加剧。根据这种形势,应结合农业发展、资源开发和一些地区的脱贫工程,加强区域环境保护与治理,重点实施大江大河防洪工程、农业抗旱排涝工程以及重要工程设施的防灾工程;其中,在减灾基础比较充分的城镇、企业和经济开发区,建立完整有效的减灾系统。通过这些措施,使灾害风险指数降低到5%以下。

第四是西部和北部地区。主要包括新、青、藏和蒙、甘、川、滇的部分地区。该地区的特点是人口和财产密度低,同时多数地区自然灾害种类比较少,主要是干旱、雪灾等气象灾害,部分地区有地震、岩崩、滑坡等灾害,风险值和风险指数一般都很低,减灾基础薄弱。今后该地区防灾抗灾的基本对策是,首先是加强区域环境保护,改善自然环境,重点防干旱、防风沙、防植被退化和荒漠化。对一些城镇、企业、重要工程设施和农牧区有针对性地布置实施防灾工程,取得区域环境改善和局部、重点防灾的效果。

五、发挥各级政府的积极性,开展减灾分级管理

推行与加强分级管理,是落实中国政府关于加强抗灾救灾工作精神重要环节,我们建议:

(一)制定统一的灾害分级标准

建议的灾害分级标准如表5—6。

表5—6 灾害分级标准

灾害等级	特大灾			大 灾			中 灾			小 灾		
地区类别	I	II	III	I	II	III	I	II	III	I	II	III
经济损失值 (亿元)	>15	>50	>100	2.5~15	10~50	25~100	0.5~2.5	1.5~10	4~25	<0.5	<1.5	<4
死亡人数	>1 000			250~1 000			50~250			<50		

注:经济损失是以1990年价格统计

准确确定灾害等级,需要使灾情统计工作逐步走向规范化、标准化,要制定全国统一的灾情统计标准,理顺灾情统计评估系统。

(二)进行减灾分级管理

根据国家行政分级管理的模式,建议减灾也实行分级管理,其模式如表5—7。

表5—7 灾害分级管理模式

灾害分级	国家政府	省政府	地区级政府
特大灾	√√	√	
大　灾	√	√√	√
中　灾		√	√
小　灾			√

(三) 实行灾害分类分级救助

建议方案是:按各省、自治区、直辖市的社会经济状况与灾情将中国30个省、自治区、直辖市划分为三类地区。

一类地区主要分布在中国西部,少数在西南和北部,经济欠发达、抗灾能力较弱。该地区是中国最干旱的地区,为典型大陆性气候,河流多属内陆水系。人口密度较低。主要灾害是干旱、雪灾、地震,其次为沙尘暴、滑坡、泥石流、山洪。

二类地区大部分分布在中国中部,少数在东北、华北、西南等地,经济发展水平中等、抗灾能力中等。该地区北部受极地反气旋影响较大,南部为亚热带多雨区,为大江大河中游地区。人口密度中等或较大。主要灾害是干旱、洪涝、地震、冻害、风雹、农业病虫害,其次为滑坡、泥石流、森林自然灾害。

三类地区分布在中国东部沿海地区,经济较发达、抗灾能力较强。受副热带高压与热带气旋影响最大,为大江大河下游地区。

人口密度大。主要灾害是洪涝、干旱、台风、风暴潮,其次为风雹、泥石流、地面沉降。

对各地发生的灾害救助采取分级管理的方法,基本原则是东部地区灾情重或较重,但经济发达,自救能力强,国家给予少量的补助。中部地区灾情重或较重,经济发展水平中等,国家给予一定的补助。西部地区经济不发达,国家给予相对较多的补助。

六、减灾要与资源开发、环境建设统筹规划

一方面,自然灾害的发生造成资源损毁和环境破坏;另一方面,由于森林、淡水等资源的减少和环境的恶化,又导致诸如土地荒漠化、水土流失、大面积干旱、地面沉降、海水入侵等自然灾害日渐加重,因此减灾工作应与中国的资源开发与环境建设对策统筹规划。

1998年大洪水之后,国家提出要"封山育林,退耕还林,移民建镇,以工代赈,退田还湖,平垸行洪,加固干堤,疏浚河道"的治水方针,这也是建立灾区减灾与发展的新模式和灾后重建的总纲,也是中国减灾工作新阶段的开始。以长江为例,洪水日益肆虐的一个重要原因是上游森林植被的破坏,如果能将上游的森林覆盖率提高到50%,其调蓄水量的能力将达到4 000亿立方米之巨,相当20个三峡水库或湖区分蓄洪能力的10倍。造成森林迅速破坏的原因是,人口增加需要增加耕地、烧柴和经济收入,导致盲目毁林拓耕。如果加强规划和管理,这个问题并非不能解决的。

在这方面,四川省广元等地区所采取的山水综合治理的措施

是很有成效的。广元地区年降水量平均约 800 毫米,但由于山高坡陡,森林植被破坏,水土大量流失,一方面连年干旱,另一方面降水汇入嘉陵江后给下游地区造成洪涝危害。经过多年的实践,该地区已探索出一条山水综合治理的路子。其基本做法是,首先进行全面规划,将农民移迁至缓坡地带,将坡地修理为梯田,兴修蓄水池等微型、小型水利工程。既解决了农田用水,使亩产从数百斤提高到一千多斤,又防止山洪;半山腰陡坡地带大量种植经济林,发展园林化经济,增加农民收入;山顶地带则退耕还林。采取这样的治理方案,经过几年至十数年不仅可以使农民脱贫致富,而且使森林覆盖率大幅度提高。只要合理规划,认真组织和管理,可以预料长江上游地区如四川生态环境是可以改善的,从而达到控制水土流失,减少中下游河床淤积,增大湖泊和水库的库容,减轻洪涝灾害的目的。另外对三峡工程的防洪能力也是一个有力的保障。

水土流失是山区多种自然灾害发生、发展的根源。因此,必须采取积极措施,作好水土保持工作。要制止陡坡开荒,毁林开荒,一种做法是,把 35°以上的坡地尽快退耕还林,25°～35°之间急坡耕地可采取林粮间作措施,缓坡耕地逐步实现梯田化,如等高垄沟种植,横坡带间作。对水源林、山脊、山丘顶部和峡谷坡脚的森林,应严格控制采伐强度,坡度在 40°以上的森林,应划为禁伐区,大力开展植树种草,封山育林,退耕还林,增加地表覆盖度。除采取生物措施外,在水土流失严重的山区,应加强支流水库建设,在山口适当地形部位修建较大型的防洪防淤工程,沟谷修建多级谷坊,节节拦洪拦沙。只要采取上述措施,就可收到较好的经济效益和生态环境效益。采取这一措施,不仅对减轻洪水灾害具有根本的意义,而且对减轻气象灾害、地质灾害、生物灾害都有重大的作用。

通过以上工作,如果能使自然灾害损失减少到工农业总产值的2%以下或财政收入15%以下,社会经济的可持续发展将得到有力的保障。

七、对策和建议

综上所述,对于中国这样一个自然灾害严重的发展中国家,为了保障社会经济的可持续发展,就必须在对自然灾害态势全面分析评估的基础上加强综合减灾,并根据社会主义市场规律,组织、实施和促进减灾工作的发展。为此,提出以下建议:

(一)推动减灾工作社会化、产业化,即将减灾工作渗透到社会发展和经济建设的各个方面,使减灾成为一项社会公众事业,使公众在生产与生活中的各个环节都有减灾的意识和责任。大力推行与完善减灾系统工程,使各个环节逐步走向产业化,成为新的经济增长点。

1. 各级政府均应将减灾作为一项重要的职责,制定切实可行的减灾系统工程计划,并纳入社会发展与经济建设总体计划,发展减灾产业,使减灾成为新的经济增长点。

2. 减灾应与经济建设一样,作为地区、部门、企业发展程度的考核内容,并应根据具体情况分别提出明确的考核指标。

3. 大力推行社会灾害保险,将救灾与扶贫结合起来,建设维护减灾工程,发展减灾产业,完善救灾组织,进行灾害立法,使防灾减灾成为一项全民参与的社会行为。

4.为了推动减灾工作社会化,首先必须提高全社会的灾害意识与防灾减灾能力,因此建议从小学开始,即增加灾害知识的学习内容,对地方、部门、企业的有关灾害管理与灾害科学技术人员要建立培训与考核制度。

(二)根据中国自然灾害风险地区差异性大的特点,应根据城市、沿海地区、中部地区、西部地区的具体情况和差异性,分别制定减灾对策。国家减灾的重点地区应为:

1.自然灾害风险值大的大中城市;

2.东部沿海地区;

3.自然灾害风险指数大,即灾害频繁,对社会经济发展影响程度高的地区,如安徽、湖南、湖北、江西、广西、贵州等应是国家减灾支持的重点省区。

(三)根据国务院加强抗灾救灾工作的指示精神,需推行与加强灾害的分级管理。建议在统一领导的原则下,特大灾害应由国家主管,有关省(市、区)配合;大灾应由省(市、区)主管,有关地区(市、州、盟)配合,国家协助;中灾应由地区(市、州、盟)主管,有关县(旗)配合,省(市、区)协助;小灾应由县(旗)主管,有关乡(镇)配合,地区(市、州、盟)协助。特大灾、大灾、中灾、小灾的等级标准需进一步分区,分灾种确定。

(四)中国自然灾害种类多,强度大,在各种自然灾害中,国家减灾的重点灾种应是对社会经济发展有重大影响的洪涝、干旱、热带气旋与地震和农作物病虫害。

(五)由于森林、淡水等资源的减少和环境的恶化,一些缓变的自然灾害如土地荒漠化、水土流失、大面积干旱、地面沉降、海水入侵等日益严重,将成为社会可持续发展的严重威胁。这些自然灾害的防治应与土地利用、资源开发与环境建设相结合,行进统筹规划。

(六)必须增加减灾投入,特别是抗御洪水、风暴潮、地震等突发性灾害的防灾工程投入,必须增加。1978年唐山地震、1997年11号台风、1998年大洪水等灾害破坏的惨重教训不能忘记。初步测算防灾的工程投入宜为财政收入的2~2.5%以上,减灾总投入应为财政收入的5%左右。

(七)为了推动中国减灾工作的开展,需要加强灾害科学研究。除了各减灾管理部门已经在进行的灾害监测、预报、防灾技术等项研究外,为了加强国家灾害管理水平,建议尽快开展以下几项工作:

1. 研究灾害形成的综合机制,进行危险性、危害性与风险评估和减灾能力评估,编制全国主要灾类和综合性的自然灾害风险区划图;

2. 结合国家社会经济发展阶段目标,进行未来20年和未来50年自然灾害风险分区预评估,并以此作为制定分区减灾规划和土地开发利用、分区经济发展计划的依据;

3. 制定自然灾害统计、评估和信息化系列标准;

4. 建立灾害信息共享系统和评估系统。

(八)减轻自然灾害是一项全社会参与的系统工程,需要加强减灾的综合管理。建议在多部门分类灾害管理的基础上,以国家减灾综合部门为主体,设立国家有关减灾的专门机构,以规划和协调全国的减灾工作。

上述几项是加强中国综合减灾的基本构思,其中第一项是开展减灾工作、保障社会可持续发展的奋斗目标;第七项是制定减灾规划,开展减灾行动的基础;第二、三、四、五、六项是中国减灾工作的重点和战略性措施;第八项是推动社会经济建设与减灾协调发展的关键。

以上认识是初步研究的结果,还需要作进一步的详细分析和研究,特别是要在综合调研的基础上,进行灾害影响综合评估和综合减灾能力评估,预测中国及各地将面临的灾害综合风险,才能制定出切合实际的有效的综合减灾对策。

第六章

中国区域可持续发展态势分析

第一节 中国区域可持续发展的基础条件

中国是一个发展中的大国,人口、资源、环境与发展间的相互关系,在不同的地域空间上表现出不同的特征,这直接影响着各个区域可持续发展的进程和结果。概略分析支撑中国不同区域可持续发展的自然与社会经济的基础条件,对于正确评价中国区域可持续发展的态势,是非常必要的。

一、区域差异巨大的自然条件

中国是全球自然地理环境最丰富多彩的国家之一。其形成是由于地带性因素和非地带性因素的作用,特别是气候(地带性因素)和地貌(非地带性因素)两个基本因素最为重要。

中国自然条件的空间差异以三大自然区和地势的三大阶梯的差异最为明显。其中,青藏高原是中国最高一级地形阶梯;大兴安岭、太行山和伏牛山以东是中国地势最低的一级阶梯,是中国的主要平原和低山丘陵分布地区;中间为第二级阶梯。三大自然区包括东部季风气候区、西北干旱区和青藏高原区。

三大自然区和地势的三大阶梯在相当程度上控制了中国区域自然地理环境宏观框架,是影响中国各区域可持续发展的重要因素之一。总体上看,位于东部季风气候区和最低一级阶梯上的地区,自然条件相对优越,环境容量大,对区域社会经济发展的支撑能力比较强,实施可持续发展战略的基础较好,并且经过几十年的发展已经积累了较雄厚的经济基础;位于青藏高原区和西北干旱区的地区,自然条件相对较差,生态脆弱,环境容量有限,社会经济发展面临的自然环境比较严酷,支持区域可持续发展的自然基础相对薄弱,而且区域经济基础也相对较弱。

二、空间禀赋差异悬殊的自然资源

自然资源是区域可持续发展最重要的物质基础,尤其是关键的矿产资源、水资源以及其它可再生资源的地域分布差异和组合差异,对中国不同区域的可持续发展影响比较大。

中国区域可持续发展所面临的自然资源基础并不理想:虽然自然资源总量丰富、种类多、类型齐全,但人均资源量少、资源的空间分布与生产力分布不匹配、资源的质量差异悬殊。

就矿产资源而言,中国是世界上矿产资源比较丰富、矿种配套程度较高的少数国家之一。全国已发现矿产163种,其中探明储量的矿产有149种。由于受地质成矿条件的制约,中国多数矿产在地域分布上具有明显的集中性,分布不均匀。主要呈现三种分布类型:

(一)分布广泛又相对集中的矿产:煤、铁、铜、磷属于这一类。

这些矿产在中国 2/3 的省区市中都有分布,但相对集中于少数省份。全国探明的铁矿区分布在 27 个省区,而储量多集中在河北、辽宁、四川三省,合计占全国探明储量的 50% 以上;铜矿分布于 27 个省区,而又集中在江西、安徽、云南、甘肃、西藏等省区,合占全国储量的 60% 以上;煤炭更是广泛分布于 29 个省区市的 850 多个县中,但储量主要集中在北方和西南,其中北方占全国储量的 85% 左右,而山西、内蒙古和陕西三省区合占全国储量的 70% 左右。

(二)分布较广泛而相当集中的矿产:铝、钨、锑等属之。铝土矿主要分布在山西、河南、贵州和广西四省区,合占全国储量的 80% 以上;钨集中在湘东南、赣南、闽西和粤北,合占全国储量的 70%。

(三)分布局限而选择性强的矿产。如钾盐绝大部分分布在青海的察尔汗,菱镁矿主要分布在辽宁的海城和山东的莱州。稀土分布在内蒙古的白云鄂博,镍分布在甘肃的金昌等。

矿产资源的上述分布特征,对中国区域经济发展与布局产生了重要影响,并仍将在中国未来区域可持续发展中起关键作用。

从矿种地域配套组合上看,中国各省区市矿产组合有五种类型:

(一)矿种配套较好、若干重要矿种储量相当丰富,而且能源有较好保证的有:河北、辽宁、山西、新疆、云南、山东、四川(包括重庆)、安徽、内蒙古。

(二)矿种配套较差,但能源资源相当丰富的有:黑龙江、贵州、河南、陕西、宁夏。

(三)矿种较多并有一定储量,而能源比较贫乏的有:湖南、甘肃、广东。

（四）矿种不多而且能源有限，但个别重要矿种比较丰富的有：广西、湖北、青海、江西、西藏，但前三者的水能资源比较丰富。

（五）矿种较少且储量有限，能源又很贫乏的有：浙江、江苏、福建、吉林四省和北京、天津和上海三市。

中国水资源在地域分布上极不均衡，南丰北贫是中国水资源分布的基本特征。全国水资源量的81%集中分布在长江流域及其以南地区，这一地区耕地只占全国的36%，人口占全国的54%；黄淮海流域及其以北地区，耕地面积占全国的64%，人口占全国的46%，水资源量只占全国的19%。尤其是华北及胶东地区、辽宁省中南部、西北地区，供求矛盾十分突出。从省级区域上看，北方绝大部分省区市是水资源短缺地区，已成为影响区域可持续发展的关键因素。

可再生资源中，森林资源分布很不均衡。主要集中在三大区域：东北地区的黑龙江、吉林和内蒙古东部；长江以南的江西、福建、广东、湖南和广西；西南的四川、云南和西藏东部。广大的西北和华北地区森林资源相当匮乏。华北地区、西北地区，再加上山东、江苏、辽宁、上海、河南、湖北、安徽，共17省区市，面积550万平方公里，占全国总面积的57%，而森林资源蓄积量只占全国总蓄积量的12%。

三、庞大且分布较为集中的人口群体

人口与区域可持续发展的关系比较复杂，适量的人口规模是区域可持续发展的必要条件，但过量的人口或人口的急剧增长又会成为区域可持续发展的障碍。中国是世界上人口数量最大的国家,目前已达 12.48 亿人,2000 年将达 13 亿,2010 年将达 14 亿。这些人口,多数分布在东中部地区。无论是现在还是将来,中国各级区域都面临着人口过量的压力,使得人口与资源、环境之间的协调发展关系面临着严峻的挑战。另一方面,人口的整体素质比较低,据统计,全国具有中专以上文化程度的人口仅占总人口的 2.23%,其中大专以上文化程度的只占总人口的 1.4%。

中国的人口分布很不均衡。根据第四次全国人口普查结果,94% 的人口居住在只占全国面积 45% 的东南部;约有 2/3 的人口生活在农村。东北、华北、华东和中南地区,总面积只占全国的 44%,人口总量则占 77%。沿海地带和中部地带的绝大部分省区市的人口密度较高,每平方公里的人口密度多超过 200 人,其中京、津、冀、沪、苏、浙以及豫、鲁的人口密度超过 400 人。

第二节 省级区域经济发展态势

一、经济增长活力

经济健康发展是区域可持续发展的核心。作为区域经济发展的主要内容,区域经济增长活力主要体现在国内生产总值(GDP)增长速度的快慢、投资率和投资效果的优劣、经济运行效益的高低等方面。

改革开放 20 年以来,中国取得了举世瞩目的经济增长成就,经济发展水平和综合国力迅速提高,在全球经济格局中的地位日趋重要。1978~1998 年,中国各省区市的经济均保持了比较高的增长,但由于面临的宏观区域政策、参与国际经济竞争能力和环境的差异,以及自身的自然条件和经济基础不同,各省区市经济发展的速度相差悬殊。以 GDP 的平均年递增率衡量,1978~1998 年递增率最高的是广东省,达 13.64%,使得其综合经济实力显著增强,对全国经济格局的演变产生了重要影响。GDP 递增率最低的是青海省,只有 7.15%。

平均年递增率在 12% 以上的省区有广东、浙江、江苏、福建,属于超高速增长省份,都位于沿海地区;平均年递增率在 10~12% 的省区市有山东、海南、河北、安徽、江西、河南、湖北、新疆;其余省区市的平均递增率在 10% 以下。

进一步分析 90 年代中国区域经济增长,具有如下特点:第一,沿海地区经济快速增长,主要是 80 年代经济增长的惯性作用和区域综合优势潜力进一步发挥的结果。除辽宁等个别省市外,其它省区市 GDP 增长速度均高于全国平均水平,其中浙江、广东、海南、福建、山东、江苏、广西等沿海省区市是中国增长最快的地区,GDP 年均递增速度为 12~18%。尤其是 1992 年邓小平同志南巡讲话,明确了具有中国特色的社会主义市场经济建设的基本方针和目标,成为加速开放搞活的动力,沿海地区经济建设出现了新的高潮,表现出强劲的经济增长势头,有力地带动了全国经济的发展。第二,中部地区的经济增长速度相对加快,河南、安徽、江西、湖北的经济增长速度高于全国的 10~20%。从经济增长速度的发展趋势看,内地部分省区的增长速度开始超过全国平均增长速度,使得区域经济发展差距扩大的趋势趋于缓解。第三,部分中西部边远省区经济增长缓慢。青海、黑龙江、宁夏、贵州的 GDP 增长速度比较慢。第四,中西部省区市对全国经济增长的贡献率提高。"八五"期间,中国 GDP 增长的 63.5% 来自于东部沿海地区的增长,而"九五"前三年此比例降为 59.4%,表明中西部地区的经济增长加快。

表 6—1　各省区市不同时期 GDP 增长率(%)

省区市	1978~1998	1990~1998	1990~1995	1995~1998	省区市	1978~1998	1990~1998	1990~1995	1995~1998
北京	9.80	10.94	11.81	9.50	河南	10.89	12.21	12.96	10.98
天津	9.34	11.81	11.76	11.90	湖北	10.71	12.63	12.92	12.16
河北	10.53	13.70	14.60	12.23	湖南	8.99	10.91	11.05	10.68
山西	9.00	10.14	10.11	10.19	广东	13.64	15.76	19.06	10.47
内蒙古	9.88	10.03	9.66	10.64	广西	9.84	14.04	16.65	9.81
辽宁	8.73	9.62	10.23	8.61	海南	11.47	13.54	17.89	6.64
吉林	9.69	10.81	10.94	10.60	四川	9.44	10.71	11.26	9.80
黑龙江	7.49	8.53	7.92	9.56	贵州	9.02	8.73	8.65	8.87
上海	9.48	12.59	12.99	11.93	云南	9.77	9.83	10.18	9.25
江苏	12.62	15.03	17.05	11.74	西藏	8.71	10.23	9.36	11.69
浙江	13.44	16.11	19.09	11.30	陕西	8.35	9.57	9.42	9.83
安徽	10.89	13.29	14.08	12.00	甘肃	8.80	9.69	9.66	9.76
福建	13.73	17.14	19.30	13.64	青海	7.15	8.04	7.45	9.02
江西	10.46	12.72	13.75	11.02	宁夏	9.21	9.23	8.06	11.22
山东	11.84	14.71	16.75	11.40	新疆	10.66	10.43	11.79	8.21

资料来源:根据国家统计局有关资料整理
注:港、澳、台资料暂缺;四川省含重庆市

投资率和投资效果从另一侧面反映区域的经济增长活力。从近几年各省区市的投资率和投资效果看,区域经济增长活力的空间差异也比较明显。1995~1998 年,投资效果比较好的省区市有江西、安徽、湖南、河南、广西、湖北、河北、福建和山东。海南、北京等省市的投资效果处于下游水平。

从经济运行质量方面看,80年代沿海地区经济的运行质量比较好;进入90年代以来,地域上逐渐发生变化,但总的格局是东中部地区好于西部地区。从工业效益方面看,沿海地区除海南、广西和辽宁外,都高于全国平均水平;中部地区的山西、河南、安徽、湖南、湖北接近全国的平均值;西部地区除云南外,均低于全国平均水平。以农业劳动生产率衡量,沿海地区除广西外都大幅度高于全国平均水平。

根据有关研究对90年代前期各省区市经济发展的评价,结合"九五"期间经济的发展状态,目前中国各省区市经济的增长活力有如下七种类型,其中前四种类型区域的经济可持续发展状态比较好,未来经济的发展势头也比较强。

(一)稳定增长型发达城市地区　包括北京、上海和天津三个直辖市。这三个城市人均GDP、经济发展水平、社会发展水平和居民生活水平都很高,基础设施很好,近年来经济经济增长活力很强。

(二)持续快速增长型较发达省区　包括广东、浙江、江苏、福建和山东等五个省,是正在接近成熟发展阶段的地区。这几个省份80年代以来一直是全国经济增长活力最强的地区,经济发展水平、居民生活质量和基础设施水平在全国的位次不断上升,已大大超过全国平均水平。"八五"期间除山东外其它四省经济增长速度都高于全国平均水平的50%以上;1995年以来速度略有减缓,但发展速度仍然高于全国平均水平,竞争力进一步加强。

(三)快速增长型中等发达省区　包括河北和湖北两省。这两个省是 90 年代以来迅速成长的地区,经济发展水平、社会发展水平和居民生活质量与全国平均水平相当,但基础设施较好。"八五"期间,河北和湖北增长速度分别高出全国平均水平的 24% 和 9%;1995 年以来两省的经济增长速度都高于全国平均水平,进入全国增长最快的地区之列。而且,近两年也是全国相对投资效果最好的地区之一,发展潜力较大。

(四)快速增长型较不发达省区　　包括安徽、河南、江西、广西和新疆五个省区。它们是 80 年代经济增长比较一般的欠发达地区,但 90 年代以来增长活力日渐增强,经济发展水平在全国的位次逐渐上升。

(五)低速增长持续滞后型省区　　包括辽宁、黑龙江、吉林和青海四省。这些省曾经是全国人均经济发展指标很高的地区,但 80 年代以来经济活力一直欠佳,社会经济发展面临许多难题,构成所谓的"东北现象"。这些省经济构成都以资源型产业为主,国有企业比重高。辽宁国有大中型企业数量居全国第一;青海国有工业比重(74%)居全国第一。辽宁、吉林和黑龙江经济基础较好,虽然增长速度较低,但人均水平并不低。

(六)经济增长略有转机的不发达地区　　包括湖南、四川、重庆、海南、陕西、内蒙古和云南等七个省区市。总体社会经济发展水平都比较低,而且在"八五"期间的增长速度都不同程度地低于全国平均值或起伏波动比较大,1995 年以来呈现出一定的发展势头。其中,湖南和内蒙古活力增强的势头更强一些,有可能持续下去。海南经过 90 年代中期的起伏后,经济发展的增长势头开始出现转机。

(七)低水平徘徊增长型地区　包括山西、甘肃、宁夏、贵州和西藏等五个省区。改革开放以来经济增长一直低于全国平均水平,而近两年经济活力又没有较大起色,社会经济发展水平在低速中徘徊。

二、经济发展水平

经济发展水平的高低,从另一侧面反映区域经济可持续发展的状态。经济发展水平由人均国内生产总值(GDP)、产业结构和经济外向度等指标来衡量。改革开放以来,中国不同区域的经济发展水平均有大幅度提高,但地域格局发生了巨大变化,两极分化现象越来越突出。

(一)"两极分化"的人均收入水平

80年代以前,人均GDP高于全国平均水平的省区市,多数分布在北方。改革开放以后,随着沿海经济的发展和南方部分省区经济的高速发展,引起人均GDP的东西和南北差异,主要表现为下列特点:

(1) 中等收入(人均GDP为全国平均的1.25~0.75倍)的省区市数量急剧缩小,高收入(人均GDP为全国平均水平的1.25倍以上)的省区市和低收入(人均GDP为全国平均水平的0.75倍以下)的省区市数量明显扩大,表明省区市间两极分化越来越突出。1978年中等收入的省区市有15个,而1998年只剩8个。其中,低收入省区由1978年的8个增加到1996年的14个,其中收入不到全国平均水平60%的省区由1978年的1个(贵州)增加到1998年的3个(贵州、甘肃和西藏)。

(2)"东西差异"越来越明显。1978年沿海9个省区(不含直辖市)中有6个在中等收入省区行列,而1998年已有5个省列入高收入组(浙江、广东、江苏、福建和辽宁)。另一方面,西部地带人均GDP属于低收入的省区由1978年的2个增加到1998年的9个,中部地带低收入省区也由3个增加到4个。

(3)大部分北方省区市相对地位下降,包括北京、辽宁、内蒙古、山西和西北地区除新疆外的其它4个省区。

(4)直辖市与人均GDP最高的省区之间的差距越来越小。例如,1990年天津人均GDP超过名列省区第一名的辽宁省40%;1996年天津只比浙江省高出25%。

表6—2 历年各地区人均GDP变化差异

分组	低收入地区 (<75%)	下中等收入地区 (75~100%)	上中等收入地区 (100~125%)	高收入地区 (>125%)	全国人均GDP,(人民币元当年价)
1978	贵州(47%) 云南 四川 广西 福建 河南 江西 安徽	湖南 湖北 广东 陕西 甘肃 山西 宁夏 新疆 河北 山东 西藏 内蒙古	吉林 江苏 青海 浙江	北京 天津 上海(666%) 辽宁(181%) 黑龙江	375
1985	贵州(51%) 云南 四川 广西 河南 江西 陕西 甘肃	安徽 福建 湖南 湖北 山西 宁夏 河北 青海 海南 内蒙古	西藏 广东 新疆 山东 吉林 江苏 浙江 黑龙江	北京 天津 上海(474%) 辽宁(214%)	814

续表

分组	低收入地区 （＜75%）	下中等收入地区 （75～100%）	上中等收入地区 （100～125%）	高收入地区 （＞125%）	全国人均GDP, （人民币元当年价）
1991	贵州 广西 云南 四川 河南 江西 安徽 湖南 陕西 甘肃	西藏 湖北 山西 宁夏 河北 海南 吉林 青海 内蒙古	福建 新疆 山东 江苏 浙江 黑龙江	北京 广东(161%) 天津 上海(378%) 辽宁	1 758
1993	贵州(47%) 云南 广西 四川 河南 江西 安徽 湖南 陕西 甘肃 西藏 宁夏	湖北 山西 河北 青海 吉林 内蒙古 黑龙江	福建 新疆 山东 江苏 海南	北京 天津 上海(400%) 辽宁(171%) 广东 浙江	2 926
1995	贵州(38%) 云南 四川 河南 西藏 江西 安徽 湖南 陕西 甘肃 山西 宁夏 青海	湖北 河北 广西 吉林 内蒙古	福建 新疆 山东 海南 黑龙江	北京 天津 上海(400%) 辽宁 广东 浙江(168%) 江苏	4 767
1996	贵州(37%) 云南 四川 河南 西藏 江西 安徽 湖南 陕西 甘肃 山西 宁夏 青海	湖北 河北 广西 吉林 新疆 海南 内蒙古	山东 黑龙江	北京 天津 上海(395%) 广东(168%) 浙江(168%) 江苏 福建 辽宁	5 634
1998	贵州(35%) 安徽 江西 河南 湖南 广西 四川 重庆 云南 西藏 陕西 甘肃 青海 宁夏	山西 内蒙古 吉林 湖北 海南 新疆	黑龙江 山东	北京 天津 辽宁 上海 江苏 浙江 福建 广东	6 652

注：①表中括号内的百分数为该地区人均GDP与全国平均水平的比率；
②港、澳、台资料暂缺

单独分析90年代中国经济发展水平的区域差异,所体现的特征是：第一，沿海省区市在全国经济相对发达的地位得到进一步巩固。广东、山东、浙江、江苏、福建、海南、河北、广西等省区市位次均发生前移。经济水平相对较高的浙江、江苏和福建三省仍表现出较强的发展后劲。第二，东北地区和西北地区全部8个省区、以及西南地区除四川省外的3个省区，人均GDP的排名位次均发生后移。经济大省辽宁从第4位跌至第8位，经济落后的陕西和甘肃两省位次继续后移。第三，中部的河南、湖南、湖北、安徽等省区，经济发展水平的相对地位有所提高。

表6—3 各省区市人均GDP在全国位次的变化

省区市	1990年	1995年	1998年	省区市	1990年	1995年	1998年	省区市	1990年	1995年	1998年
北京	2	2	2	山西	16	16	17	四川	22	24	24
天津	3	3	3	内蒙古	15	17	16	贵州	30	30	30
河北	17	13	11	吉林	12	15	14	云南	21	22	25
辽宁	4	7	8	黑龙江	5	10	10	西藏	29	29	31
上海	1	1	1	安徽	27	23	21	陕西	23	27	27
江苏	8	6	7	江西	25	23	22	甘肃	26	28	28
浙江	7	5	4	河南	24	21	20	青海	13	20	23
山东	11	9	9	湖南	20	18	18	宁夏	19	26	26
福建	10	8	6	湖北	14	14	13	新疆	9	11	12
广东	6	4	5					重庆*	—	—	19
广西	28	19	19								
海南	18	12	15								

资料来源：根据有关统计资料整理

注：港、澳、台资料暂缺

（二）地域差异突出的产业结构

从产业结构上看，经过80年代和90年代的发展，中国区域的产业结构中的二、三产业比重均有不同程度的提高，目前大部分省区市的二、三产业比重在70～80％。从经济外向度看，经过近20

年的发展,区域差异已变得十分突出,全国体现为东西差异,沿海内部体现为南北差异。广东省的经济外向度已达153%,内陆省区的经济外向度都比较低。

经济较发达的地区,其经济的增长方式也相对优越,高附加值、高技术产业的贡献率较高;而经济落后地区,其经济的增长方式也相对落后,主要依靠资源开发等基础产业的发展。由此,从区域产业可持续发展的发展趋势分析,落后地区的产业将受到较大冲击,部分产业的发展将面临许多困难。

以经济相对落后的西北地区为例,其"七五"至"八五"期间,对工业增长贡献最大的行业分别是冶金、机械电子、石油开采和食品,纺织工业的贡献率仅为5.3%。但对全国工业增长贡献最大的工业行业依次为:机械电子、食品、冶金和纺织。尤其是机械电子行业的贡献率,全国平均水平比西北地区高近10个百分点。"八五"期间,石油开采和冶金对西北地区工业增长的贡献率分别达24%,而全国工业增长贡献中,上述两行业的增长贡献率仅为2.9%和9.4%(见表6—4)。以实物来衡量,西北地区石油产量占全国总产量的比重,从1985年的5.9%上升到1995年的12.5%,铁合金从5.7%上升到13.9%,说明其资源开发和原材料优势正在逐步形成,同时也说明了经济增长方式的两极分化趋势明显。

表6—4 主要工业部门对工业产值增长的贡献率(独立核算企业)(%)

工业部门	西北			全国		
	1985~1995	1985~1990	1990~1995	1985~1995	1985~1990	1990~1995
合 计	90.0	75.7	91.3	81.0	73.6	84.9
采煤工业	2.1	3.0	1.2	1.9	2.4	1.7

续表

工业部门	西北 1985~1995	西北 1985~1990	西北 1990~1995	全国 1985~1995	全国 1985~1990	全国 1990~1995
采油工业	14.7	5.7	24.0	2.9	2.7	2.9
食品工业	10.1	8.9	11.1	11.2	13.2	10.2
纺织工业	5.3	11.3	−1.2	9.9	10.1	9.7
皮革工业	0.4	0.3	0.6	2.1	1.3	2.6
电力工业	7.2	4.6	9.8	4.9	4.1	5.4
石化工业	7.3	2.9	11.8	4.2	2.9	4.9
化学工业	6.0	7.2	4.7	5.3	3.8	5.8
化纤工业	0.3	0.4	0.2	1.5	1.5	1.5
冶金工业	19.6	16.0	24.0	10.7	13.6	9.4
机械工业	13.7	17.0	9.0	21.4	15.5	24.5
电子工业	3.3	−1.6	7.2	5.0	2.5	6.3

资料来源:根据有关年份统计年鉴计算

第三节 区域人口增长与人均经济增长

一、人口增长

区域人口增长变化与区域经济发展变化间的关系,可以从一个重要侧面反映区域可持续发展的状态与趋势。过去几十年中国各个区域均面临着人口过量和人口增长的压力。因此,区域人口的低速增长及经济的适度增长对区域可持续发展是有益的,可与经济高速增长产生的可持续发展效益等同。80年代以来,由于中国采取了较严格的计划生育政策,人口的增长得到有效控制,人口自然增长率大大降低,加之经济的快速发展,使得人民生活水平有了大幅度提高。但是,不同的区域所反映的状态和趋势存在较大差别。从人口增长率来看,超过全国平均水平的有19个省区市其10个省区位于中西部地带。人口增长速度超过全国平均增长速度25%的省区市有北京、广东、广西、海南、宁夏和新疆；人口增长速度低于全国平均增长速度25%的省市有辽宁、吉林、黑龙江、上海、浙江、四川。

表6—5　不同时期各省区市人口增长率(%)

省区市	1978~1998	1990~1998	省区市	1978~1998	1990~1998
北　京	1.80	1.73	河　南	1.39	0.93
天　津	1.40	1.00	湖　北	1.29	1.04
河　北	1.32	0.81	湖　南	1.16	0.74
山　西	1.35	1.13	广　东	1.73	1.49
内蒙古	1.27	1.01	广　西	1.60	1.17
辽　宁	1.02	0.59	海　南	1.79	1.60
吉　林	1.04	0.79	四　川	0.86	0.82
黑龙江	0.94	0.79	贵　州	1.56	1.42
上　海	1.45	1.14	云　南	1.47	1.32
江　苏	1.04	0.75	西　藏	1.72	1.60
浙　江	0.86	0.84	陕　西	1.30	1.02
安　徽	1.37	1.08	甘　肃	1.50	1.39
福　建	1.49	1.04	青　海	1.62	1.46
江　西	1.39	1.20	宁　夏	2.09	1.70
山　东	1.05	0.49	新　疆	1.76	1.68

注：港、澳、台资料暂缺；四川省含重庆市

二、人均国内生产总值(GDP)增长

人均GDP的增长水平在一定程度上可以反映区域人口生活水平的改善程度与趋势。1978~1998年,中国人均GDP的增长速度为9.2%,远高于人口的增长速度。但由于区域经济的增长

速度和人口的增长差异较大,导致人均 GDP 增长水平的区域差异相当明显。人均 GDP 增长速度高于全国平均水平的省区市有 9 个,另有两个省区的增长速度与全国平均增长速度持平(见表 6—6)。其中,江苏、浙江、福建、广东的人均 GDP 增长速度高于全国平均水平的 25% 以上,全部在沿海地带,最高的浙江省比全国平均增长速度高 36%。人均 GDP 增长速度低于全国平均增长速度 25% 的省区有黑龙江、西藏和青海省。人均 GDP 增长的区域差异,直接影响着区域社会经济发展水平的差异和区域对社会基础设施的投资能力。实际结果表明,这种增长差异,导致了中国区域社会发展水平的差异,而基础设施的区域差异表现的尤为明显。

表 6—6 不同时期各省区市人均 GDP 增长率(%)

省区市	1980~1985	1985~1990	1990~1995	1995~1998	1978~1998	1990~1998	1985~1998
全 国	9.38	6.12	12.52	9.75	9.18	11.27	9.38
北 京	7.93	5.55	8.70	9.65	7.86	9.05	7.69
天 津	7.63	3.33	10.34	11.32	7.82	10.71	7.81
河 北	8.60	6.13	13.59	11.48	9.10	12.79	10.18
山 西	10.28	3.84	8.80	9.08	7.54	8.91	6.93
内蒙古	12.93	5.34	8.47	9.67	8.51	8.92	7.53
辽 宁	8.00	5.98	9.54	8.04	7.64	8.98	7.81
吉 林	9.91	6.63	9.99	9.87	8.56	9.94	8.66
黑龙江	6.48	5.10	6.98	8.86	6.49	7.68	6.68
上 海	7.77	3.70	11.72	10.67	7.91	11.32	8.33
江 苏	12.16	8.14	16.05	11.13	11.45	14.18	11.82
浙 江	13.56	6.83	18.24	10.15	12.47	15.14	11.87
安 徽	13.04	3.84	12.77	10.95	9.39	12.08	8.84
福 建	11.51	7.33	17.79	12.92	12.06	15.94	12.55
江 西	9.05	5.31	12.29	9.87	8.95	11.38	9.00

续表

省区市	1980~1985	1985~1990	1990~1995	1995~1998	1978~1998	1990~1998	1985~1998
山 东	10.70	6.19	16.17	10.86	10.67	14.15	11.02
河 南	10.42	5.15	11.81	10.12	9.37	11.17	8.82
湖 北	11.01	4.16	11.59	11.30	9.31	11.48	8.61
湖 南	7.73	4.79	10.12	10.05	7.74	10.09	8.02
广 东	10.40	9.96	17.19	9.03	11.71	14.06	12.47
广 西	6.38	4.13	15.16	8.76	8.11	12.72	9.33
海 南	12.27	7.01	15.83	5.25	9.51	11.74	9.90
四 川	8.75	5.11	10.21	9.15	8.50	9.81	7.98
贵 州	10.88	4.69	7.11	7.37	7.35	7.21	6.23
云 南	10.24	7.37	8.71	7.88	8.17	8.40	8.00
西 藏	7.53	0.56	7.67	9.89	6.86	8.49	5.37
陕 西	9.64	3.17	8.16	8.99	6.96	8.47	6.40
甘 肃	6.79	7.38	7.96	8.57	7.19	8.19	7.88
青 海	7.34	3.33	5.93	7.41	5.45	6.48	5.26
宁 夏	9.26	5.41	6.18	9.47	6.97	7.40	6.63
新 疆	11.11	7.12	9.96	6.40	8.75	8.61	8.03
东部地区	9.77	6.57	14.84	10.29	10.06	13.11	10.55
中部地区	9.65	4.76	10.46	10.09	8.37	10.32	8.15
西部地区	9.24	5.42	9.11	8.45	7.96	8.86	7.53

资料来源:根据国家统计局统计资料整理
注:港、澳、台资料暂缺;四川省含重庆市

三、人口与经济增长的区域类型

结合国内生产总值 GDP 增长率、人口增长率和人均 GDP 增长率指标,对 1978 年以来的发展进行综合分析,各省区市的发展表现出不同类型。以全国平均水平为基准,如果年均增长率超过全国平均增长水平 15% 左右为高速增长,低于全国平均增长水平

15%的为低速增长,介于两者之间的为同步增长,全国省区市人口增长与经济增长的相对状态有八种类型。

（一）GDP 高速增长—人口高速增长—人均 GDP 高速增长的地区：只有广东和福建两省。1978 年以来,两省的年均 GDP 增长率、人口增长率和人均 GDP 增长率均比全国平均水平高 15% 左右,其中人均 GDP 增长速度比全国平均高近 30%,使得其居民的生活水平和生活质量大幅度提高,区域进一步发展的基础设施和环境得到不断改善。

（二）GDP 高速增长—人口低速增长—人均 GDP 高速增长的地区：这类地区有浙江、山东和江苏,其中山东的 GDP 平均增长率比全国平均增长水平高 10% 以上,但低于 15%。三省均是中国人口数量较大,人口稠密的地区,其人口的低速增长使得人均 GDP 的增长速度远高于 GDP 的增长速度,居民的生活水平和质量提高迅速,基础设施的改善也非常显著。

（三）GDP 同步增长—人口高速增长—人均 GDP 同步增长的地区：包括北京、广西、海南和新疆。四省区市的人口增长均高于全国平均增长水平的 20% 以上,而 GDP 增长率基本与全国水平持平,其中海南与新疆略高于全国平均水平;人均增长水平基本上与全国平均增长水平持平,其中海南高于全国平均水平。但是,由于北京原有基础远高于全国平均水平,人均绝对量的增长远高于平均水平,而其它省区则相反。

（四）GDP 同步增长—人口同步增长—人均 GDP 同步增长的地区：包括天津、河北、上海、内蒙古、安徽、江西、河南、湖北、云南。除天津、上海和河北外,均是中西部地带的省区,虽然 GDP 增长与全国平均增长水平基本持平,但由于原有经济基础比较薄弱,使得绝对差距拉大。河南、湖北、安徽的 GDP 及人均 GDP 增长率略高于全国平均水平。

(五) GDP 同步增长—人口低速增长—人均 GDP 同步增长的地区:包括吉林、四川(含重庆)。由于二省的人口增长速度均低于全国平均水平,人均 GDP 增长速度却都高于 GDP 增长速度。四川省 1978~1998 年人口的年增长速度仅相当与全国平均水平的 66%,虽然 GDP 增长率只有全国平均的 89%,但人均 GDP 增长率却为全国平均的 93%。

(六) GDP 低速增长—人口低速增长—人均 GDP 低增长的地区:包括辽宁和黑龙江。这两个省是中国的老工业基地,面临国有企业改造等许多困难,经济增长活力较差,经济增长速度与人均增长速度都大幅度低于全国平均水平。但由于基础较好,人均绝对量则比较高。

(七) GDP 低速增长—人口高速增长—人均 GDP 低速增长的地区:包括贵州、西藏、甘肃、青海、宁夏。由于其人口的高速增长,使得其人均水平的增长速度远低于经济增长速度,与其它地区的发展差距明显拉大。

(八) GDP 低速增长—人口同步增长—人均 GDP 低速增长的地区:包括山西、湖南和陕西。

上述分析可以明确说明两点:第一,中国大部分省区市,在过去近 20 年的发展过程中,都做出了比较大的努力,取得了不菲的成绩,这是值得肯定的事实;第二,由于各地区原有的经济基础差异较大,社会经济发展水平更是存在较大差距,尤其是那些经济基础薄弱的省区市,如贵州、云南等,虽然基本保持了与全国平均水平一致的增长速度,但绝对差距仍在继续扩大。

表6—7 1978~1998年各省区市GDP、人口、人均GDP年递增率相对水平

地区	GDP	人口	人均GDP	地区	GDP	人口	人均GDP	地区	GDP	人口	人均GDP
辽宁	0.82	0.78	0.83	黑龙江	0.71	0.72	0.71	四川	0.89	0.66	0.93
河北	0.99	1.01	0.99	吉林	0.91	0.79	0.93	贵州	0.85	1.19	0.8
北京	0.92	1.37	0.86	内蒙古	0.93	0.97	0.93	云南	0.92	1.12	0.89
天津	0.88	1.07	0.85	山西	0.85	1.03	0.82	西藏	0.82	1.31	0.75
山东	1.12	0.8	1.16	河南	1.03	1.06	1.02	陕西	0.79	0.99	0.76
江苏	1.19	0.79	1.25	湖北	1.01	0.98	1.01	甘肃	0.83	1.15	0.78
上海	0.89	1.11	0.86	湖南	0.85	0.89	0.84	青海	0.67	1.24	0.59
浙江	1.27	0.66	1.36	安徽	1.03	1.05	1.02	宁夏	0.87	1.6	0.76
福建	1.3	1.14	1.31	江西	0.99	1.06	0.97	新疆	1.01	1.34	0.95
广东	1.29	1.32	1.28								
广西	0.93	1.22	0.88					全国	1.00	1.00	1.00
海南	1.08	1.37	1.04								

注:①全国的平均年递增速度为1.0;②港、澳、台资料暂缺;③四川省含重庆市

第四节 区域可持续发展面临的问题

一、经济发展与环境保护矛盾尖锐

社会经济活动与生态环境保持长期的协调发展关系,是区域可持续发展的基本原则。但是,80年代以来,由于环境保护发展落后于经济的发展,以及不合理的资源开发模式和经济发展模式,导致中国各省区市环境质量面临着比较严峻的形势,许多地区的环境质量呈恶化趋势,个别区域曾产生了比较严重的环境污染问题。经济发展与环境保护之间的矛盾在下列地域十分突出,成为

区域可持续发展的限制因素。
- 经济持续高速增长、特别是经济超高速增长的地区,如珠江三角洲地区、长江三角洲地区、胶济铁路沿线地区等。
- 建立在资源开发和部分基础产业大规模发展基础上的经济高速增长的地区,如河南、安徽、山西、四川、云南等省的部分地区。
- 自然生态本身脆弱又加上人类不合理开发利用的地区,如山西、陕西、内蒙古交界地区,贵州、云南和广西的石灰岩山区,长江上游部分地区,内蒙古西部阿拉善盟黑河的中下游地区等。

以流域为单元的区域可持续发展问题非常严峻。第一,洪水威胁加重。长江上游生态破坏严重,水土流失加剧,中下游小水而大威胁。黄河断流加剧,沿岸受洪灾威胁加重。第二,污染已经成为流域性的恶化态势,海河、淮河等污染已经相当严重。第三,流域性的生态问题已十分严重,如水土流失,植被破坏等。

日益严重的生态环境问题最直接的原因是全国及大部分地区迅速的工业化和城市化进程。而在这一进程中市场的短期行为又在客观上加剧了问题的严重性。污水和废气排放量的持续上升,主要大城市大气中的总悬浮颗粒物(TSP)和二氧化硫(SO_2)含量已超过世界卫生组织(WHO)推荐标准的2倍。1996年,全国仅有不到1/5的城市生活污水进行了治理,酸雨区面积已超过国土总面积的29%。由于自然和人为因素的影响,中国多数区域的生态和环境状况形势严峻,主要表现在区域大气污染严重,水资源短缺且污染加剧,植被破坏严重,水土流失面积不断扩大,土地荒漠化仍在发展,生物多样性受到严重威胁,导致农田、森林、草原以及江河湖海等自然生态系统生产力的下降。在生态系统功能较强的东部地区已出现土地退化和环境恶化的现象,原本生态系统十分脆弱的西部地区恶化趋势更为严重。

由于各地区的自然条件和社会经济的发展水平差异比较大,使得其在实施区域可持续发展过程中,面临不同的环境问题。

(一)大城市集聚地区大气和水污染严重。在沿海的都市化地区和中西部的大城市地区此问题比较突出,不利于社会经济的持续发展。许多城市的大气污染严重,在最近世界有关组织公布的10个最严重的污染城市中,中国就占了9个,兰州、太原等城市榜上有名。SO_2污染以贵阳、重庆、宜宾为代表的西南高硫煤地区最为严重,以山西、山东为代表的北方地区污染较严重,尤以冬季采暖期最为突出。总悬浮微粒污染最严重的城市有吉林、兰州、延安、太原、万县、焦作、济南、包头、宝鸡9个城市。降尘污染严重的城市有包头、长春、唐山、大同、哈尔滨、石家庄。北方重于南方,最严重的地区为东北三省、西北地区及内蒙古、山西、河北、河南、山东的主要城市。南方主要集中在四川、贵州、湖北、湖南、上海、浙江、安徽等省的大中城市。氮氧化物污染主要发生在100万人口以上的大城市和特大城市,广州、北京污染较重,其次是上海、鞍山、武汉、郑州、沈阳、兰州、大连、杭州等城市。

由于缺乏污水处理设施和有效的监督管理体制,许多城市的水资源污染严重,城市河流成为排污渠道的现象比较突出,直接造成流域的水污染。根据全国2 222个监测站的监测结果,中国七大水系的污染程度次序为:辽河、海河、淮河、黄河、松花江、珠江、长江。其中辽河、海河、淮河污染最重。主要淡水湖泊的污染程度由高到低次序为：巢湖(西半湖)、滇池、南四湖、太湖、洪泽湖、洞庭湖、镜泊湖、兴凯湖、博斯腾湖、松花湖、洱海。

(二)西北干旱区荒漠化面积扩展，威胁部分区域的社会经济发展及生存安全。中国是全球荒漠化面积较大、分布较广、危害较严重的国家之一，共有荒漠化土地262.2万平方公里，占整个国土面积的27.3%，主要分布在西北、东北、华北地区的13个省区市。有近4亿人口生活在受荒漠化影响的区域内，60%贫困县集中在沙区。仅"三北"地区就有1300万公顷农田遭受风沙危害，粮食产量低而不稳，1亿公顷草场严重退化，3000多公里铁路和数千公里公路常年受到风沙威胁。全国每年因荒漠化危害造成的直接经济损失约540多亿元。

西北是中国风沙危害最严重的地区，发展与环境间的矛盾最为突出。目前，沙漠、戈壁、沙漠化和沙化土地面积共174.7万平方公里，占国土面积18.2%。内蒙古自治区的沙化面积占草原面积的6.2%，鄂尔多斯草原的沙化面积已占26.3%。新疆喀什地区次生盐渍化面积占耕地面积的57.7%，河套平原、银川平原、黄河三角洲等地的盐渍化也在发展，全国盐渍化面积已达23.3万平方公里。西南石灰岩地区石化、半石化面积在迅速扩大，如贵州省，20年来基岩裸露面积以每年9万公顷的速度扩展。

专栏6—1 阿拉善地区生态环境恶化

　　阿拉善地区位于内蒙古自治区西端。历史上是中国少数民族游牧的天然牧场，黑河水润育而成的居延绿洲(也称额济纳绿洲)，以及延绵800

公里的天然梭梭林带,茂密的贺兰山次生涵养林等,构成阿拉善地区独特的生态植被系统,成为保护河西走廊、宁夏平原、河套平原乃至西北、华北的三道天然屏障。由于黑河中游地区水资源的长期超量开发,大量筑坝截水,不断扩大灌溉面积,导致下泻水量减少。1958年东、西居延海航测计算水面分别为276平方公里和35.5平方公里,到1991年、1992年彻底干涸,变成了茫茫的沙海和盐碱滩。著名的天鹅湖也于1992年缩小。现在额济纳河两岸的胡杨林也由75万亩减少到30多万亩,曾闻名于世的居延绿洲正在消失;横亘阿拉善地区的梭梭林带,有1700万亩变成稀稀疏疏的300万亩;贺兰山次生涵养林也正在退化。生态环境的恶化,使这一地区沙暴肆虐、灾害狂獗。

(三)黄土高原和长江流域水土流失严重,洪水、荒漠化的威胁加重。中国是世界上水土流失最严重的国家之一,水土流失面积、侵蚀程度、危害程度仍呈加剧趋势。黄土高原和长江流域尤其是长江上游地区是中国水土流失最严重的地区。

黄土高原包括7个省区、287个县(市、旗),总面积62.4万平方公里,其中90%的面积在黄河中上游。由于黄土高原自身生态环境脆弱,加上长期以来不合理的土地利用,植被遭受严重破坏,土壤侵蚀极为严重。水土流失和沙漠化使黄土高原"越垦越穷,越穷越垦"。水土流失使黄河下游干流河床逐年淤高,每年平均增高10厘米,使下游大堤"越险越加,越加越险"。

长江流域包括10个省区市,流域面积180万平方公里,占全国国土面积的1/5,耕地面积的1/4,人口占全国总人口的1/3,是中国重要的经济带。近几十年来,流域的森林覆盖率一直呈降低趋势。水土流失是长江流域的重大生态环境问题。80年代,全流域水土流失面积73.9万平方公里,占流域面积的41.1%。目前,水土流失最严重的是上游地区,面积36万平方公里。三峡库区以上每年土壤侵蚀量15.6亿吨,年过三峡泥沙量6.8亿吨。宜昌以上水库总库容166.7亿立方米,平均每年被淤积3亿立方米。荆江段1987年曾隆起"沙垄",多次发生堵航造成严重损失。上游水土保持工程6年仅治理3万平方公里,如此要70年才能治理完。

二、资源短缺和浪费现象并存

中国多数地区在发展过程中均存在资源短缺和资源浪费问题,在某些地区已成为区域可持续发展的严重障碍。自然资源短缺与浪费问题突出表现在以下几个方面:

第一,水资源。中国人均水资源量仅为世界平均水平的28%。80年代以来,淡水资源短缺已成为全国性问题。据估计,中国每年因供水不足造成工业产值的损失近2 000亿元。农业用水因城市和工业的发展而被大量占用,使本来就入不敷出的水源更紧张。现有0.47亿公顷有效灌溉面积中约有0.07亿公顷因水源不足而无法灌溉。城乡水资源的供需矛盾突出,目前全国城市已达660座,其中供水不足的约300个,缺水最为严重的有110多个。尤其是中国北方地区和部分沿海城市,水资源短缺已成为其社会经济发展的重要制约因素。即使水资源丰富的南方地区,由于污染,也使得淡水资源短缺问题日益突出。主要缺水地区有环渤海地区的京津冀地区、晋北地区、辽中南地区、山东半岛,西北地区的河西走廊、塔里木盆地、关中平原等。另一方面,多数区域在水资源利用上存在比较严重的浪费现象。目前,全国约1/3以上的工业废水和约 90% 以上的生活污水未经处理利用；工业生产中水资源利用效率较低(见表 6—8)；农业用水效率不高,节水潜力比较大,同农业节水先进的国家差距比较大。

表 6—8　中国部分行业单位产品耗水量与国外先进水平比较

工业类型	中国	国外先进水平
炼吨钢耗水量(立方米)	60～100	3～4
炼吨油耗水量(立方米)	2～30	0.2～1.2
造吨纸耗水量(立方米)	400～600	50～200
合成吨氨耗水量(立方米)	500～1000	12
生产吨啤酒耗水量(立方米)	20～60	<10

第二,土地资源。主要表现在土地的后备资源不足,经济建设占用农业耕地的持续增长,建设项目过度圈占耕地,土地污染日益严重等方面。从人口与资源关系方面衡量,中国大部分地区属于土地资源短缺的区域。人均耕地只有 0.11 公顷,仅相当于世界平均水平的 1/3。土地资源短缺比较严重的省区市有浙江、上海、广东、福建、海南,这些省市也是中国经济发展速度快、人口稠密、经济建设需要占用耕地比较多的地区。西南的四川、贵州、云南以及中南的广西等省区,土地资源也比较缺乏。东北地区和西北地区的土地资源比较丰富。

第三,矿产资源。从整体上看,主要表现在总量不足、结构性短缺、利用率低等方面。金属矿产资源中,富铁矿和铜矿资源比较缺乏,不能满足需要。对农业具有重要意义的非金属矿产资源如磷、钾矿资源也面临较大问题。能源结构性短缺比较突出,石油、天然气比较缺乏。

另一方面,矿产资源的综合利用水平不高,生产过程中的资源浪费严重。据有关部门统计,中国煤炭的平均回采率仅32%,铜矿平均回采率为50%,钨矿的平均回采率为28%,等等,普遍低于世界平均水平。能源利用效率也是如此,远低于先进国家的利用水平。

三、贫困地区脱贫任重道远

贫困是一个经济问题,同时也是社会问题和环境问题。虽然中国在消除贫困方面经过坚持不懈的努力,已取得了巨大成就,但贫困地区发展问题仍是影响中国区域可持续发展的关键问题之一。贫困问题既是局部地区的区域可持续发展问题,也是影响社会经济发展的全局问题。因此,有贫困存在的区域社会经济发展称不上是可持续发展。

中国贫困人口地区分布差异很大,主要集中在中西部地区的深山区、石山区、荒漠区、高寒山区、黄土高原区、地方病高发区以及水库库区。这些地区位置偏远、交通不便、生态失调、人畜饮水困难、生产生活条件恶劣。目前全国主要集中连片的贫困地区有:秦巴山区,武陵山区,乌蒙山区,大别山区,滇东南山区,横断山区,太行山区,吕梁山区,桂西北山区,九万大山山区,努鲁儿虎山区,西海固地区,定西地区,西藏地区,闽西南和闽东北,陕北,井岗山和赣南,沂蒙山区。

从省区市一级区域上看,中国贫困地区虽然分布较广,但主要集中在那些自然条件较差、经济基础相对较弱、经济发展活力不强的区域,使得这些地区在面临发展经济的诸多困难的同时,消除贫困的任务也相当艰巨。目前中国贫困地区和贫困人口的分布具有下列特点:①贫困地区分布较广,除北京、上海、天津、江苏四个省市外,其余省市区都有国家确定的贫困县;②贫困人口高度集中分布在四川、贵州、云南和河南四省,这四个省份占了全国 592 个贫困县中同类人口总数的 46%,其中云、贵、川三省贫困人口占全国的比重都在 10% 以上;③宏观区域上,贫困人口高度集中分布在中西部地带,在 592 个贫困县中,中西部地区 437 个,占 82%,其中中部地区的主要集中在山西、内蒙、河南、湖北等省区,西部地区主要分布在四川、云南、贵州、陕西、甘肃等省区;④贫困人口较多的省份,往往也是贫困发生率较高的省区,即贫困程度较深的省份,从而成为扶贫难度最大的省份,如云南、贵州、陕西、甘肃等。

另一方面,以提高人的素质等为目标的社会扶贫任重道远,即使是那些经济发展状况好转的贫困地区,这一任务也非常突出。

表 6—9 中国贫困人口数量变化

年份	1978	1985	1990	1993	1994	1995	1996
贫困人口(万人)	25 000	12 500	9 700	8 000	7 000	6 500	5 800
农村贫困发生率(%)	30.7	14.8	10.8	8.87	7.8	7.1	6.3

四、产业结构层次低,简单数量扩张与经济效益提高的矛盾突出

目前经济增长方式粗放,多表现为简单的数量扩张,但规模经

济不理想,产品竞争力不强,中西部地区体现的比较突出。多数区域农业的基础地位不稳,生产条件差,抵御自然灾害的能力有待提高。第三产业发展也存在许多问题。基础设施发展滞后,一定程度上制约着区域社会经济的快速发展。另一方面,经济领域由于合理的市场竞争机制和区域合作体系还不完善,存在某些无效竞争和资源浪费现象。

表6—10 中国主要工业企业生产规模同世界先进水平的比较

企业类型	汽车企业	钢铁企业	炼油企业	乙烯装置	棉纺企业	造纸企业
世界水平	先进水平年产100万辆	最佳规模年产500~1000万吨	平均规模500多万吨	最大90万吨平均30多万吨	合理规模3~8万吨	平均5万吨
中国的情况	最大规模18万辆平均规模1万多辆	平均规模5万多吨	平均167万吨	平均21万吨	>3万吨的企业占20%	平均3000吨

多数区域经济效益不高,产业结构层次较低,支持区域社会经济发展的产业体系许多是高耗能、高投入、高消耗、高污染、低产出的产业,技术水平不高,自觉的、有意识的、规范的清洁生产方式和行为或有利于生态保护的生产方式和行为还未建立,现有经济发展方式与资源利用、环境保护之间存在尖锐的矛盾,因而导致多数区域的生态环境恶化,资源浪费严重。无论沿海地带还是中西部地带,无论相对发达的省区市还是落后的省区市,这一问题均比较突出。

重复建设和产业结构"同构"现象严重,一定程度上造成了社会资源的浪费,即短缺与浪费同时存在。主要表现在以汽车制造业为主的重加工工业、家电以及部分轻纺等行业中。汽车制造厂

(整车生产厂家,不包括改装车)多达325家,总产量仅145万辆汽车。这种现象演变下去,不仅将影响到企业的规模经济效益,而且,很可能成为阻碍区域经济合理分工的不良因素。

专栏6—2 汽车工业:世界——集中规模化,中国——分散小型化

汽车工业发展在一定程度上代表着一个国家或地区工业水平的高低。中国把汽车工业作为工业发展的支柱产业,是正确的战略选择。但实际发展中存在许多问题,导致汽车工业在中国国民经济中的地位仍然不高,同发达国家差距仍然很大。

最突出的问题是:布点分散、规模小型化,这与国际发展趋势截然相反。22个省区在"九五"计划中将汽车工业作为支柱产业,但因投资分散、建设项目偏小,造成生产规模经济不合理,企业在低效益状态中运营。以汽车工业发展计划为例,江苏、湖北和四川等3个省区市规划汽车年产50万辆以上,10个省区市在20~50万辆之间,没有一个省区市汽车总量规模达到100万辆。

国际上,汽车工业生产的集中度不断提高,90年代中期,世界10大轿车公司的产量占全球总产量的76%,美国和日本最大的前3家汽车公司分别集中了本国汽车产量的90%和80%。而在中国,汽车产量的分布趋于分散化,三大汽车公司的汽车生产集中度也由80年代初的60%左右,下降到90年代中期的35%左右。

提高中国汽车工业的生产水平和规模经济,任重道远。

资料来源:根据《1997中国区域发展报告》(第83页)整理

第五节 区域可持续发展评价

通过对中国各区域近20年的发展历程分析,可以得出如下结论:虽然区域发展过程中存在着资源的不合理利用、环境污染、生

态破坏等问题,但区域的经济发展取得了巨大成就,表现为经济的快速发展、经济实力得到加强、居民生活水平不断提高,可持续发展思想在不同区域得到了不同程度的体现。

区域可持续发展是受多种因素影响作用的复杂过程,其中某些关键因子起着举足轻重的作用。影响中国不同区域可持续发展的关键因素为:东北地区经济结构调整和经济体制转轨任务突出;华北地区主要为水资源匮乏、环境压力大;东南沿海资源短缺、环境压力较大;中部省份面临经济增长方式转换、环境压力大等问题;西北地区则以生态环境脆弱、经济增长活力差、荒漠化严重等问题为主;西南地区脱贫任务艰巨。

按照 80 年代中期国家关于东、中、西三大地带的划分,各地带的可持续发展态势如下:

一、东部沿海地带

东部沿海地带社会经济的可持续发展状态相对较好。经济长时期快速发展,无论是经济发展水平还是社会发展水平,均取得了长足发展;人均生活水平和生活质量大幅度提高,多数省区市属于高收入地区;经济的外向度也比较高,经济增长活力较强,发展潜力也比较大,是支持中国参与世界市场经济竞争最重要的地区,但南北结构性差异比较突出。由于经济的快速增长,人口增长对经济发展的压力得到缓解。但多数区域存在经济增长与效益、结构、资源、环境间的突出矛盾。

东部沿海地带社会经济可持续发展所面临的主要问题有:在

经济快速增长的过程中,一些地区的生态环境问题变得十分突出,水体大面积污染,耕地大幅度减少,一些城市的大气污染日益严重,城乡结合部的生活和治安条件很差;资源短缺,尤其是北方部分地区水资源的严重匮乏,已成为制约社会经济发展的严重障碍;基础设施虽然大大改善,但仍滞后于经济的发展。

二、中部地带

中部地带的经济发展保持了与全国基本同步的增长速度,尤其进入 90 年代以来,部分省份如河南、湖北、安徽、江西等,开始步入经济增长的快车道,经济增长活力有所增强;人口增长与人均 GDP 的增长速度也基本与全国平均增长水平持平,人均收入水平和生活水平提高幅度较大,相对地位有所提高,如人均 GDP 在全国的位次,河南、湖北、湖南分别从 1990 年的 24 位、14 位、20 位跃进到 1998 年的 20 位、13 位和 18 位。

中部地区社会经济可持续发展面临的主要问题是:人口的压力比较大,劳动者素质相对较低,部分地区环境恶化严重,发展经济与环境保护、合理利用资源的矛盾十分突出,将是长期制约其社会经济发展的主要矛盾;部分资源短缺,综合利用效率不高;产业结构不尽合理,层次较低,整体素质差,经济效益不高;经济的外向度较低;居民的生活质量有待提高,部分地区贫困问题比较突出;产品技术水平低,技术进步型产品少。

三、西部地带

80年代以来,西部地带的整体经济活力不强,尽管经济也保持了比较高的增长速度,但绝大多数地区的经济增长速度仍低于全国平均水平,而人口增长却高于全国平均水平,加之原有的社会经济基础比较薄弱,导致了其与全国平均水平的差距明显扩大。

西部地区社会经济可持续发展面临的主要问题是:大部分地区生态环境脆弱,环境容量有限,发展与环境的矛盾比较尖锐,荒漠化、水土流失问题比较严重;产业层次比较低,基础不稳,经济效益不高,参与市场竞争的能力有限;人口过快增长与经济增长乏力,严重影响着社会经济的发展;人口素质不高;贫困问题非常突出,贫困面大,贫困人口数量大,消除贫困难度非常大;自身的发展能力比较弱。

第七章

全球气候变化对中国的影响及其预防对策

第一节 全球气候变化——国际社会共同关注的一个焦点问题

一、全球气候变暖趋势分析

（一）百余年来气候变暖的趋势

对自 19 世纪以来的大范围和几十年或更长时期内气候及其它资料的分析，已经提供了一些重要的系统变化的证据，表明全球变暖已成事实。

- 全球平均地面温度自 19 世纪以来大约增长了 0.3~0.6℃，变化趋势见图 7—1。气候变暖的速度约为 0.44℃/100 年；
- 最近几年已成为 1860 年以来（也就是说在有仪器记录的时期）最暖的时期之一；
- 增暖的区域差异较明显，例如，在中纬度大陆的冬天和春天的变暖是最大的，但也有一些地区变冷，如北大西洋；北半球高纬度陆地的降水增加，尤其是在冬季；
- 在过去的一百年中全球海平面上升了 10~25 厘米，主要是

第一节 全球气候变化——国际社会共同关注的一个焦点问题

与全球平均气温的升高有关;

还没有充分的资料来确定20世纪全球气候变率和极端天气事件出现了变化,但从区域来看,确实存在这种变化,如有些地区霜冻减少,也有些地区风暴灾害增加等等。此外,1990~1995年中的持续厄尔尼诺事件也是很异常的,目前尚无法确定这种变异情况是否与全球温度升高的背景有关。

从地球的历史来看,气候是一直在变化之中。过去100万年间曾发生过一系列重大的冰期与暖期的交替,其中最近的一个冰期在2万年前开始结束,目前正处于间冰期。因此,现在存在着自然界的气候变暖。然而,冰期的最冷时段与其间的暖期之间,全球平均温度仅相差5~6℃,变化期间的时间尺度是以万年计。近百余年来全球平均气温上升较快,今后如不采取措施减少全球温室

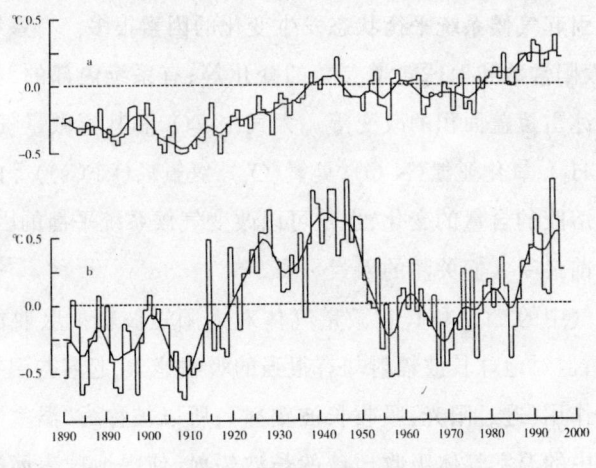

图7—1 近百余年来全球气温变化趋势
a. 全球　　b. 中国
资料来源:王绍武等:近百年中国气候序列的建立,1998年。

气体排放,估计全球平均气温到下世纪末要上升 1.0～3.5℃,这一变率可能比过去 1 万年间任何时期的变率都大,所导致的全球气候变化也可能比较大,而且进展更快。这种状况与人类活动排放越来越多的温室气体到大气中,致使温室效应增强密切有关。

(二) 温室气体与温室效应

地球表层的大气圈、水圈、地圈和生物圈的整体及其相互耦合构成了气候系统。气候系统一方面吸收太阳辐射,另一方面向外层空间放出长波辐射。从长时间来看,二者之间保持着平衡。倘若这种平衡状态被某种因素所破坏,气候系统内部将出现一系列极其复杂的调整过程,然后再取得新的平衡。我们所感知的全球气候变化就是气候系统平衡状态进行调整的反映。

能引起气候系统平衡状态发生变化的因素很多。有系统外部的,如太阳常数和地球轨道参数的变化等;有系统内部的,如火山活动和冰雪覆盖面积的改变等。大气中 CO_2 和其它微量气体(如甲烷(CH_4)、氧化亚氮(N_2O)、臭氧(O_3)、氯氟烃(CFCs))等的含量以及气溶胶的含量的变化,也是可以改变气候系统平衡的因素,而且是目前最受人们关注的因素。

大气中的 CO_2 和其它微量气体对太阳短波辐射吸收能力相对较弱,但对地球长波辐射却有很强的吸收能力,起着与温室玻璃同样的作用(透过阳光,吸收长波辐射),所以被称为"温室气体"。而大气中的温室气体吸收地球的长波辐射,使得地球表面温度升高这样一种效应被称为"温室效应",其原理示意见图 7—2。

大气中早就有 CO_2,温室效应也早已存在。如果大气中没有

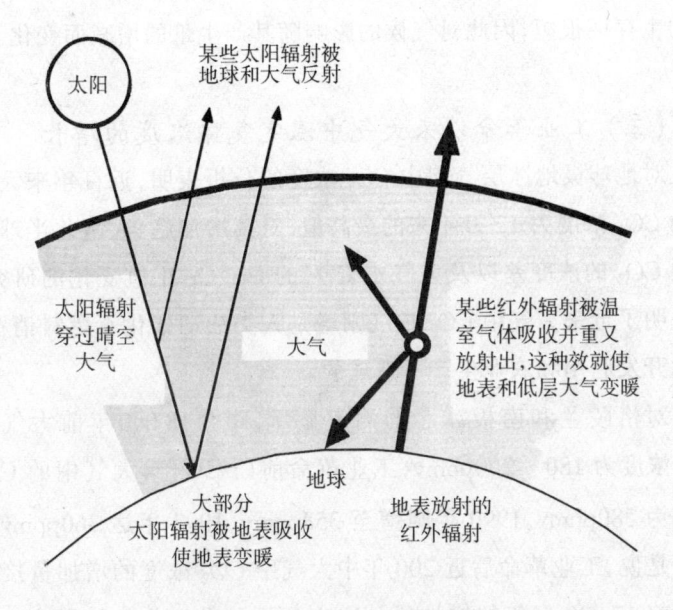

第一节 全球气候变化——国际社会共同关注的一个焦点问题

图 7—2 温室效应原理示意图

资料来源：IPCC：气候变化——IPCC 1990 和 1992 年的评估报告

CO_2 的话，地球表面的平均温度将是 $-18℃$，而不是现在的 $15℃$。当前人们关心的"温室效应"问题，实际上是指"温室效应增强"问题，即因人类活动引起大气中温室气体浓度不断增加而造成的全球气温增加或气候变暖。

必须注意的是，人类活动（化石燃料燃烧、生物质燃烧及其它生产或消费活动）产生的对流层的气溶胶（小的空中浮游的粒子），由于阻拦了太阳辐射，起了抵消温室效应的作用（使气候变冷），同时还影响一些陆地范围的气候变化分布，尽管它主要集中在特定地区，但仍能形成对大陆至半球范围的影响。这种气溶胶在大气中的生存期很短,因此对气候的影响随其产生量的增减而变化。

(三) 工业革命以来大气中温室气体浓度的增长

对地球极地冰层气泡中 CO_2 浓度的分析表明,近百年来大气中的 CO_2 浓度为 12 万年来的最高值,对其增加趋势、南北半球大气中 CO_2 的浓度差以及大气中 CO_2 的 C_{13}/C_{12} 比值变化的研究,都说明了近来大气中 CO_2 浓度剧增是人类活动如化石燃料消费、土地开发利用和农业生产所造成的。

对格陵兰和南极冰芯的测定显示,距今 18 000 年前大气中 CO_2 浓度为 180～200ppmv,工业革命前(1750 年)大气中的 CO_2 浓度为 280ppmv,1990 年则增至 353ppmv(1992 年达 360ppmv)。也就是说,工业革命后近 200 年中大气中 CO_2 浓度的增加量接近于以前 17 000 多年的增加量。这充分显示出工业化的影响。表 7—1 给出 CO_2 及其它温室气体在大气中的浓度于工业化前后的变化情况。由表可见,其它温室气体的浓度均低于 CO_2 的浓度,但它们吸收地球长波辐射能力比 CO_2 强得多,因而其温室效应作用也很显著。以同样重量物质在 100 年时间尺度内与 CO_2 比较,就直接效应来看,CH_4 的作用约为 CO_2 的 24 倍,N_2O 的作用约为 CO_2 的 310 倍,而 CFCs 在 10 000 倍以上,而且它们在大气中的浓度增加很快。这种与 CO_2 相比较的作用又称为该种物质的"全球变暖潜势"(GWP)。大气中各种温室气体对"温室效应"的贡献大小不仅与其浓度有关,而且受其在大气中的存留时间(见表 7—1)支配,比例关系见图 7—3。由图可知,CO_2 对"温室效应"的贡献和大气中其它微量气体的总贡献大致相当。

第一节 全球气候变化——国际社会共同关注的一个焦点问题

表 7—1 大气中的温室气体

温室气体	工业化前浓度 (1750~1800 年)	近期浓度 (1990 年)	年增加量	在大气中衰变时间(年)
CO_2	280 ppmv	353 ppmv	1.8 ppmv(0.5%)	50~200
CH_4	0.8 ppmv	1.72 ppmv	0.015 ppmv(0.9%)	10
N_2O	288 ppbv	310 ppbv	0.8 ppbv(0.25%)	150
CFC-11	0	280 pptv	9.5 pptv (4%)	65
CFC-12	0	484 pptv	17 pptv(4%)	130

注：ppmv=百万分之一干空气体积
　　ppbv=十亿分之一干空气体积
　　pptv=万亿分之一干空气体积
资料来源：IPCC：气候变化——IPCC 1990 和 1992 年的评估报告

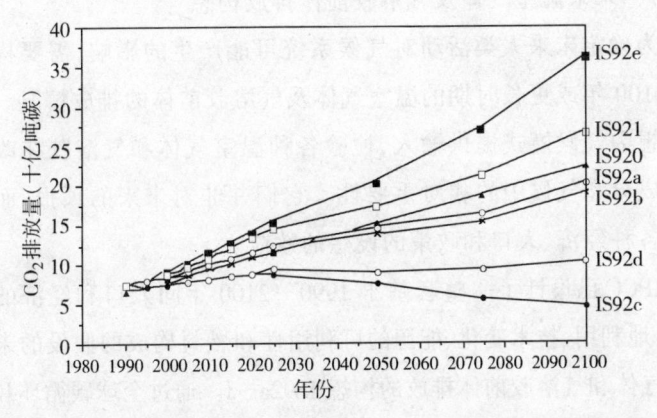

7—3 各种温室气体对温室效应的贡献(1980~1990)
资料来源：IPCC：气候变化——IPCC 1990 和 1992 年的评估报告

大气中温室气体浓度的迅速增长，将会破坏气候系统的辐射平衡，诱发异常性的气候变化。考虑到目前大部分温室气体排放量还在增加，下个世纪内大气中的温室气体浓度仍将继续增长。如 CO_2 排放即使能稳定在 1994 年水平，下世纪末大气中 CO_2 的浓度也将达到 400ppmv。因此,未来气候变化的形势将是十分严峻的,必须不失时机采取有效对策。

(四) 温室效应对全球气候变化的影响

当前研究温室气体对气候变化作用的最有效方法是,利用气候模式进行数值模拟试验。迄今已发展了多种气候模式,并在不断地改进。所进行的很多试验是模拟大气中 CO_2 浓度增加一倍时,全球气候变化的状况。目前发展的海—气耦合模式对现在和过去气候模拟已日益符合。

1. 未来温室气体及气溶胶前体排放构想

为确定未来人类活动对气候系统可能产生的影响,需要构想今后 100 年或更长时期的温室气体及气溶胶前体的排放情况。这些构想为气候模式提供输入,检验各种温室气体和气溶胶在改变大气成分和气候中的相对重要性。它们并非对未来的预报,而是描述各种经济、人口和政策的设想的效应。

IPCC 已设计了一整套基于 1990~2100 年间人口和经济的增长、土地利用、技术变化、能源的可利用性和燃料构成的假设的未来温室气体和气溶胶前体排放的构想 IS92a~f。通过全球碳循环和大气化学模式,这些排放可以用于预测大气中温室气体和气溶胶的浓度和其它参数。然后气候模式就可以用于开展对将来气候的预测。这 6 种排放构想的假设条件见表 7—2,CO_2 排放情况见图 7—4。

这些构想考虑的是,除了已有的气候政策外,在没有新的气候政策的情况下,未来温室气体的排放如何受到影响。IS92a 是一种基本的照常排放(BAU)假设情况,$IS92_b$ 与 a 的不同在于假设经济合

表 7—2 1992 年 IPCC 6 种排放构想假设的摘要

构想	人口增长	经济增长	能源供应[1]	其他[2]	氯氟烃类
IS92a	世界银行预测：2100 年达 113 亿	1990~2025：2.9% 1990~2100：2.3%	12 000EJ 常规石油 13 000EJ 天然气 太阳能成本下降到 0.75 美元/kWh，生物燃料 191EJ，价格为 70 美元/桶	国际上同意并有法律措施控制硫酸类、硝酸类和非甲烷类挥发性物质排放量	部分实施蒙特利尔议定书，技术转让使非签约国到 2075 年分阶段停止生产氯氟烃 CFCs 类
IS92b	与"a"同	与"a"同	与"a"同	与"a"同，增加许多经济合作与发展组织国家承诺稳定或削减 CO_2 排放量	全球按照蒙特利尔议定书分阶段停止氯氟烃(CFCs)
IS92c	联合国预测：中低情况：2100年达64亿	1990~2025：2.0% 1990~2100：1.2%	8 000EJ 常规石油 7 300EJ 天然气，核能成本逐年下降 0.4%	与"a"同	与"a"同
IS92d	与"c"同	1990~2025：2.7% 1990~2100：2.0%	石油和天然气"c"同，太阳能价格降到 0.065 美元/kWh，生物燃料 272EJ，价格为 50 美元/桶	全世界控制 CO_2、NO_x、NMVOC、SO_x 的排放，停止森林采伐，回收和利用煤矿业生产气和使用中排放的气体	1997 年工业化国家分阶段停止生产氯氟烃(CFCs)，分阶段停止生产氢氟烃
IS92e	与"a"同	1990~2025：3.5% 1990~2100：3.0%	18 400EJ 常规石油 天然气 2075 年分阶段停止核能	控制排放（对矿物能源征收 30% 附加税）	与"d"同

续表

构想	人口增长	经济增长	能源供应[1]	其他[2]	氯氟烃类
IS92f	联合国预测：中高情况；2100年达176亿	与"a"同	与"e"同，太阳能成本下降到0.083美元/kWh，核能成本上升到0.09美元/kWh	石油与天然气与"a"同，其中假设煤价格为1.30美元/十亿焦耳。	与"a"同

[1] 各构想中均假设煤资源上限为197 000EJ，其中假设煤炭开采速度为1 700万公顷/年平均增长而上升，直到受制于无法律保护升地供应停止为止。IS91d假设森林采伐停止（非气候原因）。地面上碳的密度随森林种类不同而变化，然后随人口增长而上升，直到受制于无法律保护土地供碳的范围为68～100吨碳/公顷。然而，只有一部分碳随着土地转化而释放，其范围为16到117吨碳/公顷，土壤中

[2] 热带森林采伐率从1981～1990年平均速度为1 700万公顷/年开始，然后随森林种类不同而变化，然而，只有一部分碳随着土地转化而释放，其数量取决于土地转化后何类型而定。

资料来源：IPCC：气候变化——IPCC 1990和1992年的评估报告

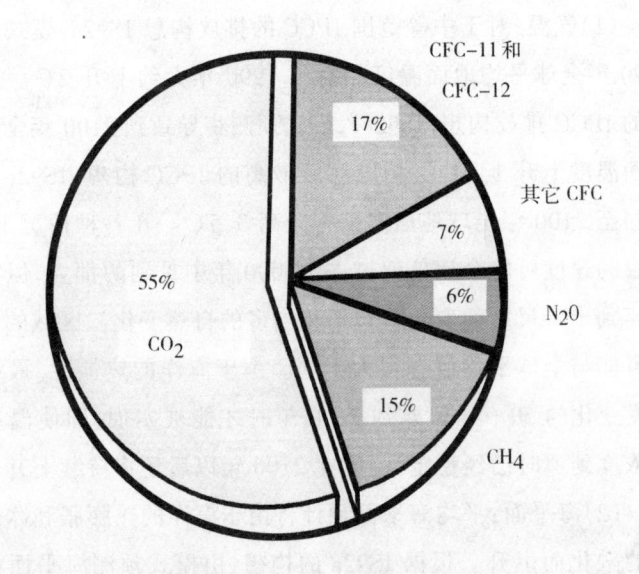

第一节 全球气候变化——国际社会共同关注的一个焦点问题 357

图 7—4 能源、水泥业、森林采伐等排放 CO_2 的情况
资料来源:IPCC:气候变化——IPCC 第一次评估报告及 1992 年补充,1992

作与发展组织国家承诺稳定或减少 CO_2 排放量,但不能抵消长远的 CO_2 排放量增长。IS92c 的 CO_2 排放水平最低,是唯一最终可降到 1990 年水平以下的方案,因为人口在下世纪中叶后减少,经济增长率低,化石燃料的比重较低。IS92e 的排放量最高,因为除了人口增长外,经济高速增长,大量消耗化石燃料,而且核能被分阶段取消。总的来看,这些排放构想表明,如果不采取有效的减少温室气体排放量的措施,下世纪内温室气体排放量可能大幅度上升。

2. 不同排放构想对气候的影响

在上述排放构想的基础上,应用气候模式进行的预测表明,未来的气候将会继续变化。

(1) 气温：对于中等范围 IPCC 的排放构想 IS92a，模式预测到 2100 年全球平均地面温度相对于 1990 年大约上升 2℃。对于最低的 IPCC 排放构想（IS92c），模式预测将导致到 2100 年全球平均地面温度上升 1.0℃。相应对于最高的 IPCC 构想（IS92e），模式预测至 2100 年全球地面温度将升高 3.5℃。在各种情况下，平均升温的速度可能会比任何过去 10 000 年中见到的都大，但实际的按年到十年尺度的变化将包括相当多的自然变化。区域的气温变化可能与全球平均值有很大不同。由于海洋的热惯性，最终平衡温度变化的 50～90% 要到 2100 年时才能被实现，即使温室气体的浓度到那时已经稳定，温度在 2100 年以后还将持续上升。

(2) 海平面：平均海平面预计将由于海洋的热膨胀和冰山及冰盖的融化而上升。根据 IS92a 的构想，由模式预测海平面将从现在起到 2100 年上升大约 50 厘米。根据最低的排放构想（IS92c）估计海平面大约上升 15 厘米。根据最高排放构想（IS92e）得出海平面将上升 95 厘米。即使温室气体的浓度到 2100 年已经稳定，海平面还将继续以类似的速度上升，并在全球平均气温稳定后也会继续上升。局部的海平面变化也许会由于陆地运动和海洋洋流的变化而与全球平均值不同。

(3) 所有的模式模拟都显出下列特征：冬季陆地表面的增温比海洋更大；冬季增温的最大值在北半球高纬度，夏天北极地表的增温最小；全球平均水循环增强，冬季高纬度降雨量及土壤湿度增加。

(4) 人为气溶胶的直接和间接的影响对预测有重要的影响。一般来讲，温度和降雨变化的程度在气溶胶影响考虑在内的时候减小，尤其是在北半球中纬度。注意气溶胶的冷却效应并不是简单地抵消温室气体的增温效应,而是明显地影响一些陆地范围的气候变化分布,在夏季半球更明显。

(5)普遍的升温预计将导致极端炎热天数增多和极端寒冷天数减少。

(6)较暖的气温将加剧全球的水循环,并大大影响区域的水资源。这将造成有些地方干旱和/或洪水增多而其它地方干旱和/或洪水减少的问题。有几个模式指出了降雨强度的增加,这就意味着更多的极端降雨事件发生的可能性。

(五)人类活动对气候的影响的验证

任何人类活动引起的对气候的影响,都是叠加在自然气候变率的背景"噪音"上面,这种噪音主要来自气候系统内部的波动以及外部因素如太阳辐射变化等。目前采用气候变化检测和因果关系研究方法,来试图区分人类活动引起的和自然的气候变化。前者从统计意义上说明观测结果是否高度异常,而不提供变化的原因;后者是一种建立因果关系的过程,包括检验各种假设。近年来,除考虑温室气体外,还研究了硫化物气溶胶的影响,使人类活动影响的预测更符合实际;海—气耦合模式提供了重要的有关十年到世纪时间尺度的自然界内部气候变化的信息。而且,研究重点从全球平均变化转到比较模拟和观测的时空气候变化。主要的成果有:

1.古气候代用资料的研究表明,20世纪全球平均温度至少是与最晚14世纪以来的其它世纪一样温暖。

2.利用各种新的对自然的内部与外部强迫变率的估算结果,

对近百年观测的全球平均地表气温变化趋势的统计显著性作了评估,结果检测出一种显著的变化,指出所观测的增暖趋势从起源上不可能完全是自然的。

3. 将气候模式得到的大气温度变化的地理、季节与垂直分布与实测分布相比较,表明两者的一致性或对应程度随时间推移而增加,这与人类活动对气候影响不断增强的事实相一致。进一步的概率分析也表明,由自然的内部变动偶然造成这种情况的概率很低,变化的垂直分布与预期的由太阳与火山强迫垂直分布也不一致。但这项研究在一些关键因素上尚存在不确定性,还需进一步确证。尽管如此,正反两面的结果表明,确实存在着一个可以查觉的人类活动对气候的影响。

(六) 不确定性与问题

从科学研究的结果来看,大气层温室气体的浓度在近 200 年来已经有很大增长,并且还在继续增长,这已不存在什么争论。而且从历史上和目前来看,全球温室气体排放大部分源自发达国家,因此它们对于温室效应引起的全球增暖负有历史责任。这已写入《联合国气候变化框架公约》,成为世界各国的共识。然而,温室效应增强与地球表层大气进一步增温的联系程度如何,却存在着不同的看法。前述利用气候模式来进行数值模拟试验的方法,需要建立异常复杂的模式,利用许多参数,并依赖于许多假设,因此研究中困难很多,目前还不得不作出很多近似的处理。这样,对温室效应引起的气候变化的预测的科学性方面,还存在着许多不确定性,特别是在以下一些问题需要进一步研究:

1. 认为近百年来全球气候变暖是由人类活动排放的温室气体所产生的温室效应引起,论据是否已非常充足?

2. 下世纪如何稳定大气中温室气体的浓度?何种温室气体排放构想才能使气候变化对人类生存环境无危险?

3. 如何从碳循环角度更好地了解温室气体的吸收汇?

4. 气候模式预测结果的可信度如何?尤其是对区域气候预测的不确定性如何?怎样改进?

5. 气候的极端事件(如暴雨、台风、干旱、厄尔尼诺事件等等)与全球气候变化的关系。

6. 全球气候观测系统(云、辐射、海洋、陆面过程、大气化学、大气与水文参数等的观测)在多大程度上适合描述全球气候变化。

尽管气候变化的发展和影响在科学上还存在着不确定性,但目前所了解的情况已足以使我们认识到,倘若全球变暖的趋势得不到控制,将会给人类带来重大损失,适应气候变化会花费巨额代价。这种观念,已为世界上绝大多数国家所接受。为了保护环境,各国应根据其能力广泛采取预防措施。在有严重的或不可逆转的破坏威胁的地方,不能以缺乏完全的科学确定性,作为延迟为防止环境退化而采取合理的和不昂贵的措施的理由。我们还应考虑到,存在着目前尚不了解的作用会加重气候变化的不利影响。其次,大气中温室气体的积累对气候变化的影响是一个长期过程,人类作出反应的时间尺度(如能源设施的发展)也很长,因此我们必须及早采取措施。正如本章后面将指出,恰当的减缓温室气体排放增长的措施和对策与可持续发展战略的要求是协调的,中国可根据自己的发展战略,采取适当措施努力减缓温室气体排放量的增长。

二、防止气候变化的全球行动——联合国气候变化框架公约及其履行

（一）联合国气候变化框架公约的制订

虽然温室效应早在19世纪末就被科学家所确定，同时许多人也认识到人为的温室气体排放量肯定还在增加，但是长期以来，极少进行过该领域的系统研究。本世纪50~60年代，有关气候的研究有了较大发展，进行了很多测量工作，也发展了一些理论模型。到了60~70年代，由于对环境的关注，促使人们加强了对潜在的气候变化和相关问题领域的研究，而且一些政治家和国际机构，特别是联合国内的人士和机构，也开始了解这一问题，并着手考虑与政策有关的行动来减缓气候变化。80年代，全球气候变化可能性的科学证据导致了公众的日益关心，一系列国际会议发出了缔结一个全球条约来对付这一问题的紧急呼吁。1988年，联合国环境规划署(UNEP)和世界气象组织(WMO)对此作出了反应，建立了"政府间气候变化专业委员会"(IPCC)，评估人类活动会引起气候发生多大变化，估计气候变化所产生的环境和社会经济影响，以及制订处理与减轻气候变化不利环境影响的对策，为公约的谈判进行准备。由于IPCC的工作，以及1990年前后的第二次世界气候大会等国际会议的推动，使公约的酝酿工作取得了迅速进展。

联合国响应了IPCC的建议，在1990年12月的联合国大会上，建立了气候变化框架公约政府间谈判委员会(INC/FCCC)。该委员会承担了起草一个框架公约和它认为必要的任何法律文书的任务。在1991年2月至1992年5月间，举行了5次会议，在

150多个国家间进行了谈判,于1992年5月9日在纽约联合国总部通过了《联合国气候变化框架公约》(以下简称为"公约")。1992年6月在巴西里约热内卢召开的联合国环境与发展大会上,有155个国家签署了该公约,到1996年底缔约方已达165个,该公约已于1994年3月21日生效。

在该公约起草过程中,对于关键问题,特别是应该包含在协议内的减排承诺水平,各国存在着很大的分歧。直到里约会议的最后一次INC/FCCC会议上,公约草案在重大问题上仍未取得共识,直到最后才商定了这个妥协性文本。

(二) 联合国气候变化框架公约

联合国气候变化框架公约是第一个保护全球气候的国际公约。它表达了国际社会对人类活动可能引起全球气候变化的共同关注,以及防止气候变化不利影响的共同愿望和防患于未然的共识。公约确定了人类对付气候变化的最终目标,明确指出历史上和目前全球温室气体排放的最大部分源自发达国家。按照共同但有区别责任的原则和公平原则,公约分别对发达国家和发展中国家提出了有所不同的对付气候变化的原则性承诺,发达国家应率先采取对付气候变化及其不利影响的行动。公约内容中包括目标、原则和承诺,履约的规则与标准,监督与履行,决策,财政,所属议定书、附件和机构等等,设立了对付气候变化的完整机制。在附件中列出了国家分类中的发达国家和向市场经济过渡的国家(附件1)及发展中国家(附件2)。公约关于目标、原则和承诺的要点简述如下:

1. 目标

公约的最终目标为:根据本公约的各项有关规定,将大气中温室气体的浓度稳定在防止气候系统受到危险的人为干扰的水平上。这一水平应当足以使生态系统能够自然地适应气候变化,确保粮食生产免受威胁,并使经济发展能够可持续地进行。

2. 原则

公约规定各缔约方应采取预防措施,预测、防止或尽量减少引起气候变化的因素的发展,并缓解其不利影响。当存在造成严重或不可逆转的损害的威胁时,不应以科学上没有完全的确定性为理由推迟采取这类措施,同时应考虑到应付气候变化的政策和措施应当讲求成本效益,确保以尽可能低的费用获得全球效益。此外,各缔约方在为实现目标及履行各项规定而采取行动时,还应遵循这样的一些指导原则,如:①各缔约方应当在公平的基础上,并根据它们共同但有区别的责任和各自的能力,为人类当代和后代的利益保护气候系统,因此发达国家缔约方应当率先对付气候变化及其不利影响;②应当充分考虑到发展中国家缔约方尤其是特别易受气候变化不利影响的那些发展中国家缔约方的具体需要和特殊情况,也应当充分考虑到那些按本公约必须承担不成比例或不正常负担的缔约方,特别是发展中国家缔约方的具体需要和特殊情况等等。

3. 承诺

公约要求附件1所列的发达国家和其他缔约方具体承诺应制定国家政策和采取相应的措施,通过限制其人为的温室气体排放以及保护和增强其温室气体库和汇,减缓气候变化。这些政策和措施将表明,发达国家是在带头依循本公约的目标,改变人为排放的长期趋势,同时认识到至本十年末使 CO_2 和《蒙特利尔议定书》未予管制的其他温室气体的人为排放回复到较早的水平,将会有助于目标的实现。这些缔约方可以同其他缔约方共同执行这些政策和措施(称为"联合履行"(JI)),也可以协助其他缔约方为实现本公约的目标特别是本项的目标作出贡献。公约中也指出,对发展中国家缔约方能在多大程度上有效履行其在本公约下的承诺,将取决于发达国家缔约方对其在本公约下所承担的有关资金和技术转让的承诺的有效履行,并将充分考虑到经济和社会发展及消除贫困是发展中国家缔约方的首要和压倒一切的优先事项。

必须指出的是,公约是在许多涉及各国切身利益的关键问题上未能达成共识情况下所提出的一个妥协性文件,其中不少提法是不明确的。而且,除了泛泛地要求附件1所列国家(主要是发达国家)到2000年前后把温室气体排放量限制在1990年水平之外,没有包含关于限制排放的其它实质性承诺。因此,这就注定了在今后履行公约还是一条漫长而艰巨的道路。

(三) 履行公约的国际努力和斗争

自1992年公约签署以来,发达国家和发展中国家两大集团围绕着如何履行公约一直在进行尖锐的斗争,集中表现在历次公约缔约方代表大会(COP)和会议的准备活动中。

公约规定缔约方大会为最高机构,定期审评公约和缔约方会议通过的任何相关法律文书的履行情况,并应在其职权范围内作出为促进公约有效履行所必要的决定。从1995年至今,已举行了四次公约缔约方会议(每年一次)。

1. 第一次缔约方会议和"柏林授权"

1995年3月底至4月初,在柏林举行第一次缔约方会议(COP1)。会上经过激烈斗争,通过了"柏林授权",终于就各缔约方所应承担义务的充分性问题达成了协议,维护了公约的规定,明确不给发展中国家增加新的义务。会议提出到2000年为"共同执行活动"(AIJ)的试验阶段。会议通过决议成立"柏林授权特别小组"(AGBM)进行公约的后续法律文件谈判,为1997年底在日本举行的第三次缔约方会起草一项议定书或某一种法律文件,以强化发达国家应承担的温室气体减排义务,并同时促进包括发展中国家在内的各缔约方履行公约有关条款中规定的承诺。对于如何加强发达国家义务,发达国家与发展中国家的主张与出发点截然不同,而且欧盟与美国也有矛盾。发展中国家内部也有不同意见。发达国家,特别是美国,主张在它们承担减排义务时,发展中国家也必须承担新的义务,而发展中国家坚决不能同意超越公约的内容,对非附件1国家引进任何新的义务。

2. 第二次缔约方会议和"日内瓦宣言"

1996年7月,在日内瓦召开了第二次缔约方会议(COP2),主要议题是控制温室气体的政策与措施、定量排放限额与减排目标等。会上发达国家与发展中国家之间在所讨论问题上的分歧尖锐,斗争激烈,发达国家之间也有矛盾。会议通过的"日内瓦宣言",赞同IPCC第二次科学评估报告中关于人类活动对大气中温室气体含量及气候的影响、气候模式模拟与预测能力改善等方面的结论,呼吁附件1缔约方制订具有法律约束力的限排目标和作出实质性的排放量削减。

从 1995 年"柏林授权特别小组"成立到 1997 年 10 月底,该小组先后举行 8 次会议,为第三次缔约方会议的议定书作准备,评估了附件 1 缔约方可能采取的政策和措施,讨论了议定书的内容、结构和形式等一系列的问题。经过激烈交锋和反复协调,对于 2010 年前后附件 1 缔约方的温室气体排放量削减形成了以下几种立场:

欧盟:从 1990 年的水平削减 15%;

日本:附件 1 各缔约方有区别地实现总体水平比 1990 年削减 5%;

美国:控制在 1990 年的水平上,而且要求发展中国家作出"有意义的参与",并将美国的减排目标与之相联系;

小岛国家联盟:到 2005 年将附件 1 缔约方的温室气体排放量从 1990 年水平削减 20%;

七十七国集团加中国:支持欧盟目标,并且到 2020 年将温室气体排放量继续削减 35%。

3. 第三次缔约方会议和"京都议定书"

1997 年 12 月,在日本京都举行第三次缔约方会议(COP3),通过了《联合国气候变化公约京都议定书》。议定书规定,公约附件 1 所列缔约方为履行公约中关于排放量限制和削减指标的承诺,应制订与执行有关政策措施,并与其它缔约方合作,到 2008~2012 年间,将其温室气体排放量降到比 1990 年水平低 5.2%。议定书中也提出了附件 1 缔约方之间可进行温室气体排放权交易,所获温室气体排放量削减或吸收汇的增强可作为本国行动的补充。还提出了"清洁发展机制"(CDM),促使非附件 1 缔约方实施减排项目,而且附件 1 缔约方可以参与合作,并可将减排量作为其在 2008～2012 年间减排承诺的一部分补充。这种推动非附件 1 缔约方减排温室气体的机制,以及发达国家特别是美国正在积极推进其关于"联合履行"的设想,被发达国家及一些国际机构认为是未来发展中国家引进技术与资金的重要机制。但是,这类方式实施的结果有可能超出公约规定的内容,导致非附件 1 国家实质性承担减排义务,如此就不符合公约的精神,因此需要慎重对待,充分研究,以确定妥善的对策。

4. 第四次缔约方会议和"布宜诺斯艾利斯行动计划"

第四次缔约方会议(COP4)于 1998 年 11 月在布宜诺斯艾利斯举行。会上发达国家与发展中国家的矛盾突出表现在:首先是发达国家要求发展中国家承担减排或限排温室气体义务,如在议程草案中提出发展中国家"自愿承诺"这一义务的议题,以及利用对发达国家义务进行第二次评审的机会启动对发展中国家义务进行审评的程序,诱使发展中国家承担义务等;再则是在确定"京都协议书"规定的机制的工作方案和时间表上,发达国家与发展中国家也存在重大分歧。会议通过了"布宜诺斯艾利斯行动计划",发达国家要求发展中国家承担义务的企图没有实现,但通过了包含各方观点和要求的"工作方案",并决定于 2000 年在第六次缔约方会议上就机制问题作出决定。会议也决定继续"共同执行活动"(AIJ)的试验阶段,并准备开始 AIJ 的审评过程。此外,还对资金机制、技术转让、国家信息通报等问题,作出了相应的决定和结论。

总的来说,这几年的情况表明,围绕履行气候变化框架公约的斗争将是长期的和复杂的,到 2000 年 IPCC 第三次评估报告发表后,由于发展中国家温室气体排放增长速度大于发达国家,发展中国家将会受到越来越大的承担义务压力。中国的温室气体排放量在发展中国家里居于前列,更是首当其冲。因此,中国必须争取利用有利的形势和条件,维护国家的利益,既实现保护全球气候的目标,又推进社会经济的可持续发展。

(三)履约中涉及的一些重要问题

履行公约,实现控制大气中温室气体浓度水平的目标,需要减少温室气体的排放,这是各国的共同责任和义务。其实施涉及对不同国家的责任和义务的分配以及各自的经济利益,还应考虑到历史与现在、当代与后代之间的关系和影响。这在社会、经济、政治、法律等各个领域提出了一系列理论和实践上的新问题。此处简述几个人们关注的热点问题。

1. 气候变化问题上平等权利的准则

这主要涉及两个方面,其一是当代国家之间的平等权利,其二是当代人与后代人之间的平等权利。各国在气候变化问题上应享有平等权利,但对于如何衡量的准则却有不同立场。这涉及到如何确定一个国家的温室气体排放权和排放限额,如排放权的分配按人均排放量还是按单位 GDP 排放量为标准,同时也涉及不同国家对全球气候变化的历史责任与现实义务间的关系。发达国家与发展中国家的立场与态度有明显差别。温室气体排放问题上又涉及人类代际之间平等权利,当代人实施减排投入资金,付出成本,而保护全球气候的效益为今后几代人享有。需要考虑当代人和后代人间如何分配温室气体排放限额及减排资金投入,也就是资源与福利的分配。

2. 未来能源消费与相应温室气体排放的基准构想方案

为进行未来温室气体减排比较,需要确定一个温室气体排放的基准构想方案(Business as Usual (BAU)方案),它应考虑影响温室气体未来排放的社会、经济、技术和政策因素。目前提出的考虑原则、形成的方案差别很大,存在很大的不确定性。例如在未来发展构想条件的公认可行范围内,对 GDP 平均增长速度和能源消费弹性系数估计的差别,可能导致中远期能源消费及相应 CO_2 排放量的成倍变化;各国能源资源结构不同,能源战略与政策的差异,也会影响 BAU 方案的形成。如果不能合理解决,就难以公正地估计各国的减排潜力与减排量。

3. 远期减排技术的潜力与成本分析

气候变化研究涉及数十年甚至上百年的长时期分析,在研究减排的潜力与成本时,所选取的参考基准技术,必须立足于未来的技术的发展,而不能以当前的技术为参考基准,否则就会高估减排潜力和低估节能成本。而且,远期减排温室气体的边际成本与未来减排目标有密切关系。如果限控排放的目标越紧,就意味着必须采用减排成本更高的技术,减排的边际成本就越高。为进行定量化的变化趋势分析,必须发展系统分析方法,应用模型工具进行研究。

4. "联合履行"和"清洁发展机制"项目的评估与效益分配原则

发达国家主张与发展中国家(如中国)进行"联合履行"或采取"清洁发展机制"来实施减排温室气体项目,即由发达国家在发展中国家投资实施减排项目,所减少的温室气体排放量(排放权信用)则计算到发达国家承诺的减排指标内。发达国家这样做的理由是可以用最低成本获取全球最大效益,因为发展中国家技术相

第一节 全球气候变化——国际社会共同关注的一个焦点问题

对落后,目前的减排成本可能比发达国家低。但这涉及一系列原则问题有待解决:①联合履行或清洁发展机制都涉及某一种排放权的转让形式,如果作为发展中国家一方愿意转让,如何衡量其价值以保证合理收益? ②当前把减排成本低、效益好的项目用于联合履行或清洁发展机制,将来承担减排义务时势必要付出更高代价;③如何衡量减排效果与成本(前面已提出的问题)? ④发展中国家目前不承担减排义务,提出履行或清洁发展机制在法律上不妥;⑤有一系列的监测、管理、监察控制与法律问题。

5. 减缓温室气体排放量增长对国家经济发展的影响

减缓温室气体排放量增长,承担减排义务,对中国未来能源消费的数量、品种构成、社会生产发展及消费模式都会产生严重的制约,从而对未来的经济和社会发展产生影响。因此,必须系统研究减排温室气体目标与社会经济发展之间的相互制约与影响关系。如果不适当地过早承担减排义务,所需减排技术的远期边际成本过高,可能超出国民经济的承受能力,影响社会经济发展目标的实现。采用建立宏观经济模型与能源系统模型耦合研究等方式,定量研究不同的减排温室气体目标对国民经济发展(GDP)增长的影响,提出合理的限制排放目标与技术方案。

6. 限制温室气体排放的政策考虑

当前国际上着重探讨的限制温室气体排放政策,主要是征收"碳税"及进行"碳权交易"。"碳税"政策是对能源消费中所排放的 CO_2 按其排放水平量或超限额排放量征税,从而利用经济的杠杆限控各国的 CO_2 排放水平,并将所征收的税款用来发展新的节能或可再生能源等减排 CO_2 技术。对于"碳税"的水平,一般认为应与开发同等能量的可再生能源的成本相当,以促进世界能源体系向洁净的、与环境相宜的可再生能源体系过渡。"碳权交易"是允许国与国之间在各自的排放限额之内,进行 CO_2 排放权的转让,将 CO_2 排放限额作为一种紧缺资源,在国家之间进行贸易,其交易价格亦将取决于开发替代能源技术的成本。这两项政策如果实施,必将对国家的能源政策产生重大影响,从而会影响到国家经济发展目标的调整与修订,需要进行定量化的系统研究。

第二节 气候变化对中国的主要影响及适应对策

一、中国的自然条件、社会经济发展特点与气候变化

人类活动正在增加大气中温室气体的浓度,并改变着地球—大气的固有辐射平衡,使大气温度增高,从而导致区域的和全球的气候变化。IPCC 在 1995 年的评价报告中预测了气候变化对全球温度升高的影响。根据中国的研究,东亚地区气候变化的总体趋势是变暖变干,但中国华南某些地方变冷湿的现象也是存在的。考虑到气候的自然变化和人为活动的影响,有关学者预测 2013～2022 年,中国气温将增加 0.45℃,降水增加 3%;而到 2033～2042 年,中国气温将增加 0.75℃,降水减少 5%。

人类健康、陆地和水生生态环境系统及社会经济体系(如农业、渔业、林业和水资源等)对人类社会的发展至关重要,且都对气候变暖很敏感。虽然气候变暖的影响对某些地区和部门有时也是有益的,但许多地区将经受气候变化的不利影响,而且有些影响是

不可逆的。全球变暖会给人类带来不可估量的损失,适应气候变化需要巨额代价。

在现有条件下,预测气候变化还有很大的不确定性,但其潜在影响已经得到证实,即气候变化导致一些极端灾害事件如高温、洪水和干旱的频繁发生,产生一系列的后果如森林火灾、瘟疫的爆发、生态环境的破坏等。存在不确定性,并不意味着一个国家或社会不能调整它的状态。缺乏充分的准备去对付正在发生着的变化,就会增加不可逆变化出现的可能性,或是增加为克服不利影响必须付出昂贵代价的可能性。

中国是一个发展中的大国,人多地少,自然资源相对匮乏;农业在国民经济中占有举足轻重的作用;海岸线漫长,沿海多为经济发达地带;国土跨越多个气候带,水资源短缺而又分布很不均匀,气候变化将会对中国产生重大的影响。分析气候变化对中国的影响,提出相应的适应对策,对中国的现代化建设具有重要的指导意义。

二、气候变化对中国农牧业的影响及适应对策

全球气候变化将严重地影响农业生产,并引起广泛的饥荒,这种预计的灾害情景已经引起世界的关注和争论,即是否要大幅度地削减温室气体排放量。未来气候变化对农业的可能影响现在已经进行了一些详细的研究,但可以想象还有很多不确定性,这主要因为:①气候变化,特别是区域气候变化的预测还有很大的不确定性;②农作物,特别是农业生态系统的模拟还有很大的不确定性。

中国是一个农业大国,960万平方公里国土上有耕地14.4亿

亩、草原58.8亿亩、林地约18.7亿亩,均居世界前列。由于农作物产量高度地依赖于气候因子如降水量、潜在的蒸发量、太阳辐射等,农业可能将是受气候变化影响最大的产业部门之一。

气候变化对农业的影响,首先是对主要农作物产量的可能影响。现通过建立动态模型,在全球气候模式(GCM)所给出的气候变化情景下,来模拟研究未来大气中 CO_2 浓度增加情景下气候变化对中国五种主要作物影响。从所得模拟结果(图7—5)来看,小麦、玉米和水稻最高产量变化幅度在 $-21.4 \sim +54.7\%$ 之间,大豆在 $-43.8 \sim +80.3\%$ 之间,棉花则在 $+13.5 \sim 93.0\%$ 之间,其变化随所用的 GCM 气候情景和模拟地点的不同而不同。显然,其平均值也并不能代表一般状况。在还不能完全解决技术上的不确定性的今天,给出这样一些可能的范围是正常的,相反,如果给出的是一个或几个确切的值,那到不正常了。

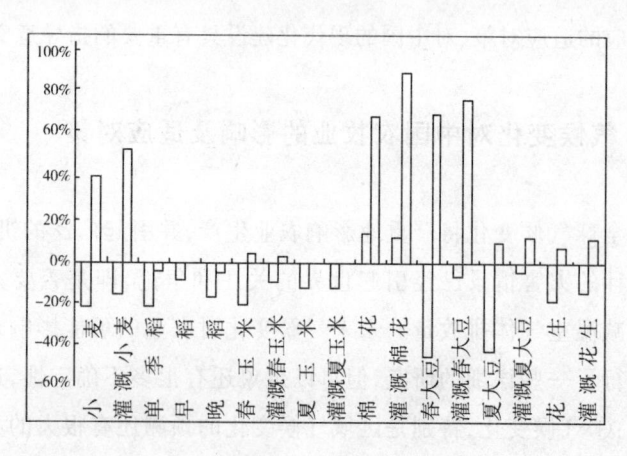

图7—5 中国六种作物产量变化模拟结果范围

最近的研究表明,上述产量下降的经济影响,在很大程度上可以通过农场水平的适应措施、国际贸易和 CO_2 肥效作用得到补偿或抵消。

在这些过程中,采用一些适应技术措施,如更换一些新的作物或作物品种,改善水资源管理和灌溉系统,变换播种时间等,对减少气候变化的不利影响、利用气候变化的有利因素将是十分重要的。农业系统适应气候变化的潜力和方式可能是很广泛的。历史上,农作制度是与经济条件、技术、可用资源以及人口压力等相适应的。对于气候的变化速率以及所要求的适应对策是否会明显增加由其社会经济或环境变化造成的破坏,科学家们仍没有取得一致的看法。适应的程度至少部分地依赖适应措施的承受力、所采用的技术、生物物理的约束力,如水的可用性、土壤特性、作物的遗传多样性以及地形等。

气候变化还将不可避免地会对中国的种植制度产生影响。由于气候变暖,将使长江以北地区,特别是中纬度和高原地区的生长季开始的日期提早、终止的日期延后,潜在的生长季有所延长;还将使多熟种植的北界向北推移,有利于多熟种植和复种指数的提高。北移的大致范围将是那些在目前气候条件下属于过渡带的区域。河套、河西地区和辽河平原一年两熟的概率极显著地增大;江淮平原、滇黔边境高原和贵州高原的三熟制概率明显提高。

考虑到气候变暖,干旱区、半干旱区的扩大,总的说来,由于气候变化,农作物生产潜力平均下降10%左右,但粮食最高产量仍可达7.2~9.3亿吨,满足人口顶峰时的需求(6.5亿吨)是可能的,但增大了达到这一目标的困难,要达到农业生产的原有目标需增加政府投资。费用与效益分析表明,需新增政府投资 8~34.8 亿美元/年,否则农业将损失 32.3~80 亿美元/年。

为适应气候变化的不利影响,国家需要施行对农田的集中管理与改造,稳定粮食播种面积,建立粮田保护区制度。粮田播种面积要稳定在 1 100 万公顷。高脆弱性省区除河北外,其人口大都接近或超过了现有耕地资源的承载潜力,更要严格控制耕地被占用,积极开拓后备耕地。

增强有效灌溉能力是适应气候变化不利影响的最有益的手段之一。在敏感区内采用此措施将会取得较大成效。

中国有 20 片中低产地区需要治理,其中至少 5 片位于对气候变化影响敏感的地区,如:黄淮海平原、鲁西北、豫北黄河平原、长江中下游的砂姜黑土区、潜育泽水区、云贵高原的红黄壤瘠薄地等。要结合提高灌排能力,重点改造这些中低产田,以增强这些地方的适应能力。

解决化肥数量不足和氮、磷、钾比例失调问题,推广抗旱等农作物优良品种,开发南方冬季农业,推广旱作农业的保水节水技术和农作物病虫草鼠害综合防治技术,增加农膜、农机使用,发展独立的饲料农业等,也都是行之有效的增强农业适应能力的集中管理战略。

中国将要改变传统的种植业二元结构,逐步形成粮食作物—饲料作物—经济作物协调发展的三元结构。由于气候变化太快,农民可能无经验可循,因此应加强政府的宣传指导,推广农业适用技术。

三、气候变化对中国林业的影响及适应对策

森林生产力与地理环境中的水热条件密切相关。根据有关方面对 2030 年中国气候变化的预测,利用所建立的中国森林气候生产力模型进行模拟,结果表明森林生产力没有明显的变化。但就森林生长率和产量而言,则呈现不同程度的增加,即气候变暖将使中国林业生产受益,其中地理纬度越高,增值越多。因为温带和寒温带大部分森林地区的森林生长,主要受温度和热量不足的限制,所以在降水变化较小但温度增益的条件下,森林生产力显著提高。但根据 IPCC 1995 年的报告,尽管森林净初级生产力可能会增加,但由于病虫害的爆发和范围的扩大,森林火灾的频繁发生,森林固定生物量却不一定增加。

在一个森林生态系统中,包含着众多的物种,虽然它们生长在同一个气候条件下,但它们对气候变化的适应能力是不同的。在剧烈的气候变化条件下,某些物种可能完全不能适应变化后的条件而死亡,而另一些物种则仍能生存得很好,这必然引发森林生态系统的变化,且越是高纬地区变化越大,赤道附近地区变化最小。

气候变化后中国森林第一性生产力地理分布格局将不会发生显著变化,但森林生长率和产量可将会不同程度的增加。在热带、亚热带地区,森林生产力将增加 1~2%,暖温带增加 2% 左右,温带增加 5~6%,寒温带增加 10%。中国主要用材树种生产力增加的顺序(从大到小)为:兴安落叶松—红松—油松—云南松—马尾松和杉木,增加幅度在 1~10% 之间。

除云南松适宜分布面积有所增加(约 12%)外,其他树种(油松、马尾松、杉木、兴安落叶松、红松等 5 个主要造林树种和珙桐、秃杉等 2 个珍稀濒危树种)的面积均有所减少,减少幅度为 20～57%。

中国六个主要用材树种在气候变化影响下每年因生长率增加和适宜生长的面积的扩大,可获益 2.65 亿元/年。但目前预测中还存在着许多不确定性,因此实际结果可能并不像以上预测的那么乐观。

可以采取的适应对策有:①保持林木遗传基因的多样性,从天然林或未经改良的种子园中,选择无亲缘关系的子系与种子园中的良种杂交,选育更优良的变种,通过增加新的基因型的数量,使良种能适应更宽的气候幅度,在新的环境中继续保持优势;②无论是更新造林还是荒地造林,要根据一个地区气候在林木生长期内可能发生的变化,选择能够经受这种变化的树种及品种,并能够合理搭配,以提高森林生态系统的稳定性和适应能力;③加强对高温和干旱条件下提高造林成活率的研究;④加强现有林的抚育管理及时间伐;⑤通过定向科学管理和人工促进更新来提高其物种多样性和生产力;⑥应立即停止对自然资源及人工林资源的滥用和破坏,制止对热带森林和北方森林的乱砍和滥伐;⑦森林火灾发生和病虫害发生频率增多与大气中温室气体增加、气候变暖有密切关系,应加强该领域的研究工作。

四、气候变化对中国水资源的影响及适应对策

气候变化对水文水资源的影响一般分解为两个问题:一是对天然径流的影响,二是对水资源系统的供水与需水的影响。前者服从能量及水量守恒等自然规律,后者受人类的干预如工程设施、水资源管理及社会经济发展水平制约。

利用多种模型、数据资源,得到所选流域的四种气候变化情景下天然径流的变化如图7—6。

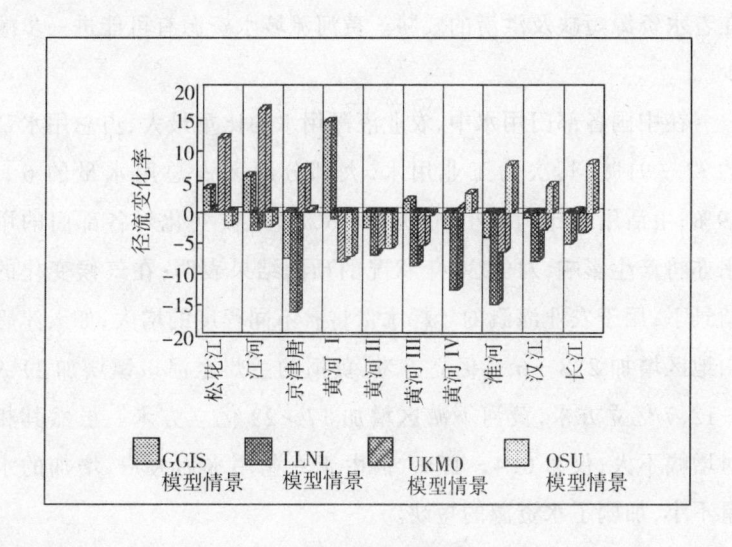

图7—6 主要流域的径流变化率

由图可见:

(1)四个GCM模型情景下,中国主要江河年径流变化形式:

全国主要江河年径流皆减少或淮河及其以南水多、北部稍少;但也不能排除松辽及海河水多,其它地区少。

(2) 各主要流域年径流的最大增幅为17%,最大减幅为16%,其变化随流域和所用气候情景而不同。

(3) 在降水减少4%、温度升高1~1.4℃或降水增加3~8%、温度升高0.7~1℃时,可能出现干旱的水文情势。

未来天然径流的这些变化可能会有利于东北地区的北水南调工程。由丹江口向华北输水的南水北调工程基本上不受气候变化的影响。在未来可能的气候变化情景下,海河、辽河及淮河同时存在着水资源短缺及洪涝的威胁。黄河流域水资源有可能进一步减少。

在中国各部门用水中,农业灌溉用水的比重最大,占总用水量的77~91%;其次为工业用水,大部分地区占总用水量的6~19%;生活用水比例最小,仅为3~6%。气候变化对各部门的用水亦将产生影响,对2030年状况的预测结果表明,在气候变化的情景下,用于农业灌溉的年耗水量将有不同程度的增大,如天津唐山地区增加2.8~6.3亿立方米,黄河的兰州至河口镇增加11.9~12.7亿立方米,黄河下游区增加17~22亿立方米。虽然其相对增幅不大,仅为6.4~15%,但由于农业用水为大户,增加的水量不小,加剧了水资源的短缺。

黄河、淮河、海河的缺水主要发生在春、夏、秋三季,尤其以夏季最为显著。气温升高、蒸发加大为共同的因素。黄河流域年径流量将减少2.1%,沙量增加4.6%。松花江、辽河、东江径流增加主要发生在春、夏、秋三季,并主要由降水增加引起,前者对水库蓄水不利,后者对防洪不利。

由气候变暖可能造成2030年的缺水量(平年—枯水年):京津唐地区为1.5~14亿立方米,淮河蚌埠以上流域为1~35亿立方米,黄河为21~130亿立方米。东江可能出现的多水量为12~19亿立方米。其中京津唐地区由于缺水造成的经济损失,正常年份约71.7~14.6亿元/年;枯水年约8~79.5亿元/年。

由气候变化所导致的缺水,如果全部都靠从外流域调水解决,据上述研究领域的单方水投资粗框算,需增加投资量约57.75亿美元。这一对策在技术经济方面存在问题较多,难以实现。因此,在考虑适当增加从区外调水源外,还必须从水量、水质两方面加强对水资源管理,大力推进节约用水,减少工农业用水定额,提高用水的使用效率,并结合海水利用和污水处理回用等措施,以增加供水、保护水源和改善环境。

五、气候变化和海平面上升对中国沿海地区的可能影响及适应对策

全球变暖引起海平面上升,它的潜在影响已经引起世界各国的科学家、社会团体和政府的广泛关注。中国海岸线很长,无疑将受到未来海平面上升的影响,特别是在低洼河口的三角洲,人口稠密,经济发达,更易受海平面上升的影响(见图7—7)。根据实测资料,利用首次建立的中国沿海海平面变化及其影响因素综合数据库,对中国不同地段相对海平面的变化趋势进行了预测(见表7—3)。

表 7—3　中国不同地段海平面上升趋势预测　　　单位:厘米

地　　段	2030 年	2050 年	2100 年
辽宁—天津沿海	10.8~12.0	18.5~20.6	56.6~63.2
山东半岛东南部	1.2~0	1.7~3.8	27.8~34.4
江苏—广东东部	12.9~14.1	21.4~23.5	61.6~68.1
珠江口附近	5.3~6.5	10.8~12.9	43.4~50.0
广东西部—广西	13.0~14.2	21.5~23.7	61.7~68.3

中国大陆海岸线长 18 000 多公里,沿海的河口三角洲和滨海平原面积广阔,高程低于 5 米的沿海面积达 14.39 万平方公里,约占全国国土面积的 1.5%,是海平面上升影响的脆弱区,其中珠江三角洲、长江三角洲及苏北沿岸、黄河三角洲及蓬莱湾为重点脆弱区。在现有防潮设施情况下,若未来海平面在历史最高潮位上上升 30 厘米时,三个重点区的可能淹没面积分别为:1 153、898 和 21 010 平方公里,相应的淹没损失分别为:136 亿、13 亿和 589 亿元;相应防护海堤的加高加固费分别为 17.6 亿、3.2 亿和 5.6 亿元。若未来海平面上升 65 厘米,以上三个区的可能淹没面积分别为 13 453、27 241 和 23 100 平方公里,相应的淹没损失分别为 416 亿、417 亿和 618 亿元,相应防护海堤的加高加固费分别为 29.1 亿、16.5 亿和 8.1 亿元,分别占各区年平均 GNP 的 0.009%、0.006% 和 0.003%,高于发达国家的比率。

可考虑的适应对策有:①加强海平面变化的监测和预报;②制作大比例尺沿岸带地形图,这是城市发展和工业发展规划所需的基础资料,也是评估海平面上升灾害预防的长期需要;③建筑人工防护设施,包括防潮堤、排洪渠、堵水墙等;④控制陆地沉降,沿岸带陆地表面的沉降也可导致相对海平面的升高。为满足沿岸工业发展而对地下水的过度开采,沿海大城市淡水的缺乏,以及外海石油开采业的发展,都会导致严重的陆地下沉,从而加剧海平面上升的威胁。控制陆地沉降的方法主要是控制地下水的开采,也可采用将水回注到地下的方法。

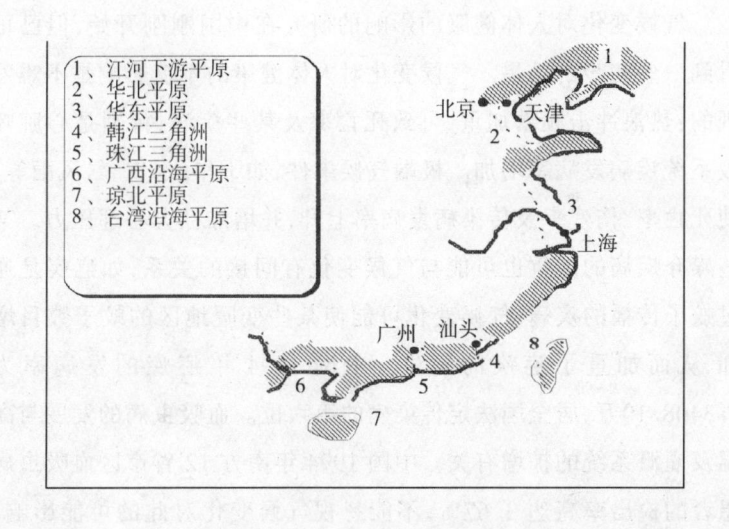

1、江河下游平原
2、华北平原
3、华东平原
4、韩江三角洲
5、珠江三角洲
6、广西沿海平原
7、琼北平原
8、台湾沿海平原

图 7—7 中国沿海平原脆弱带

六、气候变化对社会经济领域其他方面的影响及适应对策

由于温度带北移将会引起自然环境的变化,首先是土壤和植被的变化,植物品种分布变化和演替。东北多年冻土将北退至北纬 52 度以北,西部多年高原岛状冻土将会大部分融化;东南沿海及华中西北干旱区的沼泽、泥炭地将会萎缩,其它地区的沼泽会有

所发展。气候变化可能使山区的基带和高原面的自然景观发生变化和迁移，还可能使自然垂直带谱分布的界限发生位移。

气候变化还可导致山地自然灾害，尤其是极端事件的增加和水土流失，影响当地的人民生活和经济发展。

气候变化对人体健康的影响的研究在中国刚刚开始，但已可看到一些初步的结果。气候变化对人体健康的不良影响是不难发现的：热浪冲击频繁加重，可致死亡率及某些疾病，特别是心脏呼吸系统疾病发病率增加。极端气候事件，如干旱、水灾、暴风雨等，使死亡率、伤残率及传染病发病率上升，并增加社会心理压力。某些媒介疾病的加重也可能与气候变化有间接的关系，如疟疾是通过蚊子传播的疾病，气候变化可能使某些变暖地区的蚊子数目增加，从而加重了疟疾的发生。中国 1994 年疟疾的发病率为 5.3408/10 万，居全国法定传染病的第六位。血吸虫病的发展与高温及灌溉系统的扩增有关。中国 1994 年南方 12 省市区血吸虫病患者的检出率高达 3.67%，不能忽视气候变化对此的可能影响。还有一些疾病，如睡眠病、登革热、黑热病等也与气候有关。另外，CO_2、一些空气污染物或氮氧化物、臭氧等可增加过敏疾患及心脏呼吸系统疾病和死亡率。

七、受气候变化影响的高脆弱性地区

脆弱性是指气候变化可能对系统造成损害的程度，它不仅取决于系统的敏感性，还取决于其对新的气候条件的适应能力。人们对全球变暖问题的关心，集中在它对人类活动和有关的自然生态系统的可能影响,以及由此引发的它对自然生态系统的影响。

以农业水分亏缺的指标体系,可以确定长城沿线、黄淮海平原、云贵高原中部、黄土高原和长江中下游等七个农业区对未来气候变化十分敏感。考虑到易遭受自然灾害的程度及相关的社会经济条件,内蒙、山西、河北、青海、宁夏等七个省区的农业对气候变化的适应能力弱而具有高脆弱性。

中国 77 个水资源分布区中,山东沿海诸河、黄河的沁河及海滦河流域表现为高脆弱区。

对海平面上升最敏感、最脆弱的有珠江三角洲、长江三角洲和天津沿海等地区。

八、气候变化影响的经济问题

为适应气候变化对各经济部门和自然环境的影响,中国需新增的投资是巨大的,这对中国和其它发展中国家都将是一个很大的额外负担。根据公约 4.4 条款,发达国家理应帮助特别易受气候变化不利影响的发展中国家支付适应这些不利影响的费用。

第三节　中国未来主要温室气体排放增长趋势分析

一、中国主要温室气体排放的现状和特点

(一) 能源消费过程中的 CO_2 排放

化石燃料燃烧过程中的 CO_2 排放,是中国最主要的温室气体排

放源。减缓化石燃料消费的增长以及相应的 CO_2 排放,是控制温室气体排放最现实和最有效的技术对策。化石燃料燃烧过程中的 CO_2 排放系数,取决于燃料的含碳量和燃烧份额。中国燃烧设备落后,氧化率低,因而 CO_2 排放系数一般低于国外,特别是煤炭。1990年中国作为商品能源的化石燃料以碳计算的 CO_2 总排放量为567MtC(MtC 表示百万吨碳素,下同)左右,占全世界当年能源消费过程中 CO_2 排放量的 10.3%,而同期商品能源消费占世界的 8.5%,低于 CO_2 排放量的比例(见表7—4)[①]。1995 年中国商品能源消费量达 1290Mtce(Mtec 表示百万吨标准煤,下同),估计 CO_2 排放量达 740MtC 上下。人均 CO_2 排放量增长到 610kgC/人·年左右(kgC 表示千克煤素,下同),比 1990 年增长了 20% 以上。

表7—4 商品能源消费与 CO_2 排放比较(1990年)

国家或地区	一次能源消费构成(%)					一次能源总消费量(Mtce)	CO_2排放量(MtC)	CO_2排放强度(kgC/kgce)	人均CO_2排放量(kgC/人·年)
	煤炭	石油	天然气	水能	核能				
中国	75.8	16.9	2.1	5.1	—	987.0	567.2	0.575	496
OECD	22.3	41.9	19.9	6.5	9.4	6008.3	2782.2	0.46	3582
世界	27.2	38.7	21.2	6.8	6.1	11564.4	5530.7	0.48	1047

资料来源：① Bp statistical Review of world Energy 1992
② 中国统计年鉴,1991

与世界及发达国家比较,中国商品能源消费及相应的 CO_2 排放有如下特点：

[①] 由于国际上考虑温室气体减排以 1990 年为基准,故本报告中也以 1990 年为基准年份,必要时引用一些更近年份数据。

1. 商品能源消费的 CO_2 排放强度高

1990 年中国商品能源消费的 CO_2 排放强度比 OECD 国家高 25%,比世界平均水平高 20%。其原因在于中国商品能源消费以煤炭为主,世界大多数国家则以油气为主。此外,中国非化石燃料的比例也低于世界平均水平(见表 7—4 及图 7—8)。因为同等热值的煤炭燃烧所排放的 CO_2 量比油气燃料高得多,不排 CO_2 的水电、核电又少,使得中国商品能源消费的 CO_2 排放强度高于世界平均水平,这也是造成中国 CO_2 排放量占全球的比例高于能源消费比例的原因。

2. 单位 GDP 的商品能源消费强度和 CO_2 排放率高

中国是世界上能源消费强度最高的国家之一。例如,以当年价格和当年汇率计算,1990 年中国单位 GDP 能源消费强度为 2.67kgce/美元(kgce 表示千克标准煤,下同),而 OECD 国家平均为 0.38kgce/美元。印度为 0.89kgce/美元,全世界平均则为 0.52 kgce/美元(见图 7—9)。中国 GDP 能耗强度高的原因比较复杂,除去汇率比价、国民经济产业结构、地理环境等多种不可比因素外,中国能源转换和利用效率比较低也是一个重要因素。

由于上述能源消费的 CO_2 排放强度高和单位 GDP 的能源消费强度高两方面因素的叠加,使得中国单位 GDP 的 CO_2 排放率明显高于发达国家。

3. 人均 CO_2 排放量低

1990 年中国人均商品能源消费量为 870kgce,世界和 OECD 国家分别为 2 190 kgce 和 7 735 kgce。中国仅为世界平均水平的 40%,OECD 国家的 1/8。相应人均 CO_2 排放量,中国也不及世界平均水平的一半,OECD 国家的 1/6(见图 7—10)。

(二) 其它 CO_2 排放源和吸收汇

化石燃料消费是最主要的 CO_2 排放源,占中国人为 CO_2 排放的 95% 以上。其它 CO_2 排放源还有水泥生产过程和森林采伐。

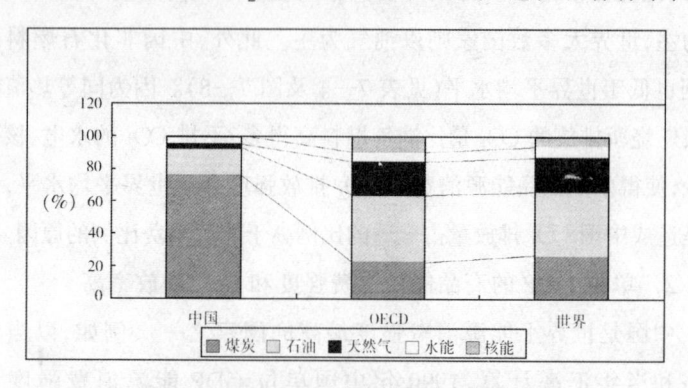

图 7—8　中国与世界其它地区商品能源构成比较(1990 年)

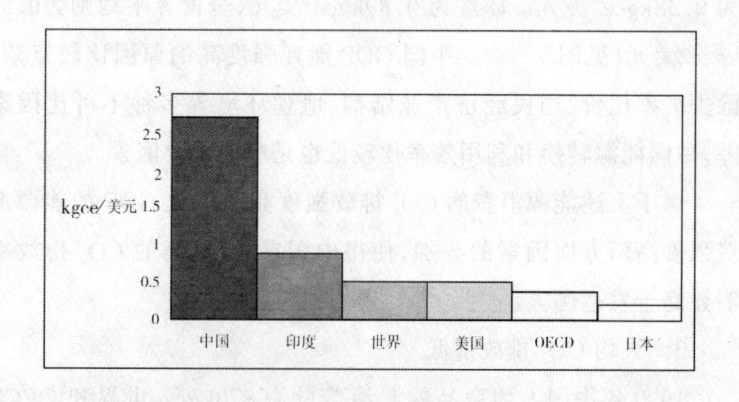

图 7—9　中国与世界其它国家或地区单位 GDP 的能源消费强度比较(1990 年)

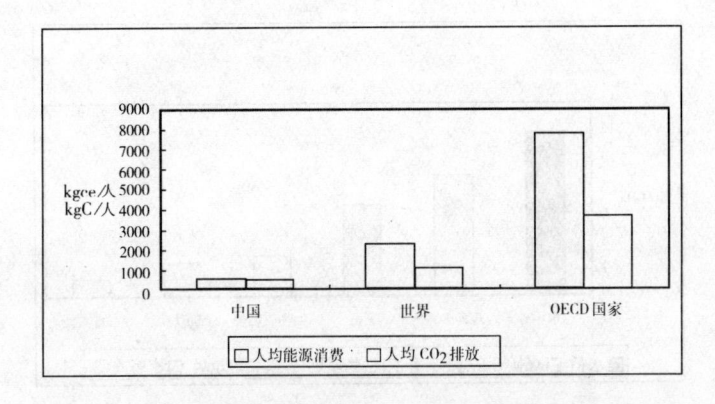

图 7—10　中国人均能源消费及 CO_2 排放比较(1990 年)

水泥生产以石灰石作原料,生产过程中石灰石高温分解,其中氧化钙成为水泥成份,而 CO_2 则被排放。中国 1990 年水泥产量为 209.7Mt(Mt 表示百万吨,下同),相应的 CO_2 总排放量则为 21.9MtC。

森林生长过程中吸收 CO_2,构成 CO_2 的吸收汇,而采伐后又会释放 CO_2,构成 CO_2 排放源。主要计算两者相抵之后的净排放量。中国 1990 年森林的固碳量大于碳的释放量,年净固碳量为 86.27MtC,构成 CO_2 的净吸收汇。

(三) CH_4 的排放

CH_4 也是重要的温室气体,其主要的排放源有煤矿瓦斯、稻田、家畜、城市垃圾等(见图 7—11)。

中国是煤炭生产大国,而且大部分煤矿是地下开采,高瓦斯含量矿井较多,是世界上采煤过程中 CH_4 排放量最多的国家之一。

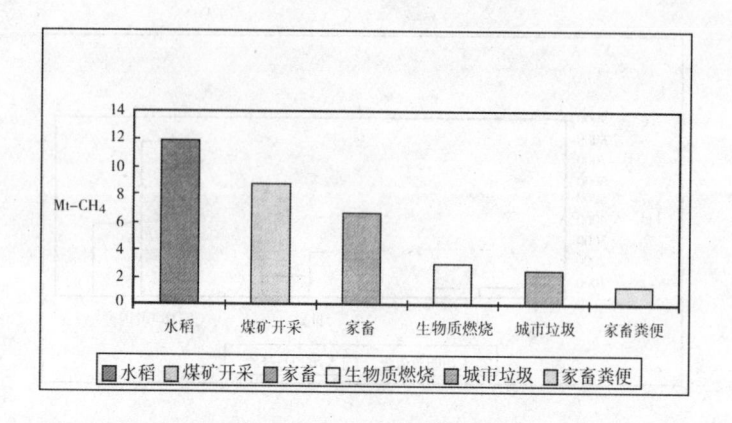

图 7—11 中国 CH_4 排放源构成(1990 年)

1990 年实际 CH_4 排放量为 130.7 亿立方米,折合 8.76Mt。

稻田是 CH_4 的主要排放源之一。中国是世界上主要的水稻生产大国,1990 年水稻种植面积为 0.33 亿公顷,约为世界稻田面积的 24%,产量约占世界水稻总产量的 37%。中国稻田有半数以上管理条件较好,生产率高,而 CH_4 排放系数较低。中国 1990 年稻田 CH_4 的排放量估计约为 9.8~12.8Mt。

家畜消化道 CH_4 释放 90% 以上来自反刍动物。中国反刍家畜的饲养量很大,约占世界总量的 7%,估算 CH_4 排放量约为 6.61Mt。羊的数量居世界第一,牛为世界第二,牛的 CH_4 释放量占 73%,羊的 CH_4 释放量占 16%。

城市垃圾的填埋及污水中有机质在厌氧条件下发酵,释放出 CH_4。1990 年全国城市垃圾的总填埋量估计为 31.58Mt, CH_4 排放总量估计为 2.43Mt。中国目前大中城市的人均垃圾产量及其 CH_4 释放系数均已接近发达地区的水平。

农村家养动物粪便废弃物堆放,在厌氧条件下有机物分解释放出 CH_4。中国 1990 年家养动物废弃物的 CH_4 释放量约为 1.3 Mt,以猪粪的 CH_4 释放为主。

薪柴、农作物秸杆等生物质能源燃烧过程中也排放 CH_4。中国 1990 年燃烧作物秸杆 270Mt,薪柴 204Mt,相应的 CH_4 排放量为 2.97Mt。

石油和天然气勘探、生产、运输、炼制、储存诸环节均发生 CH_4 逸出排放。1990 年油气领域 CH_4 排放量总计为 0.105Mt。油气领域 CH_4 排放的环节很多,计算相当复杂,而且排放量相对于其它 CH_4 排放源而言又很小,可只作粗略估计。

(四) 中国 1990 年温室气体排放简要清单

总括以上分析,表 7—5 给出了中国 1990 年温室气体排放简要清单。其中 CO_2 排放源构成见图 7—12。温室气体还应包括氧化亚氮(N_2O)和氟氯烃(CFCs)。N_2O 主要排放源为化石燃料、生物质燃料的燃烧过程以及化肥施用后的分解,1990 年其总排放量粗略估计约为 0.37MtN。CFCs 主要用于制冷剂和发泡剂,年消费量为 5 万吨左右。

二、中国未来主要温室气体排放的增长趋势预测

影响中国未来温室气体排放增长的因素很多,既有未来人口增长、经济发展、产业结构调整、能源供需政策等宏观社会经济影响因素,也有未来具体能源技术选择、能源品种结构、稻田面积等

表 7—5　中国主要温室气体排放清单(1990年)

	CO_2(MtC)	CH_4(Mt)	N_2O(MtN)
1. 能源活动			
A. 燃烧活动	567.2		
煤炭	479.3		
石油	79.6		
天然气	8.3		
B. 生产与输送			
煤炭开采		8.76	
油气系统生产		0.11	
2. 其它主要活动			
A. 工业			
水泥生产	21.91		
B. 农业			
水稻种植		11.90	
动物饲养		6.61	
生物质能燃烧		2.97	
家畜粪便		1.31	
C. 林业			
林业采伐	-86.3		
D. 城市垃圾		2.43	
总 计	515.8	34.09	0.37

资料来源：根据国家科委：《气候变化国家研究(最终报告送审稿)》,1996；气候变化协调小组对策研究组：《中国温室气体排放及减缓对策(修订讨论稿)》,1992 等材料汇总

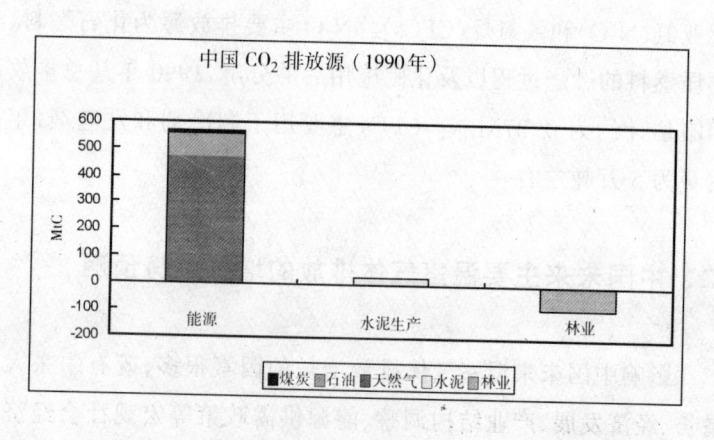

图 7—12　中国 CO_2 排放源构成(1990年)

技术因素。能源消费的 CO_2 排放是人类社会活动中主要的温室气体排放源,也是控制和减缓未来温室气体排放最主要的领域。因此,预测未来的温室气体排放趋势,亦应主要放在预测未来的能源消费及相应的 CO_2 排放方面。

(一) 影响未来温室气体排放的社会经济宏观因素分析

影响未来温室气体排放的主要社会经济宏观因素有人口、经济增长速度、产业结构以及能源政策等。

1. 人口

计划生育是中国的基本国策,近年来人口自然增长率一直稳定在 1.1～1.44% 之间,低于世界人口的平均增长率。根据政府的规划和国内外研究成果,对未来人口与城市化的构想见表 7—6。

2. 经济增长

自 1978 年改革开放以来,经济高速增长,从 1980～1990 年的 10 年间,GDP 年增长率平均为 9.8%,1990～1995 年则高达 12%,今后仍将继续保持高速增长的势头。GDP 增长的基本构想为 1990～2000 年增长率平均为 10%,2000～2010 年为 8%,2010～2030 年平均为 6%,具体数字见表 7—6。2030 年的人均 GDP 达到 1990 年世界平均水平。

3. 产业结构

中国目前产业结构不够合理,工业的比重偏大,而服务业比重太小。国家制定了加强第一产业、调整第二产业、积极发展第三产业的方针。将来随着经济发展,产业结构变化必将遵循世界大多数的国家发展规律,其基本构想亦见表 7—6。

表 7—6　中国社会经济发展基本构想条件

	1990	2010	2030
人口(10亿人)	1.1433	1.386	1.560
城市人口比例(%)	26.4	42.4	58.4
GDP(亿元,1990年价)	17 681	99 010	317 486
人均GDP(美元/人,1990年价)	324	1 495	4 257
产业结构(%)			
农业	28.4	18.0	14.0
工业	43.6	42.0	39.0
服务业	28	40.0	47.0

资料来源:气候变化国别研究专家组:《气候变化国别研究最终报告(送审稿)》,1996

4. 能源政策

在未来能源供应与消费的基本构想中,一次能源供应主要立足于本国能源资源的开发和利用,并适当考虑石油进口,以弥补液态燃料的不足。同时努力改善目前以煤炭为主的能源结构,积极开发水电、核电、新能源和可再生能源等非化石能源。另一方面,节能仍放在突出重要的地位。1978~1994年的17年中,节能取得了显著成效,能源消费弹性平均为0.49,年节能率平均高达4.4%。因此,在基本构想中未来的能源消费弹性将不高于0.5,并且还要随时间推移而逐渐降低。

能源供应短缺一直是制约中国经济发展的一个重要因素,以煤炭为主的一次能源供应结构也给环境和运输造成越来越大的压力。因而,以提高能源效率和促进能源替代作为减排温室气体的技术对策,与满足中国持续高速经济增长对能源的需求、保护生态环境的能源发展战略目标是一致的。因此,尽管在国家目前的能源政策中尚未把减缓 CO_2 排放作为重要因素,但在能源供需政策的基本构想中,确实也包括了大量节约能源、提高能源利用效率和促进能源替代的措施,也就是说,未来社会经济发展基本方案(Baseline)中,已包含了相当多的减缓 CO_2 排放的技术对策和政策导向,而且其中有些对策还需要付出较高的成本和代价。

(二) 未来社会经济发展基本方案的能源消费与 CO_2 排放分析

对依据上述基本构想条件形成的社会经济发展基本方案,采用能源系统分析模型[1],我们分析了未来能源需求的变化趋势、能源系统技术选择、一次能源构成及相应 CO_2 排放量(见表 7—7 和表 7—8)。

表 7—7　未来中国能源需求及相应的 CO_2 排放

指　标 \ 时间	1990 年	2010 年	2030 年
GDP(亿元)	17 681	99 010	317 468
一次能源总需求(Mtce)	987	2 235	3 685
能源消费弹性		0.46	0.40
年节能率(%)		4.0	3.4
能源消费 CO_2 排放量(MtC)	567.2	1 319.7	2 119

---

[1]　采用了清华大学核能技术设计研究院发展的能源系统动态优化模型(INET 模型)。有关介绍见何建坤等:《我国中长期 CO_2 排放量预测》,"八五"科技项目技术报告(85-913-04-02A),1996。

表 7—8 未来一次能源消费及构成

能源类型	1990 年 Mtce	份额(%)	2010 年 Mtce	份额(%)	2030 年 Mtce	份额(%)
煤炭	748	75.7	1 617	72.3	2 440	66.2
石油	168	17.0	361	16.2	583	15.8
天然气	20	2.1	85	3.8	173	4.7
水能	49	5.1	125	5.6	244	6.6
核能	0.0	0.0	43	1.9	199	5.4
新能源	1	0.1	4	0.2	46	1.2
总计	987	100	2 235	100.0	3 685	100.0

表 7—8 中所列一次能源消费中,包括石油的进口。到 2030 年,国内石油产量预计不会超过 2.5 亿吨,而消费量将接近 4 亿吨,尚需进口 1 亿吨以上。

与 1990 年相比,未来一次能源的构成将有较大的改善。煤炭在一次能源中的比重,将由 1990 年的 75% 下降到 66% 左右,一次能源的结构更向多元化方向发展。

从能源供应能力分析,除石油要进口 1 亿多吨外,煤炭由于开采和运输的困难,保证该方案的供应将有较大难度。水电、核电已有较快发展,而且需巨额资金。未来虽然将采取较大力度的节能措施,但一次能源的总需求量仍然是相当可观的,这对未来的能源供应能力会是一个严峻的挑战。

(三)未来其它 CO_2 排放源的排放趋势分析

其它 CO_2 排放源主要指水泥生产过程和森林采伐。

对未来水泥生产过程中 CO_2 排放量的预测,主要取决于未来的水泥产量。中国人均水泥的消费量已达到世界中等发达国家的水平。对未来中国水泥产量及相应的 CO_2 排放量预测见表 7—9。未来 CO_2 排放的综合情况见图 7—13。

表 7—9　水泥生产过程的 CO_2 排放预测

指标＼时间	1990 年	2010 年	2030 年
人口（亿人）	11.43	13.86	15.60
人均水泥产量（kg/人）	183	500	600
水泥总产量（Mt）	209.71	693.0	936.0
CO_2 排放量（MtC）	21.91	72.42	97.81

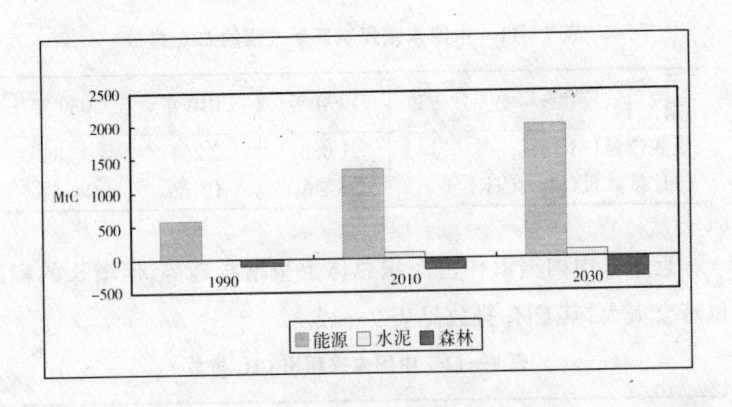

图 7—13　中国未来 CO_2 排放预测

中国森林的生物生长量大于采伐量,构成 CO_2 的净吸收汇。中国政府一贯重视人工造林,到本世纪末,新增人工林将达 4 000 万公顷,森林覆盖率约为 15%,到 2010 年,森林覆盖率达 17% 左右,到 2030 年,森林覆盖率可达 22% 左右。根据对未来森林生长量和采伐量的估算,未来森林的固碳量估计见表7—10。

表7—10 中国未来森林对CO_2的吸收

指标\时间	1990年	2010年	2030年
年生物生长量(Mt)	260.0	994	1 286
年生物采伐量(Mt)	608.0	710	740
长期贮存于木制品的生物量(Mt)	20.6	27.0	35.0
森林净固碳量(MtC)	86.3	156.0	290.0

(四)未来CH_4排放量预测分析

对未来煤炭开采过程中CH_4排放量的估计,如表7—11所示。

表7—11 中国未来煤炭开采过程的CH_4排放

指标\时间	1990年	2010年	2030年
煤炭产量(Mt)	1 080	2 264	3 286
CH_4排放量(Mt-CH_4)	8.76	17.66	24.51

近年来中国稻田种植面积总体上呈增长趋势,但增长的幅度也不会太大,其CH_4排放见表7—12。

表7—12 中国未来稻田CH_4排放

指标\时间	1990年	2010年	2030年
稻田面积(万公顷)	3 306.5	3 635.9	3 934.9
CH_4排放(Mt-CH_4)	9.8~12.8	11.81~13.88	12.44~14.39

对于其它CH_4排放源未来排放趋势预测均列在表7—13中,并综合表示在图7.14上。

第三节 中国未来主要温室气体排放增长趋势分析 399

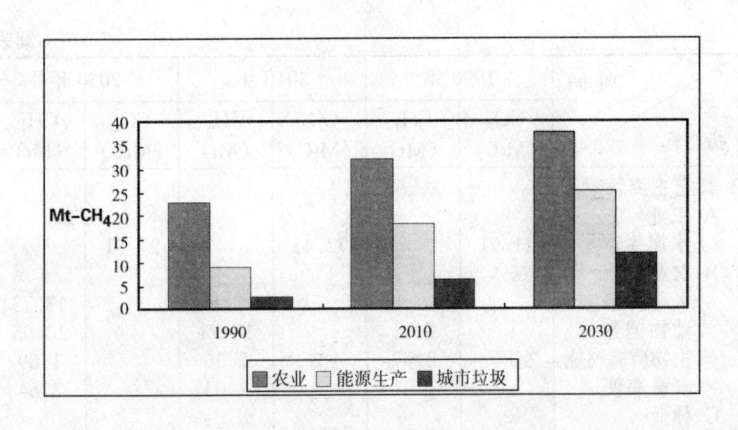

图7—14 中国未来 CH_4 排放预测

(五) 未来主要温室气体排放简要清单

综合上述结果，中国未来主要温室气体排放简要清单如表7—13所示，并见图7—13与图7—14。

表7—13 中国未来主要温室气体排放量估计

时间 指标	1990年 CO_2 (MtC)	1990年 CH_4 (Mt)	2010年 CO_2 (MtC)	2010年 CH_4 (Mt)	2030年 CO_2 (MtC)	2030年 CH_4 (Mt)
1. 能源活动						
A. 燃烧活动	567.2		1 319.7		2 085.3	
煤炭	479.3		1 114.1		1 738.8	
石油	79.6		170.8		275.7	
天然气	8.3		34.8		70.8	
B. 生产与输送						
烧炭开采		8.76		17.66		24.51
油气生产		0.11		0.38		0.86

续表

指标 \ 时间	1990年 CO$_2$ (MtC)	1990年 CH$_4$ (Mt)	2010年 CO$_2$ (MtC)	2010年 CH$_4$ (Mt)	2030年 CO$_2$ (MtC)	2030年 CH$_4$ (Mt)
2.其它主要活动						
A.工业						
水泥生产	21.91		72.42		97.81	
B.农业						
水稻种植		11.90		12.84		13.73
动物饲养		6.61		14.71		20.05
生物质能燃烧		2.97		2.36		1.69
家畜粪便		1.31		2.03		2.64
C.林业						
林业采伐	−86.3		−156.0		−290.0	
D.城市垃圾		2.43		6.33		12.26
总　　计	502.8	34.09	1 236.1	56.31	1 893.1	75.74

三、未来温室气体排放的宏观指标分析

减缓未来能源消费中的 CO_2 排放,是控制温室气体排放最有效和最现实的技术对策。因此,对未来减缓温室气体排放的宏观经济影响研究,也主要在于能源领域。表 7—14 给出未来社会经济发展基本方案的经济增长、能源消费及相应 CO_2 排放的一些宏观指标(见图 7—15)。

表 7—14　中国未来能源消费 CO_2 排放的宏观指标

指标 \ 时间	1990年	2010年	2030年
人口(亿人)	11.43	13.86	15.60
GDP(亿元)	17 681	99 010	317 468
一次能源消费(Mtce)	987.0	2 235	3 685

续 表

指标\时间	1990年	2010年	2030年
CO_2 排放量(MtC)	567.2	1 319.7	2 085.3
GDP 能源强度(kgce/元)	0.558	0.226	0.116
能源消费 CO_2 排放强度(kgC/kgce)	0.575	0.590	0.566
GDP 的 CO_2 排放强度(kgC/元)	0.321	0.133	0.066
人均能源消费(kgce/人)	864	1 613	2 362
人均 CO_2 排放(kgC/人)	496	952	1 337

注：此处所列出的能源消费和 GDP 的 CO_2 排放强度以及人均 CO_2 排放量，都是对与能源有关活动的 CO_2 排放量计算的。

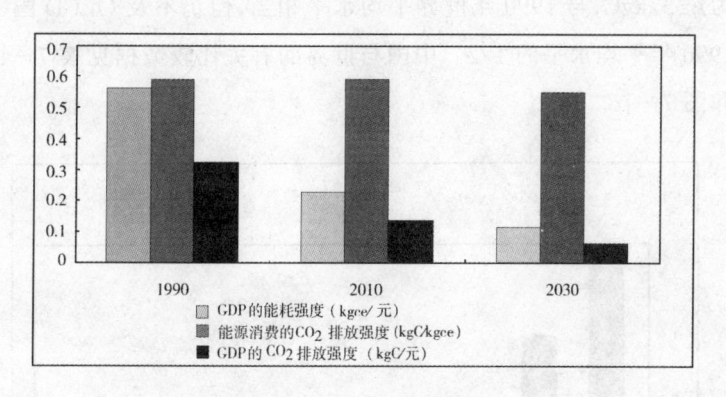

图 7—15 中国未来 CO_2 排放的宏观经济指标

（1）能源消费强度：到 2030 年，中国单位 GDP 能源消费强度将低于 1990 年的 1/4，接近发达国家目前的水平，节能的效果将十分显著。

（2）能源消费中的 CO_2 排放强度：到 2030 年，中国煤炭在一次能源构成中的比重将会降低，虽然仍高于目前世界平均比例，但中国届时非化石能源的比重将大为增加，约达到 10% 以上，接近目前世界平均水平和 OECD 国家的比例。因此,届时中国能源消费的 CO_2 排放强度,将下降到 0.566kgC/kgce。能源替代的结果,对降低 CO_2 排放也起了显著作用。

(3)单位 GDP 的 CO_2 排放强度:由于能源消费的 CO_2 排放强度下降和产值能耗降低两个因素的叠加,其降低幅度则更大。到 2030 年为 0.066kgC/元,比 1990 年下降了近 80%,减缓 CO_2 排放量增长的效果十分明显。

(4)人均 CO_2 排放量:到 2030 年,中国的人均 CO_2 排放量仅为 1 337kgC,与 1990 年世界平均水平相当,但仍不及 OECD 国家 1990 年平均水平的 1/2。中国与世界的有关比较数据见表 7—15 和图 7—16。

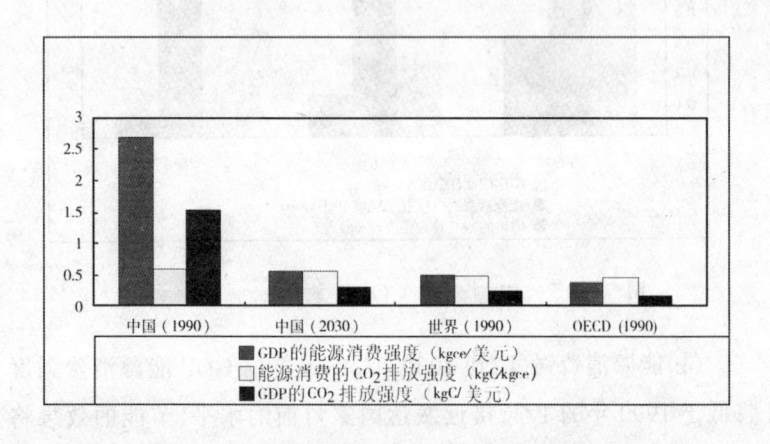

图 7—16　中国未来 CO_2 排放宏观指标及与世界发达国家比较

表 7—15　中国未来 CO_2 排放与世界比较

年　份	国　家	人均 GNP (1990 年美元)	能源消费强　度 (kgce/美元)	能源消费 CO_2 排放强度 (kgC/kgce)	GDP 的 CO_2 排放强度 (kgC/美元)	人均 CO_2 排放量 (kgC/人)
1990 年	世界	4200	0.495	0.48	0.238	1047
	OECD	20170	0.360	0.46	0.166	3582
	中国	324	2.667	0.575	1.534	496
2030 年	中国	4257	0.554	0.566	0.314	1337

由表 7—15 可见,到 2030 年,中国人均 GDP 虽然仍低于发达国家 1990 年的平均水平,但在 GDP 能源消费强度方面有了很大降低,大大缩小了与发达国家的差距,中国在减排 CO_2 方面的努力,将取得显著成效。同时,也应该看到,为实现上述指标,中国在节约能源、促进能源替代、提高能源利用效率方面,需要付出巨大的努力。因此,需要研究和制定长远战略、技术路线以及相应的政策和法规,采取强有力的措施,以保证以较低的能源消费增长速度,支持国民经济持续、高速和稳定增长,为全球环境保护做出积极贡献。

未来温室气体排放量增长,主要是化石燃料消费过程的 CO_2 排放增长。虽然森林的固碳能力和固碳量有所增加,但到 2030 年,CO_2 的总排放量仍将达 1990 年的 3.77 倍,而 CH_4 的总排放量增长仅为 1990 年的 2.2 倍,远低于 CO_2 排放的增长速度。减排 CH_4 的技术对策尚不及能源领域减排 CO_2 的技术对策那样成熟和有效,在此不再做详细分析。

四、中国未来温室气体排放面临的严峻形势

如前所述,下世纪前期中国减缓温室气体如 CO_2 的排放量增长,将会取得很大成效。然而,CO_2 排放量毕竟在不断增加,在全球排放总量中所占比重将不断上升,中国有可能成为世界上排放 CO_2 最多的国家。1990～2030 年,中国 CO_2 排放量在全球所占比重的变化见图 7—17。中国能源利用的 CO_2 排放量与美国的比较见图 7—18。

为了实现联合国气候变化框架公约的目标,将大气中的温室气体浓度稳定在防止气候系统受到危险的人为干扰的水平上,必须逐步削减温室气体排放量。IPCC 设计了将大气中 CO_2 浓度稳定在 450～750ppmv 的一系列方案,参见图 7—19。根据图 7—19 所示的浓度变化途径和稳定水平,利用碳循环模式计算出导致不同稳定浓度的 CO_2 排放量曲线(见图 7—20)。

由图可见,因为 CO_2 在气候系统中能存留较长的时间,为使大气中 CO_2 浓度稳定在 450～550ppmv(分别相当于工业化前和目前大气中 CO_2 浓度的 2 倍),下世纪内全球 CO_2 年排放量必须降低到目前水平以下,而且下世纪末前后必须大幅度降低。如果稳定浓度高到 750～1000ppmv,则全球平均年排放量可以较高,然而仍需要求按人均排放标准比目前水平降低 50%。这样,由于下世纪前期中国 CO_2 排放量仍在增长,在国际社会上必然会受到更大的压力。这一严峻形势要求中国对减缓温室气体排放量增长的长远战略和政策措施,必须充分重视和不失时机地采取行动。

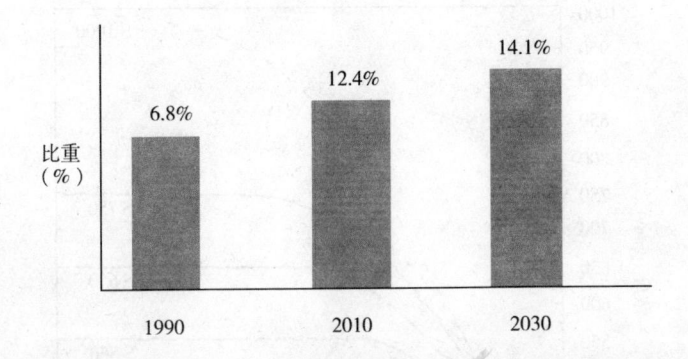

第三节 中国未来主要温室气体排放增长趋势分析

图 7—17 中国 CO_2 排放量在全球所占比重的变化

注：全球 CO_2 排放量是取 IPCC 的 IS92a 排放构想估计值

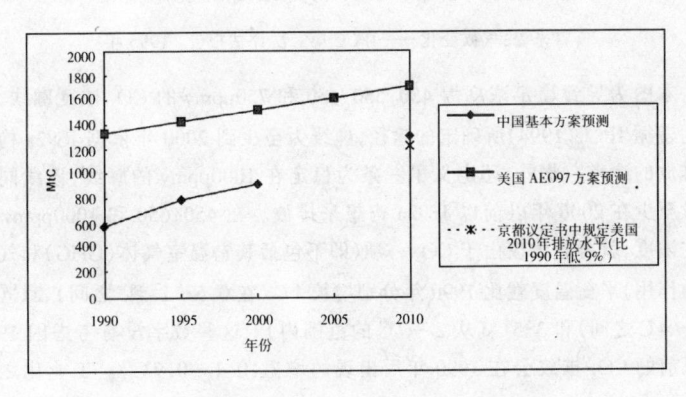

图 7—18 中国与美国能源利用的 CO_2 排放比较

资料来源：IEA 材料及 LBNL-40533

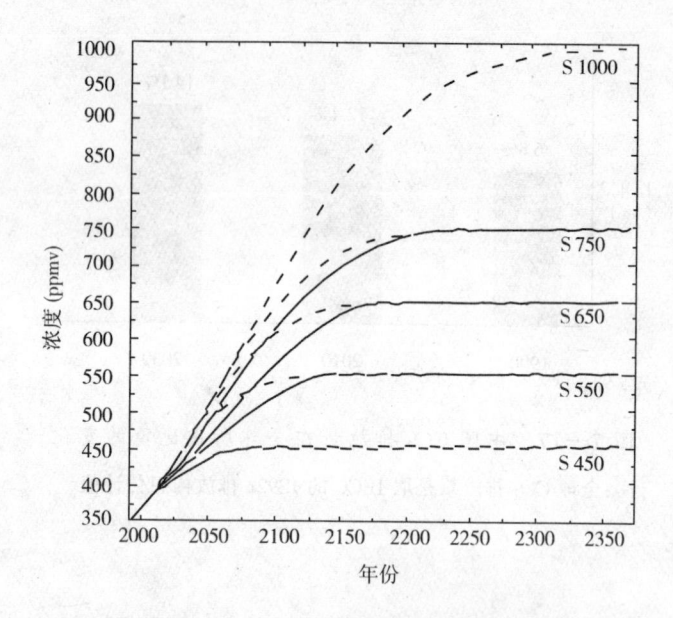

图 7—19 大气中 CO_2 稳定浓度的设想方案

资料来源:气候变化——IPCC 第二次评估报告,1995 年

本图为导致稳定浓度为 450、550、650 和 750ppmv 的 CO_2 浓度廓线,实线为遵循 IPCC(1994)所确定的途径,虚线为至少到 2000 年依据 IS92a 构想来排放的途径。此外,还定义了一条为稳定在 1000ppmv 的廓线,该线同样假设至少在 2000 年以前以 IS92a 构想来排放。在 450、650 和 1000ppmv 的稳定浓度,就可导致仅由于 CO_2 一项(即不包括其它温室气体(GHG)和气溶胶的作用)平衡温度就比 1990 年分别增长 1℃(在 0.5~1.5℃ 之间)、2℃(从 1.5~4℃ 之间)和 3.5℃(从 2~7℃ 的范围内)。这些数字没有考虑因 1990 年以前的 CO_2 排放在 1990 年后出现的增温(0.1~0.7℃)。工业化之前 CO_2 浓度(228ppmv)的两倍可以导致 560ppmv 的浓度,而目前 358ppmv 浓度的倍增将达到 720ppmv。

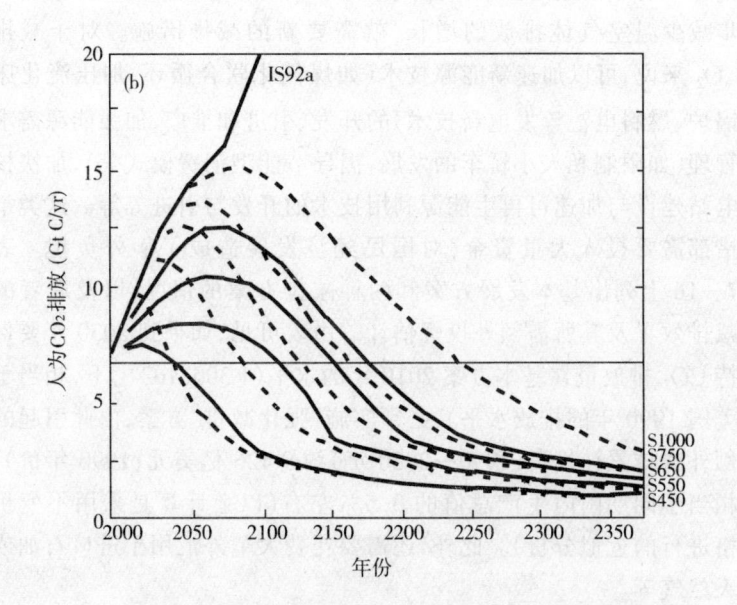

第三节 中国未来主要温室气体排放增长趋势分析　407

图 7—20　对应大气中不同 CO_2 稳定浓度的全球人为

CO_2 排放量变化

资料来源:气候变化——IPCC 第二次评估报告,1995

本图是根据中距离碳循环模式推算的结果,遵循图 7—19 中所示廓线,导致 450、550、650、750ppmv 和 1000ppmv 稳定浓度的 CO_2 排放量。其他模式的结果与本模式结果相比,相差约为 15%。为了比较,图中还给出了 IS92a 构想的 CO_2 排放量和目前排放情况(实线)。

五、减排温室气体所需额外投资估计

上述社会经济发展基本方案中,已包含根据可持续发展战略采取了有效措施来减缓温室气体排放的增长速度。如果要求进一步减少温室气体排放的增长,就需要新的减排措施。对于减排 CO_2 来说,可以加速新能源技术(如煤气化联合循环、加压流化床锅炉、燃料电池等发电新技术)的开发、引进和推广,加强能源需求管理(如限制私人小轿车的发展,倡导节能型消费模式等),加快核电站建设与加速可再生能源利用技术的开发与引进等等。这类举措都需要投入大量资金,对国民经济发展造成了额外负担。表7—16 上列出基本发展方案和两种减排方案的情况,以及后者的减排效果及其所需额外投资估计。由表可见,如果到 2030 年要保持 CO_2 排放量在基本方案 2010 年的水平(1 300MtC 上下,相当于美国 1990 年的排放水平),必须实施"强化减排"方案,由此引起的额外减排累计投资(1990～2030 年)约 9 426 亿美元(1990 年价),相当于同期国内生产总值的 0.5%左右(以上计算是采用不变价格进行的近似分析)。此外,还需要花费大笔外汇用于进口石油或天然气等。

表 7—16　增加 CO_2 减排的额外投资估计

项目	方案	1990	2010	2020	2030
一次能源总消费量 (Mtce)	(1) 基本方案	987	2 235	2 920	3 685
	(2) 减排方案	987	2 044	2 566	3 048
	(3) 强化减排方案	987	1 927	2 418	2 873
一次能源节约量 (Mtce)	减排方案:(1)-(2)		191	354	637
	强化减排方案:(1)-(3)		308	502	812
CO_2 排放量 (MtC)	(1) 基本方案	567	1 320	1 695	2 088
	(2) 减排方案	567	1 105	1 257	1 534
	(3) 强化减排方案	567	927	1 052	1 318
CO_2 额外减排量 (MtC)	减排方案:(1)-(2)			438	554
	强化减排方案:(1)-(3)			643	770
能源系统累计投资[①] (亿美元,1990 年价)	(1) 基本方案			21 784	37 296
	(2) 减排方案			24 903	41 484
	(3) 强化减排方案			27 749	46 722

续表

项目	方案	1990	2010	2020	2030
减排额外累计投资[①] (亿美元,1990年价)	减排方案:(2)-(1) 强化减排方案:(3)-(1)			3 119 5 965	4 188 9 426

① 从1990年到2020年或2030年间的累计投资(或减排所需额外累计投资)

第四节 中国对全球气候变化问题的基本原则立场探讨

全球环境问题是全人类面临的共同挑战。作为一个发展中的大国,中国十分重视促进国民经济和社会的可持续发展。在保持经济增长的同时,控制人口增长,保护自然资源和生态环境,已成为中国的一项基本国策。减少温室气体排放量增长的目标与中国社会经济发展战略的要求是相协调的。中国幅员辽阔,生态环境问题很多,保护好中国的环境,就是对改善全球环境的重要贡献。中国在建设与发展过程中,严格执行控制人口增长的政策,大力节约能源和其它资源,坚持大规模植树造林,取得了减少温室气体排放的明显效果,为减缓气候变化的长远趋势作出了积极的贡献。今后应把国际保护全球气候的形势作为一次机遇,促进中国的生态环境改善和资源合理利用与可持续发展。

保护全球气候符合中国和全人类的共同利益,中国一向持积极态度。在今后相当长时期内,消除贫困和发展经济仍是中国压倒一切的首要任务。在达到中等发达国家水平之前,中国不可能承担减排温室气体的义务。中国在达到发达国家水平之后,将仔细研究承担减排义务。在此之前，中国政府将根据自己的可持续发展战略，努力减缓温室气体排放的增长率。在控制温室气体排放和防止全球气候变化的有关国际行动中，愿意通过广泛的国际合作，为共同寻求解决全球环境问题的有效途径，作出应有的贡献。立足于中国国情，从人类长远的共同利益和中国及其他发展中国家的根本利益出发，面对全球变化的挑战，我们认为解决全球气候变化问题应遵循以下原则：

（一）正确处理保护全球气候与经济发展，尤其是能源发展之间的关系。保护环境和经济发展是一个有机联系的整体，保护环境的目的是促进经济的持续发展，发展经济本身就是环境保护的能力建设。经济与社会发展，必须以可持续利用的自然资源和良好的生态环境为基础，而全球气候问题也只有在社会经济的发展中才能得到解决。既不能离开发展，片面地强调保护气候和改善环境，也不能不顾生态环境的承受能力而盲目地追求发展。尤其对广大发展中国家来讲，只能在实现适度经济增长的前提下，作为发展进程的一部分，来寻求适合本国国情的保护全球气候与解决环境问题的途径和方法。全球环境问题是同长期以来不合理、不公正的国际经济秩序紧密相关的，因而，在讲国际环境合作的同时，也必须讲国际经济合作，要建立有利于可持续发展的公正的国际经济秩序。目前，发展中国家的经济发展水平和人均能源消耗量与发达国家相比，有明显的差距，他们有着共同的要求发展的权利，发展权是其基本人权的一个部分。因此，保护全球气候的国际行动要以保证发展中国家适度经济发展和合理的人均能源消耗为前提，不应损害发展中国家在国际社会中应享有的经济发展权利。

(二)保护全球气候是世界各国共同的,但有区别的责任。必须确认发达国家在过去一两个世纪中,由于追求工业化,过度地消耗能源,向大气中排入了大量的温室气体,是造成当今全球变暖和气候变化的主要原因。而且直到现在,发达国家依然是世界能源的主要消耗者和温室气体的主要排放者。同时,发达国家在长期大量耗费人类资源的基础上得到了优先发展,拥有较强的经济和技术力量。因此,在控制温室气体排放,防止气候变化的国际行动中,发达国家理应承担更多的义务和责任,按照公约的要求,率先采取行动。

(三)发达国家向发展中国家提供额外的资金援助和优惠的技术转让,是保证公约在全球实施和实现保护全球气候国际协调行动的关键措施。发达国家向发展中国家提供资金援助和转让,是为了人类共同利益和自身利益的一种投资,也是对它们过去向环境索取并造成严重污染与破坏后的一种补偿。长期以来不平等、不公正的国际经济秩序使发展中国家发展滞后,资金缺乏,技术落后,无疑这将会对于保护全球气候国际合作和协调行动带来困难。因此,在向发展中国家提供资金援助和技术转让的同时,要建立公正的经济秩序,消除外部经济条件恶化带来的不利影响,加强发展中国家的技术和经济实力,以提高它们对保护全球气候的支持能力。同时,应警惕和坚决反对发达国家借援助之名来转嫁其减排义务,逃避应负的责任,并防范它们脱离公约规定的范围,巧设名目,引诱发展中国家变相承担减排义务。

(四)在保护全球气候的有关国际事务和活动中,发展中国家有效和广泛的参与是非常必要的。没有占世界人口绝大多数的发展中国家的参与,保护全球气候的目标是无法实现的。目前,绝大多数发展中国家尚处于满足人民基本需要的发展阶段,承受着保护环境和发展经济的双重压力。但是,由于气候变化带来的利益影响,遭受损失最严重的是缺乏抗御能力的发展中国家,尤其是那些海岛、低地和拥有漫长海岸线以及以农业为主的发展中国家,全球气候变化甚至威胁着他们的生存。因此,国际社会应该关注发展中国家的实际困难,考虑他们的具体情况,听取他们的合理要求。在以缔约国大会为执行公约的最高权力机构的机制和其它有关机制中,应确保发展中国家充分有效地参与保护全球气候的有关国际活动与合作。

（五）中国是一个拥有12亿人口的发展中国家。煤炭作为主要能源,总能源消耗量在世界上是较高的国家之一。随着经济的发展和人口的增加,能源的需求量仍会进一步增长,CO_2排放量不可避免地还要增加。但是,在相当一段时间内,中国的人均能源消耗水平与CO_2排放量仍然是世界上较低的国家之一。为了保护全球气候,中国仍将在发展经济的同时,通过政策、资金、技术的努力,提高能源利用效率,节约能源,调整产业结构和能源结构;开发清洁替代能源以及改善农业耕作技术,开发煤层CH_4利用技术,减少CH_4排放;大力植树造林,提高森林覆盖面积,增加CO_2的吸收。尽管中国为减缓未来温室气体排放量的增长要付出巨大的经济代价,中国仍将按照可持续发展战略的要求,尽自己的一切努力,尽量减缓CO_2和其它温室气体的排放量的增加,为保护全球气候作出自己的贡献。

（六）要进一步加强对全球气候变化问题的科学研究。气候变化是一个非常复杂的受多种因素影响的过程。目前,对于未来气候增暖的时间,幅度和区域,温室气体的温室效应的影响作用以及大气中温室气体浓度的危险水平的确定等等,尚没有统一的科学结论,存在着许多科学上的不确定性。因此,尽管公约已经为大多数国家所接受,但今后在执行过程中仍将有一系列相关的国际法律文书需要制定和谈判。在这些国际立法工作中,特别是在制定温室气体排放量限制措施和标准时,应建立在可靠的科学基础之上。

中国支持在全球范围内,开展广泛的国际科技协作,加强科学观测和科学研究。中国已在国家重大科学研究计划中,支持科学家积极开展有关气候变化问题的科学研究,同时希望通过开展国际科技合作,加强科技信息交流,为保护全球气候的国际行动提供科学技术支持。

第五节 减缓温室气体排放的国家对策建议

一、概述

虽然中国在达到中等发达国家水平之前,不可能承担减排温室气体的义务,但今后将根据自己的可持续发展战略,努力减缓温室气体排放量的增长。主要从三方面采取措施:①努力控制人口增长率,争取到2030~2040年前后实现人口的零增长;②在能源领域推进节能技术,提高利用效率,促进能源替代;③继续大力开展植树造林,加强吸收CO_2的能力。

中国将在其经济发展过程中积极促进可持续发展战略的实

施。中国远期经济发展战略将改变以大量消耗资源和粗放经营为特征的传统发展模式,并把保护环境做为一项基本国策,以使未来经济发展与环境保护、资源利用和能源供应相协调。这与减缓温室气体排放增长、保护全球环境的目标是相一致的。

中国十分重视全球气候变化问题,积极研究和制定全球气候变化的国家战略和对策,并把国际保护环境的浪潮作为一次机遇,促进中国生态环境改善和资源与能源合理的利用,为全球环境保护做出积极贡献。

二、能源领域减缓 CO_2 排放量增长的对策与政策

能源利用过程中的 CO_2 排放,是人类社会活动中最主要的温室气体排放源,也是实施温室气体减排对策最现实和最有效的领域。减缓能源利用过程中的 CO_2 排放量增长,是人类控制全球气候变化的重要对策,这也应该成为中国全球气候变化国家对策的一个重点。

(一)提高能源的利用和转换效率

工业部门目前是中国最主要的耗能部门,其耗能量约占全国终端总耗能量的 2/3。主要高耗能产品的单位能耗较主要发达国家高 30~100%,风机、水泵、锅炉等通用设备效率,也较先进国家低 20~30%。目前推广通用的、成熟的节能技术,例如对电站锅炉、工业锅炉、工业窑炉进行节能技术改造,对水泥、化肥、建材、造纸、钢铁等行业进行节能新工艺的改革,都具有较大节能潜力。另

一方面，中国的制造业目前正持续快速发展，新的生产设备在迅速增加，不断从发达国家引进低能耗和低物耗的先进技术，也是降低国家能源消耗的长期战略的组成部分。

交通运输部门中铁路运输通过发展电动机车，以电动机车、内燃机车替代蒸汽机车，并通过发展重载长大列车和加强铁路现代管理，可以较大地提高能源利用效率。发展水运和公路运输，对不同的运距和货物优化运输方式，提高运输效率具有重要意义。公路货运的燃料单耗目前比国外一般高15~25%，通过淘汰老旧车辆，改进发动机性能指标，改进车辆吨位构成，改善公路路面状况，以及加强公路运输的现代化管理，也将取得较大的节能效果。

民用商品能源占全国商品能源总消费量的1/7以上，消费用户分散、效率低。城市居民炊事用能的气化率不高，某些地区煤炭还是重要燃料。应加快城市气化普及率，以提高能源利用效率，减少城市污染。每年城市采暖耗能占城市民用能源的40%左右，集中供暖比例不高。要因地制宜推广集中供热的采暖方式，发展热电联产、大型集中锅炉房、工厂余热、地热、低温核供热堆等供热方式，对现有小型供热系统的分散锅炉房进行改造，淘汰低效锅炉，也具有显著节能效果和环境效益。同时，应发展节能型家用电器，推行绿色照明计划，推广高效节能灯。农村地区加强省柴节煤灶的推广，加速发展型煤，稳步发展沼气，积极开发利用太阳能、风能、地热能等新能源技术，改变农村因过渡消耗生物质能而引起的生态环境恶化现象。

中国发电以煤炭为主，1万千瓦以下的机组尚有很大一批，效率较低，致使平均发电煤耗高达390gce/千瓦时左右。目前中国正加速电力工业的建设,本世纪内每年新增装机容量将达 1 500 万千瓦左右。新建电厂应采用大容量、高参数、高效率、调峰性能好的机组,并且逐步更新中低压机组和超期限服役老机组,推广热电联产和余热、余压发电,可使全国平均发电效率有较快的提高。在输配电方面要发展超高压输电、完善输电网络和配电网络,加强无功补偿和运行管理,降低线路损耗。从长远来看,要通过国际合作,加速 IGCC、PFBC 等先进发电技术的开发与示范,促进其商业化应用的时间和推广速度。

(二)促进能源替代,努力改变目前以煤炭为主的能源供应格局

水电是已在大规模开发利用的可再生能源,要坚持"优先发展水电"的方针。中国水电资源居世界之冠,可开发水电资源量 3.8 亿千瓦,现仅开发 10% 左右,尚有较大潜力。目前除三峡工程外,还应加快开发黄河上游、长江中上游干支流、红水河、澜沧江中下游和乌江的大中型骨干水电站,加快西南、西北水电站基地的开发和建设。逐步发展跨区联网,建设超高压交直流远距离输电线路,实现"西电东送",以减轻东部地区煤炭运输的压力。争取到 2020 年,水电装机容量接近 200 吉瓦(1 吉瓦 = 10^9 瓦),为 1990 年的 5～6 倍。

除水电外,核能是目前可大规模替代化石燃料的唯一能源。目前要采用国产与引进并举的方针发展核电,一方面加紧国产 300 兆瓦(1 兆瓦 = 10^6 瓦)、600 兆瓦以及 900 兆瓦核电设备的研制工作,解决好安全性、可靠性、经济性等方面的问题,使之尽快商

品化、批量化。同时在沿海能源短缺、经济发展较快的地区,积极利用外资、引进设备,建设大型核电站,满足不断增长的电力需求,缓解煤炭运输和环境的压力。到 2020 年,核电装机力争达 40～50 吉瓦,年发电量可占届时总发电量的 6～8%。

天然气在工业和民用等部门替代煤炭和石油,可以提高能源利用率。中国天然气的开发起步较晚,勘探程度低,产量和储量增长缓慢,目前天然气在一次能源中的比重仅为 2%,尚有较大开发潜力。近期应加强对四川、陕甘宁、松辽、渤海湾、南海等盆地天然气资源的开发,并积极准备勘探和开发东海和塔里木盆地的天然气资源,同时加强国际合作,积极开发海上油气田。

未来能源的出路在于建立对环境无害的洁净能源体系,应把新能源和可再生能源放在重要的战略地位。由于风能、太阳能、地热能、潮汐能等新能源发电技术目前所需投资都比较高,在今后相当长的时间内在国家能源系统中不会占有显著份额。当前要抓紧研究与开发工作,促进新能源技术成熟和商业化推广。

三、林业部门的对策与政策

中国目前森林系统本身的 CO_2 吸收量超过排放量,而且政府一贯重视人工造林,尚有较大潜力通过扩大森林覆盖率以增加对 CO_2 的吸收。现全国已确保有人工林 3 000 万公顷以上,为世界之最。到本世纪末,森林覆盖率将达 15%。近期应重点抓好"三北"防护林体系、长江中上游防护林体系、沿海防护林体系以及太行山绿化工程建设。加强林区保护,防止污染、林火及病虫害,制止现有森林的破坏和退化。

除了大面积造林外,应积极发展速生、高产、热值高和多用途的新树种,大力种植薪炭林,以缓解农村能源的短缺。到2010年,可使薪炭林面积由目前的550万公顷增加到2 000万公顷。对农村地区,鼓励推广沼气、太阳能、省柴节煤灶等能源替代和节约措施,以减少林木消耗,保护森林资源。

四、减缓 CH_4 排放的对策与政策

(一)减少煤矿瓦斯的排放。

中国有高瓦斯矿井300个左右,目前不到一半进行了瓦斯抽取利用。已抽取利用的瓦斯量折合成纯 CH_4 超过亿立方米。今后的工作重点是目前尚未进行瓦斯抽取、利用工作的高瓦斯矿井。提高和改进煤矿瓦斯抽取工艺和技术装备,发展瓦斯发电燃气轮机技术,推广瓦斯煤气利用技术,以提高煤矿瓦斯抽取利用量的比例。同时,国家应将煤矿瓦斯作为一种新的清洁能源来对待,包括给予优惠政策。

(二)减少稻田的 CH_4 排放

稻田是中国目前 CH_4 的最大排放源,同时稻谷又是中国的主要粮食之一。因此,任何减少稻田 CH_4 排放的努力都必须保证优质水稻的高产与稳产。减少稻田 CH_4 排放的技术对策主要有:选育 CH_4 排放强度低的高产品种;加强灌溉和施肥的管理,推广免耕法等高产减排技术;研究和发展微生物技术,培育稻田中 CH_4

利用菌。目前比较成熟的技术主要有两项,其一是半旱式栽培技术,其二是推广科学灌溉技术,减少稻田的淹没天数。根据国内典型研究实例,半旱式栽培技术比平作稻田 CH_4 排放量可降低 31~43%,采用科学灌溉技术可使 CH_4 排放减少 11.8~59.3%。到 2030 年,如果半旱式栽培技术推广面积达 1/4,科学灌溉面积推广达 15%,那么届时的 CH_4 排放量将会降低 25% 左右。

(三)减少家畜消化道及动物粪便的 CH_4 排放

未来减少反刍家畜 CH_4 释放的主要对策有:改良家畜的品种,改进饲料的构成,优化饲料配比,开发和推广应用抗菌素、饲料添加剂,减少 CH_4 的产生量。通过推广优良品种和氨化饲料,牛羊的 CH_4 排放率可大幅降低。到 2030 年,如果牛优良品种推广率达 90%,氨化饲料推广率达 25%,那么届时牛的 CH_4 排放量可下降一半左右。

减少动物废弃物 CH_4 排放的技术对策主要是改进动物废弃物的处理方式,发展并推广农村沼气利用技术,即可使未来动物废弃物的 CH_4 排放量有较大降低。

(四)减少城市垃圾填埋的 CH_4 排放

减少城市垃圾中 CH_4 释放量的技术措施,主要是改善城市垃圾的处理方式,发展先进的城市垃圾的处理和综合利用技术,发展和推广城市生活垃圾沼气利用技术。如果采取强有力的措施,到 2030 年有可能比常规办法减少排放 30% 左右。

五、将保护全球环境作为国家未来发展战略的重要目标之一

未来随着人口增长、经济发展以及城市化的进程，为满足人民日益增长的物质和文化需要，人类社会活动所引起的温室气体排放仍会有合理的增长。未来的发展战略既要有利于经济的持续增长，也要有利于自然资源的保护和生态环境的平衡。要强调能源资源的合理开发和有效利用，以及合理的产业结构及终端消费模式，使未来的发展不以资源的高消耗和环境的恶化来换取经济的高速发展和生活水平的高水准，而是逐渐形成低能耗的生产体系和适度消费的生活体系，改进居民的消费结构，促进社会消费的良性循环。

提高能源转换和利用效率，促进能源替代，减少 CO_2 排放，与中国发展经济、保护生态环境的目标是一致的。能源供应短缺一直是制约中国经济发展的一个重要因素，以煤炭为主的能源供应体系给环境造成了越来越大的压力。以提高能源效率和促进能源替代作为减排温室气体的技术对策，是与中国的能源发展战略相协调的。在当前国际社会对全球环境普遍关注的形势下，应不失时机地利用各种有利条件，开展国际合作，引进先进技术和寻求技术及经济的援助，推动能源工业体系的改造和更新，为向对环境无害的洁净能源体系转变创造条件，从而保障国民经济持续健康地发展。

中国市场经济体制的逐渐形成和不断完善，将有利于发挥市场机制的作用，促进能源利用效率的提高，并通过价格和补贴的政

策导向、法律和法规的制定、能源需求管理政策和管理制度的实施,促进能源的节约以及能源与经济的协调发展。

发展经济,实施各项预防全球气候变化的对策,推行各项减排温室气体的技术措施和政策,都需要有一个稳定的社会环境,需要得到公众的理解和参与。因此,制定和实施全球气候变化国家对策,要协调好社会各群体之间的利益,充分考虑到对不同地区经济发展的影响。同时,要加强宣传教育,提高民众的全球环境意识。

中国政府已经明确提出:促进国家经济和社会的可持续发展,必须在保持经济增长的同时,控制人口增长,保护自然资源,保持良好的生态环境。这是根据中国国情和长远发展的战略目标而确定的基本国策。中国政府要求,到2010年要基本改变生态环境恶化的状况,城乡环境质量普遍有比较明显的改善,建成一批经济快速发展、环境清洁优美、生态良性循环的城市和地区。在2000年就要求各省、自治区、直辖市主要污染物排放总量控制在规定的指标内,全国工业污染源排放污染物达到国家和地方规定的标准,直辖市、省会等重点城市的大气、水环境质量达到国家规定的标准。中国政府在实施可持续发展战略和改善生态环境的同时,也为减缓气候变化的长期趋势作出了贡献。因此,保护全球环境与国家未来发展战略目标是相一致的。中国政府也已明确表示,需要加强国际合作,努力减缓全球气候变化。首先,中国主张尽快推进《气候变化框架公约〈京都议定书〉》的实施。其次,中国要求按照公约规定,促进发达国家以优惠的、非商业性的条件对发展中国家提供技术和资金援助。中国是发展中国家,应加强国际合作,提高对付气候变化的能力;通过吸收发达国家的资金和技术,增强自己的技术开发能力和适应气候变化的能力;积极参与"清洁发展机制"项目活动,促进本国可持续发展。从气候变化国际合作的现状来看,全球气候变化问题给中国带来了巨大挑战,同时也带来了一些新的发展机遇。加强气候变化领域的国际合作,有助于提高中国对全球气候变化的适应能力和水平,有利于促进清洁生产和技术进步,也有利于产业结构和能源结构的调整。今后,中国将继续关注和积极参与气候变化领域的国际活动,促进国家的可持续发展,同时也为对付全球气候变化作出贡献。

后　记

可持续发展已成为指导中国国民经济与社会发展的重大战略。中国政府在实施可持续发展战略方面采取了一系列重大行动,并已取得了一定的成绩,在国际上也树立了良好的形象。然而,要全面贯彻实施可持续发展战略思想,还需要付出相当大的努力,还需要在对已有成绩进行总结的基础上,对现实状况进行调研分析,找出有关领域制约可持续发展的不利因素和存在的问题;对可持续发展的整体态势和未来趋势进行预测;结合中国国情,对进一步实施可持续发展战略的有关重大问题提出政策建议。为此,中国21世纪议程管理中心组织编著了《中国可持续发展态势分析》一书。参加本书编著工作的有中国21世纪议程管理中心的有关人员以及来自中国科学院、北京大学、清华大学、国家计委能源研究所、中国水利水电科学研究院、中国农科院、科技部国家发展计划委员会国家经贸委自然灾害综合研究组等单位的著名专家学者。参加各章节编著的人员如下:

引　言　王伟中　郭日生;

第一章　第一节:周海林,第二节:杨开忠　黄晶,第三节:黄晶,第四节:黄晶　任亚楠　周海林;

第二章　马忠玉;

第三章　王浩　汪党献;

第四章　刘学义　张建民　周凤起；

第五章　高庆华　刘惠敏；

第六章　金凤君　刘卫东　樊杰　刘毅；

第七章　吕应运　何建坤　林而达　吕学都。

全书由王伟中、郭日生审阅定稿。

本书是在中国 21 世纪议程管理中心的组织下，经过多次专家和管理人员的研讨，最后分工编写完成。在编写出版的工作中得到了科技部农村与社会发展司、国家发展计划委员会地区经济发展司的大力支持。中国 21 世纪议程管理中心战略研究处黄晶、中国科学院周海林为组织本书的撰稿、修改和出版作了大量的工作。中国科学院地理所傅小锋博士、博士研究生马丽、《中国人口、资源、环境》杂志社记者刘红兵、中国 21 世纪议程管理中心战略研究处高詠也为本书的撰写、整理以及书稿录入作了很多工作。许多专家在本书的撰写过程中给予了热情的帮助并提出了宝贵的意见，在此一并表示衷心的感谢。我们还非常感谢商务印书馆地理编辑室对本书编辑出版工作的大力支持和付出的辛勤劳动。

最后，我们特别要感谢科学技术部邓楠副部长在百忙之中为本书作序。

本书文中定有不少不妥之处，敬请读者不吝指正，以便在本书的再版及我们以后的工作中不断改进。

中国 21 世纪议程管理中心

一九九九年十月

参考文献

1. J. Houghton 著,戴晓苏等译:《全球变暖》,北京:气象出版社,1998 年。
2. 陈家琦:"中国的水资源",钱正英主编:《中国水利》,第 1~36 页,水利电力出版社,1991 年。
3. 陈耀邦:《可持续发展战略读本》,北京:中国计划出版社,1996 年。
4. 陈耀邦:在《气候变化框架公约》第三次缔约方会议高级别会议上的发言,日本京都,1997 年。
5. 陈志恺:"管好、用好、保护好有限的水资源",《水资源论坛》,No. 2,1996 年。
6. 建设部课题组:《城市缺水问题研究报告》,1995 年。
7. 程序等:《可持续农业导论》,中国农业出版社,1997 年 10 月。
8. 邓根云主编:《气候变化对中国农业的影响》,北京:北京科学技术出版社,1993 年。
9. 邓楠等:《可持续发展:人类关怀未来》,黑龙江教育出版社,1998 年。
10. 电力工业部规划计划司:《1997 年中国电力供需形势分析》,1996 年 12 月。
11. 丁一汇:IPCC 第二次气候变化科学评估报告的主要科学成果与面临的新问题,气候变化形势和学术报告会交流材料,北京,1998 年。
12. 国家计委能源所专题组:《山东省潍坊市节能灯推广应用调研报告》,1997 年。
13. 国家经贸委资源节约综合利用司:《中国能源年评》(1997),1998 年。
14. 国家科委国家计委国家经贸委自然灾害综合研究组、中保财产保险有限公司:《中国自然灾害区划与保险区划研究报告》(未刊稿),1997 年。
15. 国家科委国家计委国家经贸委自然灾害综合研究组:《中国自然灾害区划研究进展》,北京:海洋出版社,1998 年。

16. 国家科委国家计委国家经贸委自然灾害综合研究组、中国可持续发展研究会:《中国长江 1998 年大洪水反思及 21 世纪防洪减灾对策》,北京:海洋出版社,1998 年。
17. 国家科委全国重大自然灾害综合研究组:《中国重大自然灾害及减灾对策》(年表),北京:海洋出版社,1995 年。
18. 国家科委全国重大自然灾害综合研究组:《中国重大自然灾害及减灾对策》(总论)及(分论),北京:科学出版社,1994 年。
19. 国家科委社会发展科技司、全球气候变化对策专家组:《全球气候变化及其对策》,1990 年。
20. 国家科委社会发展科技司专家组:亚洲国家减排温室气体最小成本战略研究(最终报告初稿),1997 年。
21. 国家科学技术促进发展研究中心:国家社会发展综合实验区理论与实践研究报告,1997 年。
22. 国家统计局、民政部:《中国灾情报告》,北京:中国统计出版社,1995 年。
23. 国家统计局:"中华人民共和国 1998 年国民经济和社会发展统计公报",《人民日报》,1999 年 2 月 26 日。
24. 国家统计局:《中国统计年鉴》(1989~1996),北京:中国统计出版社,1998 年。
25. 国家统计局工业交通统计司:《中国能源统计年鉴》(1991~1996),北京:中国统计出版社,1998 年 8 月。
26. 国土开发与地区经济研究所:"我国地区经济结构的调整与优化",《国土与区域经济》,1997 年第 2 期,第 9~18 页。
27. 国务院发展研究中心课题组:《中国跨世纪区域协调发展战略》,经济科学出版社,1997 年。
28. 何建坤等:"全球气候变化评价中的几个热点问题",《预测》,1995 年第 6 期。
29. 黄季焜:"浅谈我国农业科研投入政策",《农业技术经济》,Serial No. 100,1997 年 4 月。
30. 江泽民:"在中央人口资源环境座谈会上的讲话",《人民日报》,1999 年 3 月 14 日,第 1 版。

31. 李克让主编:《中国气候变化及其影响》,北京:海洋出版社,1992年。
32. 李文彦:《中国工业地理》,科学出版社,1989年。
33. 李元主编:《生存与发展》,中国大地出版社,1997年7月。
34. 厉以宁:《宏观经济学的产业和发展》,湖南出版社,1997年。
35. 《联合国气候变化框架公约》,北京:中国环境科学出版社,1994年。
36. 林而达等:气候变化对社会经济与自然环境的影响和对策研究,国家"八五"科技攻关课题(85-913-03)各专题研究报告,1995年。
37. 刘昌明、何希吾等著:《中国21世纪水问题方略》,科学出版社,1996年。
38. 刘燕华:"面向知识经济时代对中国可持续发展问题的思考",《中国人口、资源与环境》,1999年第3期。
39. 陆大道等:《1997中国区域发展报告》,商务印书馆,1997年。
40. 马忠玉:"发达国家农业生产增长方式转变的趋势分析与启示",《农业技术经济》,Serial No.100。
41. 马忠玉等:"论中国农业可持续发展研究中的若干问题",《自然资源学报》,1997年第2期。
42. 年鉴编委会:《中国环境统计年鉴》(1997),中国环境年鉴社,1998年。
43. 农业部农业资源与区划司编:《中国农业与农村可持续发展的道路与模式》,中国农业科技出版社,1996年11月。
44. 挪威弗里德约夫·南森研究所编,中国国家环境保护局译:《绿色全球年鉴》(1995),北京:中国环境科学出版社,1995年。
45. 曲格平:"论社会主义市场经济下的环境管理",《中国人口、资源与环境》,1999年第3期。
46. 世界资源研究所:《世界资源报告(1996~1997)》,中国环境科学出版社,1996年12月。
47. 水力部水文司:《中国水资源质量评价》,中国科学技术出版社,1997年。
48. 水利电力部水文局:《中国水资源评价》,水利电力出版社,1987年。
49. 水利部全国方案汇总小组:《水中长期供求计划汇报提纲》,1997年。
50. 斯蒂格利茨(美)著:《经济学》,中国人民大学出版社,1998年。
51. 王浩:"可持续发展观念下的水价政策与实施建议",《水资源论坛》,1997年第1期。

52. 王庆一:"中国能源形势和政策分析",《石油经济》,1997年第1期。
53. 王绍武等:近百年中国气候序列的建立,自然科学基金重点项目《20世纪中国与全球气候变率研究》(49635190)成果,1998年。
54. 王志东:"我国煤层气资源开发利用现状及发展意见",《中国能源》,1997年。
55. 魏同、张光尘、王玉浚:《中国煤炭开发战略研究》,山西科学技术出版社,1995年11月。
56. 吴昌伦:"中国可再生能源发展展望",《中国能源》,1997年第3期,第42~44页。
57. 徐国弟:"关于我国宏观经济布局和建立网络型经济体系的基本构想",《国土与区域经济》,1997年第2期,第2~8页。
58. 阎长乐:《中国能源发展报告》(1997年),经济管理出版社,1997年6月。
59. 叶笃正、陈泮勤主编:《中国的全球变化预研究(第二部分)》,北京:地震出版社,1992年。
60. 曾培炎:"积极推进国际合作,为改善全球气候状况共同努力",《人民日报》,1998年11月12日,第5版。
61. 张抗:"对我国油气资源量计算与国际接轨的探讨",《石油经济》,1997年第2期。
62. 张坤民等:《可持续发展论》,中国环境科学出版社,1996年。
63. 张连城:"论经济增长的阶段性与中国经济增长的程度区间",《管理世界》,1999年第1期。
64. 张卓元:"中国20年经济体制改革的成效与展望",《中国工业经济》,1998年11月。
65. 政府间气候变化专门委员会:气候变化——IPCC第二次评估报告,1995年。
66. 政府间气候变化专门委员会:气候变化——IPCC第一次评估报告及1992年补充,1992年。
67. 中国工程院能源咨询项目组:《能源与环境协调发展研究》,1997年。
68. 中国工程院能源咨询项目组:《中国可持续发展节能战略》,1997年。
69. 中国能源研究会:《能源政策研究通讯》,1996~1998年。

70. 中国能源研究会:《世界能源导报》,1997~1998年。
71. 中国能源战略研究课题组:《中国能源战略研究》(2000~2050),中国电力出版社,1996年11月。
72. 《中国农业现代化建设理论、道路与模式》研究组编著:《中国农业现代化建设理论、道路与模式》,山东科学技术出版社,1996年11月。
73. 周海林、黄晶:"可持续发展能力建设的理论分析与重构",《中国人口、资源与环境》,1999年第3期。
74. 周志成:"论'环境安全'——从亚太地区看国际关系中的一种新概念、新趋势",《上海社会科学院学术季刊》(沪),1993年2月。
75. 朱希刚:《我国农业科技进步贡献率的测算方法》,中国农业出版社,1997年10月。
76. 邹骥、张坤民:"京都会议与京都议定书",《世界环境》,1998年第2期。

图书在版编目(CIP)数据

中国可持续发展态势分析/王伟中主编. －北京：商务印书馆,1999
ISBN 7-100-02950-3

I. 中… II. 王… III. 可持续发展-发展战略-研究-中国 IV. X24

中国版本图书馆 CIP 数据核字(1999)第 48968 号

所有权利保留。
未经许可,不得以任何方式使用。

ZHŌNGGUÓ KĚCHÍXÙ FĀZHĂN TÀISHÌ FĒNXĪ
中国可持续发展态势分析
主　编　王伟中
副主编　郭日生　黄　晶

商　务　印　书　馆　出　版
(北京王府井大街36号　邮政编码 100710)
商　务　印　书　馆　发　行
河北省三河市艺苑印刷厂印刷
ISBN 7－100－02950－3/K·636

1999年11月第1版　　开本 850×1168 1/32
2006年8月第3次印刷　　印张 14 1/4

定价: 32.00 元